甜瓜
优质高效栽培
及病虫害防治
新技术

张万清　解文新 | 主编

中国林业出版社

图书在版编目(CIP)数据

甜瓜优质高效栽培及病虫害防治新技术 / 张万清，解文新主编. — 北京：中国林业出版社，2018.12
ISBN 978-7-5038-9903-4

Ⅰ.①甜… Ⅱ.①张… ②解… ①Ⅲ.①甜瓜-瓜果园艺②甜瓜-病虫害防治 Ⅳ.①S652②S436.5

中国版本图书馆CIP数据核字(2018)第276479号

责任编辑：印　芳　袁　理

出版发行	中国林业出版社(100009　北京市西城区德内大街刘海胡同7号) 电话：(010)83143568 http://www.forestry.gov.cnlycb.html
印　刷	固安县京平诚乾印刷有限公司
版　次	2019年7月第1版
印　次	2019年7月第1次印刷
开　本	710mm×1000mm　1/16
印　张	17
字　数	450千字
定　价	59.00元

未经许可，不得以任何方式复制或抄袭本书之部分或全部内容。

版权所有　侵权必究

编 委 会

主 编：张万清　解文新

编 委：（按姓氏笔画排序）

王同利　刘廷理　吕庆江　严从生

吴起顺　吴啟菠　宋立彦　张　进

张　萍　张　琳　张其安　李　婷

杨　军　芦金生　岳雪龙　洪日新

徐　茂　彭冬秀　曾剑波　覃斯华

解丛丛

前 言
PREFACE

甜瓜因其独特口感与风味位居世界十大水果第七位,深受消费者喜爱。尤其是外观圆球形、立体感好的网纹甜瓜已成为日本、韩国的高档礼品,市场价居高不下。我国甜瓜市场的消费从上世纪90年代的品种无序发展,也逐步走向追求品质的良性循环,厚皮甜瓜有了长足发展,薄皮甜瓜也得到了更新换代。

我国甜瓜在总面积和总产量方面虽然居于世界前列,但甜瓜产业的经济效益远不如日本、韩国、美国、西班牙、荷兰等国,原因在于甜瓜尤其是厚皮甜瓜的品种研发滞后国外几十年,此外在土壤改良、栽培技术、病虫害防治等方面落后于国外,因此有必要迎头赶上。可喜的是,近几年我国甜瓜行业工作者经过不断探索与创新,培育出一批优质甜瓜新品种,各地也因地制宜创制了本地区适宜的高效栽培技术。为了进一步推动甜瓜产业的迅速发展,我们组织甜瓜遗传育种科研人员和经验丰富的栽培技术能手以及病虫害防治专家,将自己多年的最新独特技术、品种及病虫害综合防治技术,进行系统归纳总结编著成册,希望通过本书的出版发行,对甜瓜行业工作者有所借鉴,期望每一位看到此书的读者至少从其中的某一句或章节里有所收获,为促进甜瓜产业发展、农民增收做出我们微薄的贡献。

由于编写时间匆促及水平有限,缺点与错误在所难免,敬请读者给予谅解并批评指正。

编者
2018年12月

目 录
CONTENTS

前言

第一章 概述 ··· 1
第一节 甜瓜的起源与分布 ·· 1
第二节 中国甜瓜植物栽培历史 ·· 1
第三节 中国甜瓜栽培的主产区域及代表品种 ··· 3

第二章 甜瓜的特征特性 ·· 5
第一节 甜瓜的植物学特性 ·· 5
第二节 甜瓜植物的生物学特性 ·· 11

第三章 甜瓜栽培类型与方式 ··· 17
第一节 甜瓜栽培类型 ··· 17
第二节 甜瓜植株调整方式 ··· 18

第四章 甜瓜植物分类及栽培品种选择 ·· 20
第一节 甜瓜植物分类 ··· 20
第二节 甜瓜主要栽培品种选择 ·· 21

第五章 甜瓜优质高效栽培技术 ·· 31
第一节 网纹甜瓜优质高效栽培技术 ·· 31
第二节 无网纹厚皮甜瓜设施栽培技术 ··· 35
第三节 薄皮甜瓜优质高效栽培技术 ·· 41
第四节 甜瓜主产区优势品种高效栽培实例 ··· 48

第六章　新技术在甜瓜栽培上的应用 ········· 147
第一节　新型肥料 ········· 147
第二节　甜瓜规范化新技术 ········· 150
第三节　甜瓜嫁接育苗技术要点 ········· 154

第七章　甜瓜主要病虫害及最新防治方法 ········· 156
第一节　真菌性病害 ········· 156
第二节　甜瓜细菌、病毒性病害 ········· 183
第三节　甜瓜主要虫害 ········· 194
第四节　甜瓜主要生理性病害 ········· 206
第五节　甜瓜主要营养元素障碍 ········· 216
第六节　甜瓜药害 ········· 224

甜瓜基因目录 ········· 230
主要参考文献 ········· 246
图版 ········· 247

第一章 概　述

第一节　甜瓜的起源与分布

对于甜瓜的起源在国际学术界一直存在分歧，早在 20 世纪，法国植物学家德堪多尔(De Candou)认为甜瓜的起源中心在非洲；苏联学者玛丽尼娜认为是南亚（印度）；联合国粮农组织专家艾斯基内斯·阿尔卡萨则认为它的初生变异中心在西南亚和中亚；至于甜瓜的次生起源中心，我国葫芦科专家林德佩先生根据对大量种质资源研究的结果，从生态地理起源观点出发，认为起源中心有三个：第一，东亚薄皮甜瓜(*Conomon* 梨瓜、香瓜)次生起源中心，包括中国、朝鲜、日本等国。植株生长势弱，果实小，大多为早熟种，品质较差，不耐贮运。目前在东北、华北和长江流域广泛栽培，如'羊角蜜''白沙蜜''银瓜''小麦酥'等；第二，西亚厚皮甜瓜(*Cantaloupes* 粗皮甜瓜和 *Cassaba* 卡莎巴甜瓜)次生起源中心，包括土耳其、叙利亚、巴勒斯坦、约旦、以色列等国。植株生长势适中，果实中等大小，圆形，果面有或无网纹，大多为中熟种，品质尚可，目前欧洲、美国栽培的甜瓜大多来源于此，如'公爵''糖球''PMR''蜜露''金黄'等品种；第三，中亚厚皮甜瓜(*Rigidus* 哈密瓜类)次生起源中心包括中国（新疆地区）以及乌兹别克斯坦、土库曼斯坦、阿富汗、伊朗等国。植株生长势旺，叶大蔓粗、果实中型至大型，果面有或无网纹，大多为中晚熟种，品质中等至极优[1]。

甜瓜广泛分布于世界各地。除南极外均有栽培，甜瓜喜欢高温少雨，昼夜温差大的气候条件下生长良好。因此，甜瓜的主要产区分布在北纬 23°～45°区域，尤以干旱的大陆腹地和沿海少雨季节甜瓜品质最佳。如中国新疆、美国的加利福尼亚州、土耳其、西班牙、乌兹别克斯坦、吉尔吉斯斯坦、土库曼斯坦、伊朗、阿富汗等地。

第二节　中国甜瓜植物栽培历史

我国甜瓜栽培历史悠久，早在 3000 多年前的古籍《诗经》中就有记载："中田有庐，疆场有瓜，是剥是菹，献之皇祖"，"七月食瓜，八月断壶"。1975 年湖南长沙马王堆出土女尸腹中发现 138 粒未被消化的甜瓜籽，为 2000 年前我国南方已有薄皮甜瓜栽培提供了佐证，此外，在新疆吐鲁番高昌故城附近的阿斯塔那近代古墓（距今约 1500—1700 年）挖掘中，发现半个干缩的古代甜瓜，证明了我国西北新疆一带已有甜瓜栽培与消费。

20世纪80年代以前，我国甜瓜栽培主要集中在西北干旱气候区、南方湿润区、东北干旱区。西北地区以新疆、甘肃两省栽培面积最大，宁夏、内蒙古少量种植。该地区以厚皮甜瓜栽培为主，新疆多为哈密瓜为主，甘肃以白兰瓜居多。南方湿润区及东北干旱区主要以薄皮甜瓜生产为主，多是地方常规品种。

20世纪80年代末在农业部科教司的支持下，成立了全国西甜瓜协会，甜瓜行业进入快速发展时期，1985—1988年，农业部组织中日合作研究，将厚皮甜瓜遗传引种与推广正式列入研究课题，分别在北京、郑州、南京设点，开展厚皮甜瓜引种及栽培试验，国家农业部聘请日本米克多株式会社社长森田欣一先生，亲临指导北京市农林科学院蔬菜研究中心西甜瓜的遗传育种工作，将大量国外西瓜、甜瓜优良品种和育种材料及栽培技术引入中国，率先在北京顺义、通县、大兴开展品比与栽培模式试验，通过引进消化吸收，筛选出适宜我国东部地区商品生产的早熟优质品种——'伊丽莎白'甜瓜，同时研制出不同地区大棚小棚配套栽培技术。1986年北京市农林科学院蔬菜研究中心引进伊丽莎白亲本并配制生产杂交种子，率先在北京、上海郊区示范推广。

这一研究成果，填补了我国东部地区厚皮甜瓜商品生产的空白，亦推动了多雨地区厚皮甜瓜的育种及相应的学科发展[2]。

'伊丽莎白'甜瓜是一个厚薄皮甜瓜的中间型，果实圆球形，果底微锥，果皮金黄色，果肉白色，肉质细腻，汁多味甜，畅销我国甜瓜消费市场25年，其早熟、质优、味好(兼具网纹、香瓜风味)、适应性广的综合优势，令一段时期内的其他诸多仿品所不及。在长达30年的甜瓜商品消费中，一直被模仿，但从未被超越。

20世纪90年代至21世纪初，在'伊丽莎白'甜瓜高效益的推动下，国内东南部地区开始了厚光皮及网纹甜瓜的育种及优良品种的引进推广，涌现出大批网纹及无网纹厚光皮品种，如新疆农科院哈密瓜研究中心吴明珠院士团队的'金皇后'哈密瓜系列、北京市农林科学院蔬菜研究中心卢永新先生与森田欣一合作研究的'北森'1~7号网纹甜瓜、'北森白'1~3号白皮甜瓜，新疆八一农学院林德佩教授培育的抗病品种西域系列，河北农业大学马德伟教授育成的'迎春'甜瓜，台湾农友种苗公司的'状元'甜瓜，甘肃武威河西瓜菜所田书沛先生培育的'玉金香'甜瓜，北京市农林科学院张万清培育的'京玉2号'及'京玉黄流星''京玉白流星'，丰乐种业的'丰甜一号'，天津市科润蔬菜研究所的'丰雷''花雷'甜瓜，河北骄雪种苗公司的骄雪系列等，都在北京、上海、河北、山东、河南、陕西等甜瓜主要产区成功示范推广。

薄皮甜瓜主要是黑龙江齐齐哈尔园艺所的专家们培育的'齐甜'系列、永和甜瓜研究所的'永甜'系列、富拉尔基的'彩虹'系列、'红城'系列等薄皮甜瓜在黑龙江、吉林、辽宁、内蒙古、河北得到大面积推广。这些厚、薄皮甜瓜新品种的推出为广大瓜农带来了可观的经济效益与社会效益，亦大大丰富了甜瓜消费市场的花色品种。

河北乐亭保护地甜瓜栽培创造了我国薄皮甜瓜立架栽培的先河，获得了极高的经济效益。

最近几年随着人民生活水平的提高，对甜瓜消费市场有了更高的需求，一些品质优良、易栽培的甜瓜新品种脱颖而出。如新疆维吾尔自治区葡萄瓜果研究所育成的'西州密25号'哈密瓜，新疆农科院哈密瓜中心的风味系列'风味5号''风味8号瓜'山东鲁青公司推出的'天蜜脆梨'，上海农科院园艺所育成的'东方蜜2号'、山东农科院蔬菜所的'鲁厚甜1号'、日本'阿露斯'网纹甜瓜等厚皮甜瓜新品种，以及绿皮绿肉的'翠宝'系列、白皮白肉的'星甜'系列、酥脆系列的'羊角蜜''博洋'等薄皮甜瓜新品种，都在一定区域使瓜农及消费者获益匪浅，生产效益超过当地其他蔬菜品种，形成了各具特色的甜瓜主产种植区域。

第三节　中国甜瓜栽培的主产区域及代表品种

目前我国甜瓜栽培主产区域分为以下四个产区。

一、西北厚皮甜瓜栽培区

包括新疆维吾尔自治区、甘肃省、宁夏回族自治区及内蒙古自治区西部，多以厚皮甜瓜露地栽培为主。少量日光温室与大棚种植。主要品种'西州密'系列哈密瓜、'金皇后'及新育成的'白兰瓜'系列品种。

二、东北薄皮甜瓜栽培区

包括东北三省(黑龙江、吉林、辽宁)及内蒙古东部地区，主要以薄皮瓜为主，品种主要以露地栽培的'金妃'系列以及保护地种植的翠宝系列甜瓜为主。

三、中部厚、薄皮甜瓜混栽区

包括华北平原地区的京、津、冀、鲁、豫、晋等地及陕西西部地区，以及长江中下游地区的苏、鄂、皖、沪、浙、赣等地，主要以厚光皮甜瓜的保护地早熟栽培及露地薄皮地方优良品种为主，代表品种为'伊丽莎白''玉金香''京玉1~5号''一特白''天蜜脆梨''东方蜜2号''京玉太阳''鲁厚甜1号''五岳独尊'等；薄皮甜瓜主要是以翠宝为主的绿皮绿肉'翠宝'类、白皮白肉的'星甜'系列以及花皮'花雷''博洋'系列等。

四、华南保护地甜瓜栽培区

包括海南、珠江三角洲及台湾地区，主要以防雨防虫的塑料大棚或纱棚方式，种植适宜南方地区的'西州密17号''西州密25号'哈密瓜系列、'玉菇'及少量日本进口高档网纹甜瓜和特色外观流星品种，获得了较高的经济效益，也带动了内陆地区优质厚皮甜瓜的生产。

中国无论在种植面积和生产总量方面都是世界第一大生产国，约占世界甜瓜总产量的 50% 以上，特别是进入国家"十二五"计划以来，我国的甜瓜产业得到了长足发展，种植面积和生产总量均呈稳步递增的发展态势。据统计，2016 年甜瓜的播种面积为 48.19 hm^2，总产量 1635 万 t。全国甜瓜面积和产量见表 1-1。

表 1-1 2016 年全国各地甜瓜播种面积和产量

地区	甜瓜播种面积(hm^2)	总产量（万 t）	排名	地区	甜瓜播种面积(hm^2)	总产量（万 t）	排名
全国	48.19	1635		宁夏	1.04	22	17
新疆	8.22	292	1	江西	0.78	17	18
河南	5.24	211	2	广东	0.56	14	19
山东	4.91	230	3	山西	0.52	16	20
江苏	2.7	76	4	福建	0.5	11	21
内蒙古	2.39	80	5	贵州	0.31	4	22
黑龙江	2.38	69	6	海南	0.28	6	23
河北	2.21	122	7	上海	0.16	5	24
湖南	2.2	49	8	天津	0.11	4	25
陕西	2.14	73	9	云南	0.11	2	26
安徽	1.97	63	10	四川	0.1	2	27
吉林	1.94	52	11	重庆	0.04	1	28
广西	1.7	32	12	北京	0.01	0.5	29
湖北	1.64	47	13	西藏	0	0	
浙江	1.53	39	14	青海	0	0	
辽宁	1.28	51	15				
甘肃	1.25	48	16				

注：农业部《中国农业统计资料》。

第二章 甜瓜的特征特性

第一节 甜瓜的植物学特性

一、种子

甜瓜种子形态、大小是葫芦科作物中变异类型最多的作物种类之一，通常厚皮甜瓜种子纵横径为 10mm×4.5mm，千粒重 25~80g；薄皮甜瓜种子 6.5mm×3.1mm，千粒重 8~25g。野生种则更小，在 10g 上下。正因为甜瓜不同品种间千粒重的差异很大，生产中很难像其他作物一样统一用千粒重来计算用种量。

甜瓜种子形态各异，有椭圆形、卵圆形、披针形、芝麻粒形等多种形态；种皮颜色有褐黄、橙黄、灰白、黄白、紫红、暗红等。

甜瓜种子休眠期不明显，大多数品种刚采收的种子只要去掉附着在种皮表面的黏液，放在湿润条件下即可发芽，据研究黏液里含有抑制发芽的物质(germination inhibitor)。个别品种在果实内也可发芽，如'伊丽莎白'父本，'黄流星'亲本，甜瓜种子成熟比果肉成熟需要较少的积温，因此各类甜瓜种子在果实发育不久即有生命力，薄皮甜瓜在授粉后 20 天，厚皮甜瓜在授粉后 25~30 天，种子已具有发芽能力，但发芽势较低。未达到完全成熟的种子，在幼果采收后经过一段时间的后熟，种子的发芽率和发芽势均随后熟时间的延长而提高。但若想获得活力旺盛、寿命长的种子，必须是在植株上自然生理成熟的果实上获得。

二、根

甜瓜属于直根系作物，其主根可达 1.5m 以上，主根的分枝性较差，因此二级侧根的数目较少，通常只有 3~4 条，但二级和三级根本身较发达且分枝性强，侧根半径可达 2~3m，主要分布在地表 10~30cm 的土层中，见图 2-1 所示。因此其与葫芦科其他作物相比，甜瓜的根系浅，对氧气的需求量，特别与黄瓜相比，其对板结土壤的适应性更差。如果土壤质黏，且投入的有机质少，排水性差，根系不能得到充分发育也就不能指望生产出优质甜瓜[3]。

因此甜瓜的生长发育常因土壤质地、水分、温度、肥力以及甜瓜的种类、品种和整枝方式的不同而产生变化。土壤水分不足时，根系分布范围广，反之则小。在幼苗期，甜瓜根的生长发育较地上部分速度快，成熟之后与地上部分同步增长，到果实迅速膨大期，根群的生长也达到旺盛生长顶峰，果实停止膨大后，根群也不再扩大。

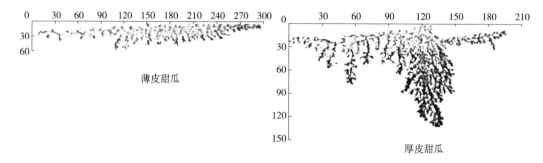

图 2-1　甜瓜的根系分布

多数脆肉型、种腔大的品种，其根系输导组织发达，吸水性较强而抗旱；相反，维管束输导组织欠发达的品种肉质多为柔软多汁型，种腔小或无种腔，如蜜露类型的甜瓜品种多为此类型，抗旱能力弱。

甜瓜根系的特点如下。

1. 好氧性强

根系的吸收、代谢、生长等一切生命活动都不能缺氧。科学实验和生产实践都充分表明，甜瓜根系对土壤空气中的含氧量要求较高，好氧性强。只有当根系周围空气中的含氧量在10%以上，根系才能维持正常生长，空气中含氧量高，根系生长旺盛。研究证实，甜瓜如则以生长在20%氧浓度条件下的根系鲜重为100%，则生长在10%氧浓度下的根系鲜重为25%，而在5%氧浓度下，根系鲜重仅5%。氧的充足与否对甜瓜根系生长的影响十分显著。因此，甜瓜要求土壤结构良好，有机质丰富，通气性良好。以固相、液相、气相各占1/3的土壤为宜。

2. 发育早、再生力差

甜瓜根系有早发育的特点，当2片子叶展开时，主根可达15cm以上，当幼苗4片真叶时，主、侧根伸展幅度均可超过24cm。因此在育苗移栽过程中，应尽量保证根系完整，不伤或少伤根。见图2-2所示。

3. 木栓化早

在各种蔬菜作物中，甜瓜根系的木栓化指数最高，属于高度木栓化作物，幼苗在第一片真叶展开时，主根基部已经开始木栓化。一经木栓化的根再生新侧根的能力很弱，因此，甜瓜二级侧根很少。苗期若遇干旱或积水使土壤通透性差时，木栓化更早，根的分支也就更少。

4. 具有一定耐盐碱能力

甜瓜根系生长适宜的土壤酸碱度为pH6.0~6.8。但甜瓜适应土壤酸碱度的范围较

图 2-2 甜瓜根系发育情况

宽,特别对碱性的适应力强,在 pH8~9 的条件下,甜瓜也能生长发育。

甜瓜的耐盐性也较强,在葫芦科作物中,耐盐性仅次于南瓜,耐盐极限的土壤总盐量为 1.52%。通常当土壤总盐量在 1.14% 以下时,甜瓜仍能正常生长,在中亚、中国新疆、甘肃、黄淮海流域的盐碱地区都有著名的甜瓜产区。

5. 甜瓜根系积极参与有机物质的合成过程

用同位素示踪原子法的研究表明,有多种氨基酸在根内合成,在植物的很多物质代谢和生命活动中,根系起着非常重要的作用[4]。

三、茎

甜瓜茎为一年生蔓性草本,由上胚轴发育而成,茎横切面为五棱形,中空,表面具刺毛。一般品种节间长度 5~13cm 不等,茎粗 0.4~1.4cm,因品种而异。厚皮甜瓜与薄皮甜瓜相比,通常前者茎粗,节间长,刺毛长而软,而后者则相反。

甜瓜茎的分枝性很强,从主蔓到子蔓到孙蔓,每个叶腋都可发生新枝,在环境条件适宜时可无限生长,在一个生长周期中,甜瓜主蔓可长到 2.5~3m 或更长。甜瓜多数节上具有不分枝的卷须,用于茎蔓攀附。甜瓜茎蔓生长迅速,旺盛生长期较长。厚皮甜瓜主蔓生长快于子蔓,而薄皮甜瓜大多是子蔓生长旺于主蔓,因此传统薄皮甜瓜均采用主蔓 3~4 叶摘心,在子、孙蔓结果。为了有利于果实正常生长,栽培管理中要调节好茎蔓的生长速度,结果前期一般需限制茎蔓的营养生长,不可过旺,尤其是薄皮甜瓜,营养生长过旺,结实花常出现化瓜或黄化脱落,严重时可造成绝产,因此在甜瓜栽培管理中,一定要注意植株调整。

四、叶

甜瓜叶为单叶互生,无托叶,叶序为 2/5。叶形有圆形、肾形、心脏形、三角形、掌状深裂或浅裂，叶缘有锯齿或波状齿，叶色深绿或浅绿，叶正反面均有刺毛，叶柄呈直立、半直立或水平姿态，叶柄长度 8～15cm，叶幅在 15～20cm，叶腋间着生花和卷须。甜瓜叶片的形状、大小、叶柄长度、叶色浓淡、叶缘缺刻有无和生长状态等方面因甜瓜种类、品种不同而异。厚皮甜瓜一般叶片大，叶柄长，叶多平展，叶裂明显，叶色浅绿，薄皮甜瓜叶片小，叶色深绿，绒刺毛较短。

同一品种甜瓜不同节位的叶片大小、形状不同。低节位叶片裂刻较浅，甚至无裂近圆形，高节位叶片叶裂深。

不同生态条件下的叶形也有差异。水肥充足，叶片缺刻稍浅，缺水干旱时，叶片变小，缺刻加深叶色变深绿；水分过多，叶片大而薄，叶形变长，叶色变浅。光照少时，叶片也变大，叶色变浅，叶裂变浅，叶片直立。

甜瓜叶片生长迅速，每 3～5 天可展开一片新叶，每片新叶的生长期约 15～20 天，此后叶片不再增大。叶面积的扩大主要在白天进行。

甜瓜叶片是主要的光合器官。叶片的生长及光合作用功能有如下特点：5～7 天的幼叶，其光合产物主要供自身消耗，随着叶片的迅速扩大，展开 8～30 天的叶片光合效率增强，光合产物除供自身外还有输出，净同化率增高，这种叶称之为功能叶，当叶片停止扩大，叶面积不再增加时的光合作用最旺盛，净同化率达到最高，此阶段一般在叶片展开 30 天左右。此后开始降低，45～50 天以后的老叶净同化率降低较快，输出甚微，因此，在甜瓜生长过程中，保持植株有足够多的功能叶，才能保障较高的光合效率，一般厚皮甜瓜，每株每个果保证 18～20 片的功能叶，薄皮甜瓜 8～10 片功能叶方能促进果实良好膨大与生长。甜瓜叶片的寿命受温、光、水、肥等因素影响，温度适宜，光照充足，水肥条件良好，叶片寿命较长；反之容易早衰。单株叶片数过少，叶面积过小，低节位坐果、整枝过度，坐果数过多均会导致叶片光合速率下降，特别是果实迅速膨大期，叶片过少，遇连阴天骤晴时会造成急性凋萎，甚至死亡。

土壤矿质营养的含量高低也会影响叶片的功能和寿命，多普肯苏 1966 年研究指出，当磷充足时，叶片净同化率高，寿命长；反之，如果土壤缺磷或在果实发育高峰时，叶片被迫往外转移磷时，会加速叶片的老化。土壤中缺镁或锰含量过高，也会导致叶片早衰[5]。

五、花

甜瓜花分为雄花、结实花、两性花三种，个别少数品种出现中性花。甜瓜植株因花的着生类型不同而表现出丰富的性型，是其他葫芦科作物中最复杂的一种。葫芦科植物一般都是雌雄异花同株。但甜瓜不同，在同一植株上由于着生的花型不同，可构成以下多种性型。

雄花两性花同株（雄全同株）、结实花两性花同株（雌全同株）、雌雄异花同株（单性花株）、雌雄同花同株（两性花株）、结实花雄花两性花同株（三性花株）、全雌性花株（全雌株）、雄性花株（全雄株）等多种性型。在栽培种中通常是雄花两性花同株型，少量雌雄同株异花型，极少两性花型。因此甜瓜的杂交育种比其他葫芦科作物更复杂，不仅需要去掉雄花，还需干净地去掉雄蕊，否则纯度很难保证；而雌雄同株异花型植株的可用材料需靠与单性花株反复回交杂交选育而成，且多数单性花材料的杂交组合出现果实畸形而影响正常生产。

甜瓜的着花习性因种类和品种而异，主蔓节上除个别两性花株外均不着生结实花，雄花着生于主蔓及子蔓各节的分枝处。多数为2～3个簇生。着生的节位因品种而异。网纹甜瓜品种一般多着生在主蔓第4节的子蔓第1节上，这种称之为子蔓节成。哈密瓜类品种的结实花多着生在主蔓6～8节的子蔓第一节上，而白兰瓜及多数薄皮甜瓜多着生于主蔓第2～4节的子蔓上的孙蔓第一节上，属于孙蔓节成。

甜瓜花芽分化较早，当幼苗2片子叶充分展平时，花芽分化已经开始了，当第二片真叶长2cm时，花芽分化已经达到6～8个。第三片真叶长2cm之后，分化速度加快，花芽大量分化。到第五真叶长2cm时，厚皮甜瓜已分化花芽达65节，薄皮甜瓜分化达45节，因此，定植前的幼苗已经决定了甜瓜果实节位的高低。

甜瓜花芽分化的速度、节位、雌雄花比例、数量和花芽的质量受环境条件影响很大。温度是影响花芽分化数量与结实花着生节位的首要因素，较低的夜温可以使花芽数量增加，完全花节位降低。实践证明，较低的夜温方可培育壮苗，花蕾大而壮，子房发育良好，坐果率高。苗期最适温度为昼温25～30℃，夜温17～20℃，尤其在幼苗出土后至第一真叶展平阶段，这个温度可以保证白天同化作用旺盛，积累多；夜间消耗少，这是防止幼苗徒长的关键措施。

其次是光照，光照对花芽分化的影响有两个：即光照长短与光照强度。适当的短日照(12h)可以提早花芽分化，两性花节位低，数量多，可以提早开花结果，为提早成熟提供了必要条件。甜瓜是强光性作物，不适应弱光，因此，光照弱，同化作用降低，碳素营养状况恶化，进而导致花芽分化不良。厚皮甜瓜耐弱光能力次于薄皮甜瓜，因此，栽培中更应保障充足的光照。

光照的影响与温度、氮素及矿质营养有关，低温短日照有利于结实花的形成，分化的节位低、数量多，雌雄比例高；而高温长日照则相反，结实花节位高，数量少，在本应着生结实花的节位形成了雄花，给晚熟埋下了祸根。氮素多少与日照长短对甜瓜花芽分化的影响不同，在春季长日照条件下，随氮素的增加花芽分化的数量增加；但在夏秋季短日照条件下，花的数量减少。矿物质营养不良，比例失调，幼苗徒长或过旺，都会影响花芽分化，使结实花数量减少，发育不良，甚至花脱落。

另外，激素对花芽分化的数量与质量都有重要影响，2,4-D、2氯乙基磷酸(乙烯利)、萘乙酸(NAA)、吲哚乙酸(IAA)等生长激素均可促进结实花形成。幼苗2～3叶时喷洒200～300mg/L的乙烯利，可使甜瓜结实花提早出现，这已成为河北乐亭、辽宁北镇薄皮甜瓜春季保护地早熟栽培的重要措施之一。

六、果实

甜瓜果实为瓠果，侧膜胎座。果实由受精后的子房和花托共同发育完成。可食部分为发达的中果皮、内果皮；外果皮为花托的外皮，较薄；果实的大部分为子房壁和胎座。

甜瓜果实的形状、果皮与果肉色泽、风味、质地因种类及品种不同而异，其遗传的多样性是葫芦科植物中最为丰富的类型。果实形状有卵形、椭圆形、短椭圆形、圆球形、扁圆形、方形、倒卵形、纺锤形、棒形、蛇形。

果实的表皮特征也有多种类型，如网纹有无、多少、立体感强弱，均匀度分布优劣；果实表皮褶皱、棱沟、刺瘤、花斑有无而构成丰富多彩类型。果皮颜色未熟果多为绿色，绿的程度因品种而异，有浅绿、绿、浓绿。成熟后由于果皮中叶绿素的消失，叶黄素、茄红素、胡萝卜素和花青素的显现，使果皮呈现各种颜色，包括不同程度的绿色、白色、黄色、灰色、褐色、锈红色或并具各色条纹、斑点。甜瓜果肉颜色也呈现出不同程度的绿色、白色、橙红色或混合色。

果肉质地有酥、脆、软、韧、粉之分，纤维多少有别，口感粗细不同。'羊角蜜''八棱脆'品种甜瓜多为酥嫩类型，哈密瓜多为酥脆类型，白兰瓜与网纹甜瓜多为软肉，越瓜成熟后多数口感较韧，一些酸味瓜也是韧肉形，此类甜瓜耐藏性较强。薄皮甜瓜中的'老头乐'为粉质类型，此类品种多数有离层，易掉果，不耐储运。

果肉厚度也因种类及品种不同而异，在 1.5~5.0cm 之间；我国按甜瓜果皮厚薄将其划分成两大类，即厚皮与薄皮甜瓜。厚皮甜瓜果皮厚度在 0.1~0.5cm 范畴，质地坚硬不可食；薄皮甜瓜果皮较薄，可食用。

甜瓜果实质量不同种类、品种间差异很大，野生甜瓜果实小且单株结果数多，单果重 10~90g，薄皮甜瓜一般为 100~500g，厚皮甜瓜 500~5000g。

甜瓜果实风味独特，具有醇香、芳香和麝香、异香等类型。多数薄皮甜瓜具有芳香，厚皮甜瓜多醇香，少数厚皮网纹橙肉甜瓜具麝香；少数蜜露类型甜瓜果实成熟后其具异香，此类品种多数有离层，易掉果。

甜瓜的甜味来源于所含糖分，成熟的甜瓜果实主要含有还原糖（葡萄糖、果糖）和非还原糖（蔗糖），其中蔗糖的含量最多，占 50%~60%，甜味高的品种蔗糖含量都高。含糖量的高低一般用可溶性固形物含量表示，一般薄皮甜瓜可溶性固形物含量为 8%~14%，高可达 16%；厚皮甜瓜可溶性固形物含量 14%~18%，高可达 22%以上。生产上可溶性固形物的百分含量测定一般用折光仪的折光系数，俗称折光糖度来表示。有手持式、电子式和非破坏式三种。经马德伟先生 1992 年研究证实：任何甜瓜（包括越瓜、蛇瓜和野生甜瓜变种）果实所含糖的种类都相同，即上述三种，只是比例不同；任何甜瓜果肉中，果糖、葡萄糖含量都相差不大，区别在蔗糖含量不同。在味觉上，果糖的甜味最强，蔗糖次之，葡萄糖最不甜，若以蔗糖的甜味为 100 的话，则果糖为 173.3，葡萄糖只有 74.3。品鉴工作中，有时用折光仪测得的数值相同，但口感甜味却有差异，正是因为所含三种糖的比例不同所致[6]。

甜瓜品种还有酸味和苦味，酸味主要是柠檬酸、苹果酸所致，多存在于野生品种和少数越瓜中，在遗传育种中，酸味为显性数量性状，有酸味与无酸味杂交，F1 有酸味，F2 酸味强度分离。苦味存在于野生甜瓜和多数薄皮甜瓜的幼果中，苦味成分为苦瓜素，苦味性状亦为显性数量性状。

甜瓜香气的主要成分来自于一些酯类物质的混合挥发释放，但香气的这类物质究竟是什么目前还不十分清楚，但人工合成的甜瓜香料中的主要成分是甲酸乙酯（$HCOOC_2H$）和硬脂酸盐$[(CH_2)_8(C_2H_5OCO)_2^-]$。

此外果实的性状还有果柄是否脱落，多数粉质果肉品种果柄易产生离层而脱落，所谓瓜熟蒂落。离层产生的难易由遗传性决定，与栽培环境关系较小。

甜瓜果实营养丰富，富含人体所需的水分、蛋白质、碳水化合物、钙、磷、铁、胡萝卜素、维生素 B1、核黄素（维生素 B2）、维生素 C、尼克酸（维生素 PP）等各种营养成分，尤其是抗坏血酸的含量超过牛奶等动物食品的十几倍，是对人体健康不可或缺的物质，骨胶原的形成，络氨酸与色氨酸以及脂肪代谢均需维生素 C 参与，人体缺乏维生素 C 会引起败血症。果肉中的矿质营养钙是骨髓和牙齿代谢的物质基础，又具有凝血和促进肌肉运动的功能。磷是 DNA 和 RNA 等生命物质的重要成分；铁是血红蛋白的主要成分，人体缺铁会导致营养性贫血，易疲劳、头晕、气促、心动过速等。甜瓜果肉的铁含量比鸡肉高两倍，比鱼肉高三倍，比牛奶高 17 倍，足见其营养价值。

甜瓜除具有较高的营养价值之外，尚有医疗药用价值。可消除烦热、利尿、排结石、通便等功效。还能调理月经、清肺润肠、止渴等。

第二节 甜瓜植物的生物学特性

一、甜瓜植物对环境条件的基本要求

1. 温度

甜瓜是喜温耐热的作物，极不耐寒，遇霜即死。生长适温 25~30℃，低于 15℃、高于 45℃，会抑制甜瓜的生长发育，10℃以下停止生长，5℃时发生冷害，0℃时出现冻害。因此，甜瓜直播或育苗移栽应在地温稳定通过 13℃时方能进行。厚皮甜瓜与薄皮甜瓜生长发育所需温度不同，厚皮甜瓜比薄皮甜瓜耐热性好，薄皮甜瓜则耐低温性强，昼夜温差对甜瓜果实发育及糖分积累影响较大，果实发育适宜昼夜温差在 10~20℃。

2. 光照

甜瓜植株生长发育适宜的日照时间为 10~12h。日照不足，短于 8h，影响其正常生长发育。光照充足，植株生长健壮、茎粗叶厚，节间短，叶色深，反之则徒长。薄皮甜瓜比厚皮甜瓜耐阴性强。

3. 水分

甜瓜比较耐旱，地上部分与地下部分对水分的要求不同，地上部要求较低的空气湿度，而地下部要求充足的土壤水分。因此，一般气候干燥地区的甜瓜品质较好，薄皮甜瓜可以耐稍高的空气湿度，厚皮甜瓜极不耐湿，在潮湿多雨环境下，往往病害多发。

4. 土壤

土壤环境条件的好坏直接影响甜瓜根系的生长，甜瓜根系呼吸作用很强，属于好氧性作物，因此，在土层深厚、土壤疏松、土质肥沃、通气性良好的砂壤土上根系方能良好生长。反之，则生育受阻。

二、甜瓜不同发育阶段对环境条件的要求

甜瓜是葫芦科作物中品种间熟性差异最大、形色变异最多的作物。不同种类、品种间的甜瓜生育期长短变化很大。厚皮甜瓜的生育期一般在 90~150 天不等；而薄皮甜瓜的生育期一般在 65~85 天。

虽然各种类型的生长发育期长短不一，但从播种出苗到第一结实花开放所需的时间差异不大，一般在 45~55 天左右，各类品种都经历相同的四个发育阶段，即发芽期、幼苗期、伸蔓期、结果期。每个阶段的生长特点与重心不同，植株形态各阶段之间也有明显差异。

表 2-1 甜瓜不同发育时期及所需天数

生育历程	播种	第一真叶出现	第五真叶出现	第一结实花开放	果实成熟
发育期	发芽期 8~10 天				
		幼苗期 20~25 天			
			伸蔓期 20~25 天		
				结果期 25~65 天	

生长状态	播种 ⇨ 第一真叶出现 ⇨ 第五真叶出现 ⇨ 第一结实花开放 ⇨ 果实成熟

发育时期	发芽期	幼苗期	伸蔓期	结果期
所需天数	8~10 天	20~25 天	20~25 天	25~65 天

发芽期：从播种至第一片真叶出现，一般约需 8~10 天。此期幼苗主要依靠种子内贮藏的营养供其生长。甜瓜种子富含脂肪和蛋白质，其吸水量较大。浸种 6~12h 方能完成吸涨。种子充分吸水后，在适当的温度和氧气及黑暗条件下方能出芽。发芽最适温度为 25~35℃，在此温度下，温度越高，发芽越快，反之越慢。甜瓜是好氧作物，发芽环境应注意通风换气，保障氧气供给充分。甜瓜种子与其他葫芦科作物一样，需要在黑暗条件下发芽，光下发芽不良。

幼苗期：第一片真叶出现到第5片真叶出现为幼苗期，约需经历22~25天。此阶段是幼苗花芽分化的关键时期，适宜的温度及日照条件有利于花芽分化的顺利进行，经研究，在昼温25~30℃，夜温17~20℃，12h日照条件下，花芽分化早，结实花着生节位低，有利于早熟栽培。

伸蔓期：第五片真叶出现至第一结实花开放称为伸蔓期，约需20~25天。此期进入以茎叶快速生长为主的营养生长阶段，重点是促进生长，但需防止徒长。适宜温度为昼温25~30℃，夜温16~18℃。13℃以下，根系停止生长，40℃以上可造成叶片灼伤。

结果期：第一结实花开放到果实成熟为结果期，所需25~65天不等。此时期转入以果实生长为主的生殖生长发育阶段。该阶段因甜瓜种类、品种不同而所需天数差异极大，甜瓜的早晚熟特性也在此阶段反映出来。薄皮甜瓜的早熟品种20~30天即可食用，如八棱脆，而晚熟的厚皮甜瓜果实发育期可长达70~80天，如伽师瓜。果实发育特点明显，从结实花开放到采收，呈"S"线式发展[7]。如图2-3所示[12]。

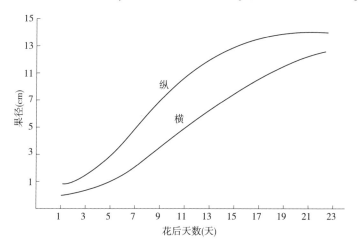

图2-3　甜瓜果实纵横经增长

果实生长因生长速度快慢可分成前、中、后三个发育时期。

发育前期：从结实花开放到果实开始迅速膨大，约需7~10天，该阶段果实重量与体积增加不明显，主要是细胞数量的增加，此时应保证结实花发育良好，方能有效正常坐果；反之则会营养不良，造成落花落果。

发育中期：果实开始迅速膨大到膨大结束，这一时期的长短因品种而异。早熟种12~15天，中熟品种10~20天，晚熟种20~25天或更长。果实发育中期是果实体积和重量增长最快的时期，每天都可见到体积在增大，每天可增重50~150g。此期果肉细胞体积迅速增大，光合产物主要向果实运输，因此此时段的温、光、水、气、肥等环境条件的好坏对果实膨大的速度影响很大，是决定果实大小的关键时期。

发育后期：果实停止膨大到成熟。早熟品种10~20天，晚熟品种20天以上。这一时期主要是果实内部物质的转化，对外界水分的需求减少，但对温度要求更严，尤其是保持一定的昼夜温差对果实糖分的积累至关重要，另外，优质钾肥也不可或缺。果实发育鲜重增长呈"S"曲线，见图2-4所示[13]。

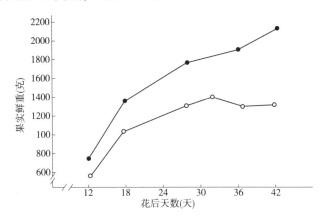

图2-4 甜瓜Galia(•)和Noy Yizre(◦)花后12天鲜重变化曲线

三、甜瓜不同器官对环境要求

1. 种子发芽与成熟

普遍认为甜瓜种子没有休眠期或休眠期不明显，遇到适当的水分与温度即可发芽，发芽最适温度为28~30℃，低于15℃或高于40℃很难发芽。

种子成熟是伴随果实成熟进行的，因此，果实成熟的环境条件也适合种子发育，但种子发育比果实发育快且时间短，因此在果实未成熟之前种子已经成熟。因此各类甜瓜种子在果实发育不久即有生命力，薄皮甜瓜在授粉后20天，厚皮甜瓜在授粉后25~30天，种子已具有发芽能力，但发芽势较低。未达到完全成熟的种子，在幼果采收后经过一段时间的后熟，种子的发芽率和发芽势均随后熟时间的延长而提高。但若想获得活力旺盛、寿命长的种子，必须是在植株上自然成熟的果实上获得。

2. 根系

甜瓜根系的生长较其他蔬菜作物都快，两片子叶展开时，主根已深入土层15cm左右，生长量超过地上部分的3~4倍。根系旺盛生长时间可维持55~60天左右[8]。

温度是甜瓜根系生长的首要因素，除了影响根系的生长外，还影响到根系的吸收功能和生理活性，甜瓜新根生长适宜温度为34℃，低于8℃高于40℃很少发新根。根毛的发生要求温度更高，适温为14~40℃，土壤温度下降到18℃并伴随高湿时，根的生长开始受到抑制，细小的侧根逐渐变褐腐烂，乃至死亡。并同时造成地上部分叶片萎蔫。这是由于低温造成根系吸收水分功能降低的缘故。

水分是影响根系生长的另一重要因素。甜瓜虽属于耐旱类作物，但由于其生长量大，叶片蒸腾作用强，植株与果实的含水量也大。因此，根系需要吸收更多的水分才能保障植株正常的生长发育。但水分过多至积水状态时，又会使根系窒息。一天之中，根的吸水量自早晨开始逐渐增加，至中午达到最大值，这种变化晴天比雨天更强烈，因此浇水应在晴天的早上进行。

此外，氧气也是根系生长不可或缺的重要因素。甜瓜属于好气性作物，其根系的呼吸作用很强。在正常空气氧含量20%浓度条件下，根的鲜重为100%，当氧浓度降低到10%时，根的鲜重只有25%，骤然减少3/4[9]。正因为如此，通透力差的板结黏质土壤极不利于甜瓜根系的生长。

甜瓜对土壤含盐量高低不太敏感，属于耐盐作物，其耐盐能力在葫芦科作物中仅次于南瓜。尤其是对硫酸盐类的耐性比氯化物强。因此盐碱的河套、海滩地带都可使甜瓜良好生长。

3. 茎叶生长发育对环境条件的要求

茎叶是光合作用的主要器官，光照和温度是维持茎叶生长的必要条件。

甜瓜起源于温暖的热带或亚热带地区，要求温暖及昼夜温差较大的温度环境，茎叶生长的快慢主要受温度影响，适宜温度为白天25~30℃。夜间16~18℃。13℃以下、40℃以上停滞生长。适宜的昼夜温差为10~13℃，在适温范围内，温度越高生长越快，在旺盛生长期，薄皮甜瓜一昼夜茎的生长长度在3~7cm，厚皮甜瓜则在10~20cm，甚至更长，达30cm。因此田间管理中要时常注意植株调整，去掉多余的枝蔓。

甜瓜是喜光作物，光饱和点为5.5万~6.0万 lx，光补偿点为4000~5000lx，在补偿点至饱和点范围内，光合效率随光照强度的增加而增强。达到饱和点后，光合效率出现下降趋势，甚至对叶片造成伤害。因此夏季栽培时需要遮阳网以防太阳灼伤。阴天光合效率大大降低，只有晴天时的50%左右。因此早春日光温室的栽培中保持棚膜干净、无滴，后墙内侧张挂反光膜、早揭晚盖保温被等都是增加光照强度、延长光照时间的极好措施。

此外，在光合作用中，二氧化碳（CO_2）是必要因子，大气中的二氧化碳浓度一般为300~350mL/m³，可满足甜瓜生长发育所需。但保护地棚室早春栽培中，由于保温条件需求，多数时间处于密闭状态，因此棚室内二氧化碳的浓度，随着日出后光合作用的增加而减少，增加二氧化碳气肥可增加光合效率。

水分对甜瓜茎叶生长的影响与其他瓜类相似，生长旺盛，蒸腾作用强烈，因而需要充足的土壤水分供应。水分不足，新生叶片变小，叶色变深，卷曲弯曲；反之则相反。同一品种新生叶片颜色浓淡是反映植株缺水与否的重要感官指标。

4. 开花坐果

甜瓜开花适宜温度为20~21℃，最低18℃。土壤中适宜的氮肥环境，有利于结实花分化而钾肥则相反。

生长激素可促进花芽分化，适当的乙烯利浓度可促进生成结实花至雌性节成，已在一些保护地薄皮甜瓜的早熟栽培中普遍应用。赤霉素、硝酸银可诱导雄花生成，常在育种中应用。

5. 果实发育的环境条件

不同品种的甜瓜果实发育膨大的规律相同，但发育期的长短及速度差异很大，早熟品种30~40天，晚熟可达70~80天，甜瓜品种的成熟期早晚主要取决于这一阶段的发育。果实增长的最初几天内，主要是子房组织细胞迅速分裂，使细胞数目急剧增加而增长，体积增长的速度缓慢，但却是进一步增长发育的基础。授粉后10~30天左右体积增长最快，是每日可见的长大速度，此期主要是细胞体积的迅速扩大，30天以后，增长速率日趋下降至停止。甜瓜果实生长的另一特点是纵径的生长先于横径2~5天，

温度是影响果实发育最重要因素，适宜的气温为白天27~30℃，夜温18℃，夜温低于15℃，易产生裂果。适宜的昼夜温差10~15℃，在适宜的夜温条件下，较大的昼夜温差有利于提高果实品质。因为白天较高温度利于光合积累，夜间低温减少呼吸消耗，使有效积累增加。

其次，果实膨大也受土壤水分的影响，水分充足可刺激细胞的分裂和膨大，反之，水分不足，膨大速度变慢。果实膨大初期至中期结束，也即花后15~35天之间，是甜瓜一生中吸水量最大的时期，因此土壤水分应保持最大田间持水量的80%~85%。

此外，矿质营养也是保证果实正常膨大不可或缺的重要因子。尤其在果实膨大中期，必须保证土壤N、P、K、Ca、Mg等肥料充足，方能维持茎叶旺盛生长而不发生早衰。甜瓜对N、P、K三要素的需求比例不同于以营养器官为产品的叶菜类蔬菜，吸收比例为30∶15∶55，三要素吸收量的50%以上用于果实发育。N、P多分布于叶片与果实中，K在果实中含量高。因此果实发育后期，增施优质钾肥对提高果实品质作用极大。

第三章 甜瓜栽培类型与方式

第一节 甜瓜栽培类型

甜瓜作为世界十大水果之一在世界范围内广泛种植，不同国家或地区种植的品种种类差异极大；中国地域辽阔，各地区气候、土壤等自然环境条件不同，南北方消费习惯也有不同，栽培类型很多。按有无设施可分为两种，即露地和保护地设施栽培。按栽培基质分有土培、沙培、水培、雾培、基质培等。按整枝方式可分为主蔓栽培、子孙蔓栽培等。薄皮甜瓜因品种多，适应性广，南北各地露地与保护地都有种植；而厚皮甜瓜对生态条件要求比较高，不耐雨水，过去仅局限于西北地区露地栽培。随着设施园艺的发展，20世纪80年代末，厚皮甜瓜才在华北、华东、东北等地区的保护地设施栽培中逐渐蓬勃发展，华南地区在少雨或无雨季节也有少量露地栽培。

一、露地栽培

所谓露地栽培是指主要依赖于当地的自然气候条件满足甜瓜生长发育需求，通过合理安排种植季节，使甜瓜果实的发育期处于最佳时期，从而实现甜瓜优质高效栽培类型。此种类型适用于无雨或少雨的西北地区哈密瓜和白兰瓜的栽培；国内多数地区的薄皮甜瓜品种均采用露地栽培模式。该种方法甜瓜上市期较晚，产出效益低。但该种方式栽培管理粗放，省工，成本低廉，在南北各地广泛应用。

二、设施栽培

设施栽培是当代园艺生产的先进模式，日本、荷兰、英国等国家的设施栽培技术早于我国30~40年，我国甜瓜设施栽培的大面积发展是从80年代末期引进'伊丽莎白'甜瓜开始的。'伊丽莎白'甜瓜的拱棚栽培成功填补了我国东南部地区厚皮甜瓜设施栽培的空白。该种模式投入成本高，栽培技术难度大，要求管理精细，产出效益较高。目前采用的设施栽培方式主要是塑料地膜、拱棚及日光温室栽培。南方还有拱棚遮雨栽培及纱棚防虫栽培。

1. 地膜覆盖栽培

利用地膜的土壤保湿、增温作用，将甜瓜栽培畦铺设地膜，可使作物达到早熟、增效作用。目前甜瓜栽培地膜覆盖面积已达到98%以上。

2. 拱棚栽培

在地膜栽培基础上，再加拱棚设施，进一步增加保温作用的一种栽培方式。塑料薄膜拱棚的规格各地因气候、耕作方式、品种不同，其规格不一。北京多采用单栋拱圆型棚，其长宽高为 40~50m×8~10m×2.2~2.5m，面积为 400~667m²，河北廊坊拱棚 100~130m×10~12m×2.8~3.5m、山东寿光近年多发展联栋，面积为 1500~4000m² 左右。

拱棚规模大小不一，其保温效果也不同。目前甜瓜生产多采用大拱棚栽培，单栋面积 400~667m²。拱棚栽培在北方的主要目的是增温促早熟；南方拱棚目的多是防雨、防虫，多为纱网棚。

3. 日光温室

该种设施为东西向一面坡式，后侧为干打垒土墙或砖墙。棚室中间采用钢架或竹木结构。增强了室内采光保温性能，甜瓜成熟期更早，可提前采收上市，价格更高。华北地区甜瓜高效栽培多采用此种类型。日光温室规格也不同，寿光新型日光温室规格一般为 120.0m×17.0m×7.5m，棚内多层覆盖，使采光、保温效果均增强。

最早采用设施栽培成功的地区为北京顺义和上海南汇。甜瓜种类多为圆球形的'伊丽莎白'厚光皮甜瓜，也有少量网纹甜瓜种植。河北乐亭地区在 21 世纪初，在种植'伊丽莎白'的基础上，率先将薄皮甜瓜引进日光温室，采用原'伊丽莎白'甜瓜的立架栽培模式，"一条龙"的整枝方式，使一次定植，多次采收，最早在 3 月中旬上市，亩产值高达 3 万元，是当时温室栽培中最高的经济效益，随后，辽宁北镇在采光性能好的大跨度改进型日光温室栽培薄皮甜瓜，创造了高密度、一茬果采收的整枝方式，将薄皮甜瓜的栽培从一茬变为 2~3 茬，亩效益大增，纯利高达 4 万~5 万元，使薄皮甜瓜果实出现在春节至 6 月的消费市场上，大大延长了薄皮甜瓜的上市期。

第二节　甜瓜植株调整方式

按照甜瓜植株整枝方式分为爬地与立架栽培。

一、匍匐爬地栽培

该种模式主要用于各地薄皮甜瓜生产上。西北新疆、甘肃地区的哈密瓜、白兰瓜也采用匍匐爬地栽培方式。各地因土壤、气候及消费习惯不同，南北地区在品种、栽培密度、做畦方式上差异很大，做畦方式多采用 15~20cm 高畦形式，畦宽 2~2.5m，沟宽 40~50cm。甜瓜苗定植在畦两边的肩膀处，甜瓜茎蔓在覆盖地膜的畦面上相向匍匐爬地生长。密度依甜瓜种类与品种长势而异。东北地区因无霜期短，多选用子蔓结果类型甜瓜，种植密度高，结果早，可以达到早上市目的。如'齐甜'系列、'金妃'系列品种。该类型品种一般果型为中长卵圆形，8~9 成熟时为最适可食期，口感香脆，是北方人最爱；过熟则口感粉面，货架期短；南方则选择孙蔓结果类型，种植密度稀，结果晚但产量高，如'甜宝''白玉''美浓'类型，这类品种多脆甜，货架期长，为南方人喜欢的类型。

按采用留蔓多少、坐瓜节位分为单蔓、双蔓、三蔓、四蔓、多蔓等整枝方式，见图3-1甜瓜整枝方式。

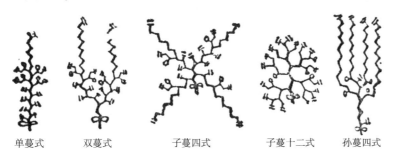

单蔓式　　双蔓式　　子蔓四式　　子蔓十二式　　孙蔓四式

图3-1　甜瓜整枝方式

二、立架栽培

立架栽培是指将甜瓜茎蔓缠绕在垂直于地面的塑料绳上或架杆上，多在大棚或温室中采用。该种方式使棚内空间得到充分利用，可大幅度增加种植密度，改善了叶片群体光照条件，利于高产。但植株冠层厚，通风条件差，更易诱发细菌、真菌等病害，因此需严格监测室内叶片发病状况，做好及时防范工作。

立架栽培的整枝方式厚皮甜瓜与薄皮甜瓜因坐果多少不同而异。厚皮甜瓜一般在主蔓的8~10节的子蔓坐果，果实鸡蛋大小时选留一周正果继续生长发育，其余子蔓及时摘除，主蔓18~20叶摘心；薄皮甜瓜在主蔓7~11节及16~19节的子蔓坐果，果实核桃大小时选留3~4个或6~8个符合该品种果形特征的幼果继续生长。

第四章 甜瓜植物分类及栽培品种选择

第一节 甜瓜植物分类

甜瓜是非常古老的作物,至今可查的种植历史达4000多年。栽培地域遍及全球各大洲。在如此长时间、大范围的自然进化和人工驯化与选择栽培中,形成了众多的栽培品种,在生育期、结果习性、抗病虫能力、气候适应性等方面存在极大差异,尤其是果实性状的变化更是形色各异,千差万别,不同的果实大小、形状、果皮与果肉颜色、口感、风味等组合出不同的品种类型,被公认为栽培作物中变异类型最丰富的物种之一。依据植物本身遗传性、细胞染色体基数、种间杂交的亲和力以及科属种等分类,甜瓜为葫芦科黄瓜属下的甜瓜种,林德佩教授按栽培甜瓜的进化程度及其被人类利用的程度,又将甜瓜划分成5个亚种,鉴于甜瓜分布范围广,按其生态地理起源的不同及果实成熟期早晚,又将其中3个亚种下划分出一个变种。见表4-1。

表4-1 甜瓜种植物分类[10]

种名	亚种名	变种名	形态特征	代表品种
甜瓜	野甜瓜	无	野生在北非、中亚和西南亚、南亚(印度)的田间杂草,一般果小,味多苦涩	'狗瓜P1183311'
	香瓜	无	原产西亚和北非。中国作为观赏植物有少量分布。蔓细、绒毛硬密,叶色深。多为雌雄异花同株。果实小,直径3~5cm,圆形,光滑无棱沟,黄色或红褐色,成熟时果面有绒毛,并散发出柔和的香味,单株结实力强	'85~895' '看瓜'
	蛇甜瓜	无	原产伊朗、阿富汗和中亚,果实纵茎长,可达2m,多为雌雄异花同株。果实发育5~7天可食嫩果做凉菜生食,成熟果粉面	'蛇甜瓜'
	薄皮甜瓜	越瓜	又名梢瓜,原产我国东南沿海江浙一带,雌雄异花同株,果实长30~50cm,果皮白或绿色。含糖量低,幼果生食或炒食	'菜瓜' '梢瓜'
		梨瓜	国内俗称(香瓜)。原产中国,南北各地广泛栽培,多为雄两性同株。果型多为卵圆,长短不一,肉质脆或面,多有香味,供水果生食	'南昌雪梨' '黄金瓜' '益都银瓜' '羊角蜜' '华南108'等

(续)

种名	亚种名	变种名	形态特征	代表品种
甜瓜	厚皮甜瓜	阿达纳甜瓜	原产西亚土耳其,以该国地中海沿岸城市阿达纳命名。形状似蛇甜瓜,但可作为水果生食。长纺锤形,果面有棱起,果皮黄绿色。熟果肉疏松,淡甜、少汁	'香蕉瓜'
		卡莎巴甜瓜	原产西亚土耳其卡莎巴,现广泛分布于欧美各国。果实圆形,果皮有细沟纹或光滑,但少有网纹。大多中、晚熟。果柄短,花痕处常有乳头状突起,心皮3~5个,尤其是5心皮类型十分突出。果皮黄白至墨绿色,果皮硬耐运输,熟后果肉变软,有醇香味。多味甜,品质佳	'蜜露'类的白兰瓜、'玉菇'、'蜜世界'
		粗皮甜瓜	原产土耳其凡湖一带。现广泛分布于欧美各国。商品名为 Cantaloupes 及 Muskmelon 雄两性同株。多早中熟。果实圆形,果皮表面粗糙,常有巨大网纹突起。果肉多为橙黄色,熟后变软,果柄不落或脱落。甜度中等,常有异香,故又名麝香甜瓜	'金山''糖球 PMR45'。日本的'阿露斯'系列、'珍珠'等为粗甜瓜与'卡莎巴'甜瓜的杂交种
		瓜旦甜瓜	原产中亚。生长势旺,早熟,从播种至成熟所需天数为70~85天。果实圆形(故名瓜蛋子),果面大多有10条浅灰色纵沟,肉质软,甜度中等,熟果果柄自然脱落,有香味	'黄旦子''八月黄''铁旦子''河套蜜瓜'
		夏甜瓜	原产中亚。生长势旺,雄两性同株。中熟果,从播种至成熟所需85~120天。形状多以椭圆和卵圆为主,果实中大,肉质脆或软、味甜,成熟后果柄不脱落,较耐贮运	哈密瓜中的'金棒子''白皮脆''红心脆''香梨黄'
		冬甜瓜	原产西亚、中亚,以伊朗著名的冬甜瓜命名。生长势极旺,雄两性同株,均为晚熟品种,生育期长达120~150天。果实多为大型果,丰产性强。果型多为椭圆形,采收时果肉硬、紧,贮后松软,醇香,味甘甜。特耐贮运	'青麻皮''炮台红''小青皮''黑眉毛''密集甘'等

第二节 甜瓜主要栽培品种选择

一、品种选择的原则

甜瓜种植资源丰富多彩,世界范围保存的甜瓜种质资源据艾·阿尔卡扎等1983年的统计(不包括中国),全世界主要河路卡种质研究中心保存的甜瓜种质资源共9694份[11],据不完全统计,中国国家种质资源库保存的甜瓜种质资源3500份。在如此庞大的甜瓜种质资源当中,栽培品种占据主要地位。虽然世界范围内,不同地区、不同年代、不同消费习惯所种植的甜瓜品种不同,但在某一地区的一定时期内,总有一些综合性状好的品种占据主导地位。针对甜瓜栽培者而言,如何选择适合本地区的优势品种至关重要。

在品种选择中,要从栽培和市场角度两方面综合考虑,首先应考虑品种的适应性问题,即选择的品种必须适于当地栽培,且容易栽培。优先选择那些抗病、抗逆性强的品种。其次必须考虑品种的市场适销性问题,即选择的品种果实大小、形状、外观等必须符合欲销往地区的消费习惯。那些市场上价位高且稳定的品种类型之所以价格高,是因为一般有品质保障,都是一些遗传上本身品质优越的品种。此外还需考虑市场的饱和度,选择那些市场饱和度低、有上升空间且上升趋势明显的品种。针对众多甜瓜栽培品种而言,从园艺学上的栽培目的、生物学特性、果实性状、成熟期早晚等分门别类,对于指导初级栽培爱好者生产和选用品种具有直接意义,但对于以甜瓜为主营作物、大面积种植的技术指导人员而言选择起来就比较盲目。另外,同一品种市场上假冒伪劣品种繁多,都打着特性超过原厂家品种的牌子,招摇撞骗。为使购种者了解品种的真实来源,辨别真伪,方便读者联系与咨询,本书尝试采用科研实力强,经营管理规范的育、繁、推一体化的企业和科研单位来介绍目前生产中的主栽品种及具市场前景的最新品种,期望可以帮助栽培者在选购时辨别品种真伪,降低购种风险。

二、主要厚皮甜瓜品种

1. "西州密"系列甜瓜新品种

新疆维吾尔自治区葡萄瓜果研究所选育。

(1)'西州密1号'

早熟品种,果实发育期35天左右。果实卵圆,金黄,偶有稀网;单瓜重1.5~2kg。果肉橘红色,肉质细、松脆,具浓郁的果香味,中心折光糖达16%~18%。极耐储运,适合保护地和露地栽培(彩图4-1、4-2)。

(2)'西州密3号'

中熟品种,果实发育期45天,果实长卵圆,黄绿底,墨绿斑条,网纹中密全。单瓜重2~2.5kg,果肉浅橘,肉质细、脆,风味好,中心折光糖达16%~18%,高抗白粉病,保护地和露地栽培兼用品种(彩图4-3)。

(3)'西州密17号'

中熟甜瓜杂种一代,果实发育期50天左右,果实椭圆,黑麻绿,网纹细密全,外观美,单瓜重2~3.8kg,果肉橘红,肉质细、松、脆,淡果香,风味好,中心平均折光含糖量16%~17%,耐贮,抗白粉病,叶中,株态好,适合保护地栽培(彩图4-4、4-5)。

(4) '西州密 21 号'

中早熟,全生育期 85~95 天,果实发育期 40~45 天,果实短椭圆形,乳黄底,覆绿斑、点,偶有稀网,果肉白色,肉质细、较松脆,高糖,浓果香味,香甜爽口。单瓜质量 1.5~2.0kg,果肉厚度 3.4cm,中心可溶性固形物含量 18%~20%。该品种植株长势健壮,易坐果,耐热耐湿,易管理,适合早春及秋延晚保护地栽培(彩图 4-6、4-7)。

(5) '西州密 24 号'

早熟品种,果实发育期 40 天左右,果实高圆,黄底,网纹细密全,平均单瓜重 1.5kg,果肉浅橘,肉质细、脆、稍硬,有果香味,味甜,中心折光含糖量 17%~19%,抗白粉病,易坐果,适合早春、秋季保护地栽培(彩图 4-8、4-9)。

(6) '西州密 25 号'

中熟甜瓜杂种一代,果实发育期 50 天左右,果实椭圆,浅麻绿、绿道,网纹细密全,单瓜重 1.5~2.4kg,果肉橘红,肉质细、松、脆,爽口,风味好,中心平均折光含糖量 17%~18%,抗白粉病,适合早春、秋季保护地栽培(彩图 4-10、4-11)。

2. '京玉'系列甜瓜

北京市农林科学院蔬菜研究中心选育。

选育单位在我国东部地区最早开展厚皮甜瓜遗传育种研究,在 20 世纪 80 年代末,率先引进日本'伊丽莎白'甜瓜试种成功,并保持'伊丽莎白'甜瓜单品畅销国内近 30 年无事故记录。'京玉'系列甜瓜是在'伊丽莎白'甜瓜成功引进推广的过程中,自主选育、具有自主知识产权的甜瓜系列新品种。主要畅销品种如'京玉月亮''京玉'1~3 号白皮系列,'京玉'4~6 号网纹系列以及'京玉黄流星''京玉白流星'特色品种等,介绍如下。

早熟系列

(1) '京玉 1 号'

早熟,果实圆球形,果皮洁白有透感,熟后不变黄,不落蒂,单果重 1.2~2.0kg,折光糖量 14%~17%,高可达 19%。抗白粉病,耐贮运,适合春保护地早熟优质栽培(彩图 4-12)。

(2) '京玉月亮'

早熟,果实高球形,光滑细腻,白里透橙,果肉橙红色,肉质细嫩爽口,单果重 1.2~2.0kg,折光糖含量 14%~18%。适合保护地早熟优质栽培(彩图 4-13、4-14)。

中熟系列

(3) '京玉 2 号'

植株生长势强,果实发育期 37~42 天,单瓜重 1.2~2.0kg,果实高圆形,果皮洁白有透感,果面光滑,果柄处有微棱。果肉浅橙色,肉质细嫩爽口,折光糖含量

14%~17%，高可达 18%。熟后不变黄、不落蒂。耐低温弱光，抗枯萎病与白粉病，特别适合春季保护地特色优质栽培（彩图 4-15）。

(4)'京玉 3 号'

外观晶莹剔透、洁白如玉的高产品种。果实椭圆形，单果重 1.4~2.2kg，折光糖含量 15%~18%，口感风味俱佳。熟后不变黄，不落蒂，货架期长，特耐贮运。抗枯萎病与白粉病，适合保护地优质高产栽培（彩图 4-16）。

(5)'京玉太阳'

生长势中等，叶型掌状深裂。果实圆球形，果面有短绒毛，果皮红黄色、果肉白色；单果重 1.2~2.5kg，折光糖含量 15%~19%，品质稳定（彩图 4-17）。

(6)'京玉菇 1 号'

生长势中等，叶型掌状浅裂。果实高圆形，果皮浅灰绿色，果肉淡绿色，单果重 1.2~1.6kg，折光糖含量 15%~18%，果肉柔软多汁，香甜可口。整枝管理中注意多留半个空子蔓，以保证足够生长势（彩图 4-18）。

(7)'京玉菇 2 号'

中熟大果类型。果实椭圆形，果皮浅灰绿色，果肉绿色，单果重 1.5~2.0kg，折光糖含量 15%~18%，肉质柔软多汁，香甜可口。整枝管理中注意多留半个空子蔓，以保证足够生长势（彩图 4-19、4-20）。

网纹系列

(8)'京玉 4 号'

富于浪漫网纹的橙肉品种。果实圆球形，果皮灰绿色，果肉橙红色，网纹精美大方，单果重 1.5~2.2kg，含糖量 14%~18%。耐储，货架期长。高抗白粉病，适合保护地高档礼品栽培（彩图 4-21、4-22）。

(9)'京玉 5 号'

富于浪漫网纹的绿肉品种。果实发育期 50~53 天果实圆球形，果皮灰绿色，果肉浅绿色，网纹中粗匀密精美大方，单果重 1.5~2.2kg，含糖量 14%~16%。该品种特易上网，耐贮运，货架期长。耐白粉病，适合春季保护地高档礼品栽培（彩图 4-23、4-24）。

(10)'京玉 6 号'

最新育成的极早熟网纹品种，果实发育期 45~48 天左右，果实高圆形，单果重 1.3~2.2kg，果皮灰绿色，果面覆细密网纹，果肉浅绿色，折光糖含量 14~17%，高可达 19%，果实发育期 45~48 天（彩图 4-25、4-26）。

特色系列

(11)'京玉黄流星'

最新育成的黄皮特异类型。果实锥圆形，果皮浅黄色，上覆深绿断条斑点，似流星雨状。果肉乳白色,肉质细腻,松脆爽口,折光糖含量14%~16%,单果重1.3~2.5kg。适合保护地高档礼品及观光采摘(彩图4-27)。

(12)'京玉白流星'

最新育成的白皮特异类型。外观晶莹剔透,上覆深绿断条斑纹,酷似流星状。果实椭圆形,果肉乳白色,单果重1.2~1.6kg,折光糖含量14%~18%,肉质细腻,风味香甜,适合保护地高档礼品及观光采摘(彩图4-28)。

(13)'京玉绿流星'

最新育成的灰白皮特异类型。果实短椭圆形,果实表面覆深绿断条斑纹,酷似流星状。果肉浅绿色,肉质柔软多汁,醇香味浓。单果重1.2~1.6kg,折光糖含量14%~18%,适合保护地高档礼品及观光采摘(彩图4-29、4-30、4-31)。

3. 鲁厚甜系列

山东省农业科学院蔬菜花卉研究所育成。

(1)'鲁厚甜1号'

果实高球形,果皮灰绿色,网纹细密均匀,果肉黄绿色,肉质细腻,清香多汁,折光糖含量15%左右,果实发育期50天左右。单果重1.2~1.7kg,一般每亩[①]产量为2500~3500kg。该品种适应性强,生长强健,抗病,易坐果。果皮硬,果肉厚,耐储运。可进行多茬留果,适于冬春茬及秋冬茬设施栽培(彩图4-32)。

(2)'白玉红'

山东省农业科学院蔬菜花卉研究所育成的一代杂交种。该品种植株长势中等,早熟,易坐果。开花至果实成熟需42天左右。果实圆球形,单果重1.5kg左右。果皮白色,果肉橙色,折光糖含量16%左右。不脱蒂,耐贮运。

栽培技术要点:冬春茬采用电热温床育苗,功率要求达到$100~120W/m^2$,苗龄35天左右;秋冬茬栽培需防晒、防雨、防虫,苗龄为15天左右。可采用高垄大小行种植,株行距45cm×75cm。单蔓整枝,吊蔓栽培,在第13节开始留结实花人工授粉,果实鸡蛋大小时选留1~2个瓜。在伸蔓期、坐果后分别进行追肥,膨瓜期肥水供应尤其要充足。膨瓜结束后要控制浇水,采收前10天左右停止浇水。适合山东省及北方地区冬春茬和秋冬茬保护地栽培(彩图4-33)。

(3)'玉贵人'

果实椭圆形,开花后42天左右成熟,单果重1.25kg左右。果皮白色,熟后或有黄晕,肉白色,折光糖含量16%左右。早熟、优质、长势旺、抗性较强,坐果容易。该品种肉厚腔小,脆甜爽口,品质上乘,低温季节栽培产量较低,耐贮运(彩图4-34)。

---

① 注:1亩=$667m^2$。

4. 天津农科院蔬菜花卉所育成

(1)'元首'

果实椭圆形，果肉橙红色，酥脆可口，品质极佳，折光糖含量17%。单瓜重2~4kg，果实成熟期40天。单瓜重因季节和栽培条件不同略有差异。一般冬春茬温室栽培1.3kg，大棚1.8kg，最大可达3.0kg，亩产3000~4000kg，适于春温室和春大棚栽培(彩图4-35)。

5. 新疆维吾尔自治区农业科学院哈密瓜研究中心育成

(1)'黄皮9818'

果实椭圆形，果皮黄色，具粗稀网纹。果肉橘红色，肉厚2.7~3.8cm，中心折光糖含量14%以上，肉质脆沙，风味清香，口感好，全生育期105天左右，果实发育期45天左右。单果重0.8~1.6kg，耐贮运。该品种生长势强，坐果容易，整齐度好。

(2)'明月'

果实圆球形，果皮乳白色，有透感，无网或偶有稀疏网纹，果肉橘红色，肉质细脆，风味好，中心折光糖含量平均17%，高可达18.7%。全生育期75天，果实发育期35~38天，单果重1.8~2.0kg。植株生长势中等，中抗根部及叶部病害，结果性强，抗逆性广。在河北、上海、山东、浙江、江苏、新疆等地种植，表现优良。

(3)'梦蜜K1526'

果实椭圆形，果皮深绿覆隐墨绿断花条，网纹细密全，单果重1.8~2.2kg，肉色橘红，肉质细松脆，风味好，中心折光糖含量平均15%~16%。全生育期78天，果实发育期35~39天。该品种结果性强，抗白粉病，在上海、浙江、山东、新疆试种表现优良。

三、主要薄皮品种

1. 天津德瑞特种业有限公司育成

(1)'博洋8'

薄皮类型甜瓜一代杂交种，果实短棒状，纵径16~19cm左右。果皮墨绿色有光泽，果肉绿色，肉厚腔小，肉质酥脆，折光糖含量14%~17%，风味佳。单果质量1.2~2.0kg左右，单株结果3~5个，坐果能力强，商品率高。果实发育期38~40天左右。植株生长势强，耐病性好，适应性强。叶片中等大小，叶色深绿，茎蔓粗壮(彩图4-36)。

(2)'博洋9'

果实粗棒状，纵径18~20cm，果皮灰白底色覆深绿斑条，白绿花皮，花纹清晰，外观新颖独特。果肉黄绿色，肉厚腔小，口感特别酥脆，折光糖含量12%~14%，风味佳。果实发育期32~35天左右。单果质量1.0~1.6kg左右，单株结果2~4个，坐果能力强，商品率高。该品种植株生长势强，耐病性好，适应性强。叶片中等大小，叶色深绿，茎蔓粗壮(彩图4-37)。

2. 长春璇顺种业有限公司育成

(1)'吉蔗黄盛'

农业农村部非主要农作物品种登记号：GPD甜瓜(2018)220496。早熟薄皮甜瓜一代杂交种，春季大棚种植全生育期90天，子蔓孙蔓均易坐果，平均单果质量500g。果实短椭圆形，成熟时黄白色，有纵条纹。中心折光糖含量14.6%，边部折光糖含量11.8%。肉质松脆，口感脆甜，香味浓，风味佳，商品性好。中抗白粉病、霜霉病(彩图4-38)。

(2)'璇瑞1号'

极早熟薄皮甜瓜一代杂交种。春季大棚种植全生育期90天。植株长势中，子蔓1节和孙蔓1节就发育结实花，瓜码密，易坐果。标准果实高圆形，单果质量500g左右。成熟时黄白色，果面光滑，覆10条线纹，有光泽，亮白，靓丽诱人，食欲感强。中心折光糖含量13.4%~17.5%。具有传统香瓜的风味和口感，但甜度大幅度提高，口感酥脆砂甜，香味浓，风味正，口感风味俱佳，耐运输，商品性好。中抗白粉病，霜霉病(彩图4-39)。

(3)'璇顺白瓜'

农业农村部非主要农作物品种登记号：GPD甜瓜(2018)220492。早熟薄皮甜瓜一代杂交种。春季大棚种植全生育期100天，子蔓、孙蔓均易坐果，单果质量500g。果实圆形，果面光滑无条纹，成熟时淡黄白色，黄瓤，美观漂亮。中心折光糖含量15.6%，边部折光糖含量13.8%。肉质松脆，口感脆甜，香味浓，商品性好。中抗白粉病、霜霉病(彩图4-40)。

(4)'吉嫩翠宝'

农业农村部非主要农作物品种登记号：GPD甜瓜(2018)220495。薄皮甜瓜一代杂交种，春季大棚种植全生育期110天。吊蔓栽培主蔓7节以上子蔓结果，地爬栽培以孙蔓结果为主。平均单果质量500g，果实圆形，成熟时果皮深绿色。中心折光糖含量16.2%，边部折光糖含量14.0%。肉质酥脆，口感酥嫩香甜，风味正，品质佳。中抗霜霉病、白粉病(彩图4-41)。

(5)'璇甜花姑娘'

农业农村部非主要农作物品种登记号：GPD甜瓜(2018)220478。薄皮甜瓜一代杂交种，春季大棚种植全生育期100天，平均单果质量500g。果实短椭圆形，成熟时黄白色覆绿色条带或斑块。中心折光糖含量14.8%，边部折光糖含量11.4%。肉质松脆，口感脆甜，香味浓，商品性好。中抗白粉病、霜霉病（彩图4-42）。

(6) '璇甜黄花瓜'

农业农村部非主要农作物品种登记号：GPD甜瓜（2018）220493。薄皮甜瓜一代杂交种，春季大棚栽培全生育期100天，平均单果质量500g。果实短椭圆形，成熟时黄色覆绿色条带或绿色斑块。果肉白色，中心折光糖含量14.8%，边部折光糖含量12.4%。肉质松脆，口感脆甜，商品性好。中抗白粉病、霜霉病（彩图4-43）。

(7) '璇点黄八里香'

农业农村部非主要农作物品种登记号：GPD甜瓜（2018）220107。薄皮甜瓜一代杂种，大棚栽培全生育期100天，果实发育期32~40天。植株长势中，株形紧凑，子蔓孙蔓均可坐果，单果质量600~750g。果实圆形，黄色覆绿色斑点或斑块，果肉绿色。中心折光糖含量14.6%，边部折光糖含量11.2%。肉质松脆，口感酥爽香甜，香味浓，风味佳，商品性好。中抗霜霉病、白粉病（彩图4-44）。

(8) '璇甜美人'

农业农村部非主要农作物品种登记号：GPD甜瓜（2018）220477。薄皮甜瓜一代杂交种，全生育期80天，单果质量600g。果实椭圆形，成熟时黄白微绿。中心折光糖含量15.6%，边部折光糖含量12.4%。口感脆甜，风味佳，商品性好。中抗白粉病、霜霉病（彩图4-45）。

(9) '豹点黄八里香999'

农业农村部非主要农作物品种登记号：GPD甜瓜（2018）220494。薄皮甜瓜一代杂种，全生育期90天~110天，单果质量600~750g。果实近圆形，栽培条件适宜时，果皮黄色覆墨绿色斑点；栽培条件不适宜时，果皮灰绿黄色覆墨绿色斑块。果肉和瓜瓤均为浅绿色。中心折光糖含量15.2%，边部折光糖含量14.0%。肉质松脆，口感脆甜，香味浓，风味佳，商品性好。抗白粉病，中抗霜霉病（彩图4-46）。

(10) '璇甜脆宝1号'

薄皮甜瓜一代杂交种。春节大棚种植全生育期100~120天。植株生长势强，吊蔓栽培主蔓7节以上子蔓结果，地爬栽培以孙蔓结果为主。单果质量500~750g，果实圆形，成熟时果皮深绿色。中心折光糖含量18.2%，边部折光糖含量15.2%。肉质酥脆，口感酥嫩香甜，风味正，品质佳。中抗霜霉病、白粉病（彩图4-47）。

3. 天津农科院蔬菜花卉所

'花蕾'

薄皮甜瓜一代杂交种。植株长势旺盛，果实梨形，果皮成熟时黄色，覆暗绿色斑块。果肉绿色，折光糖含量15%以上，肉质脆，口感好，香味浓郁。子蔓、孙蔓均能结果,单株可留瓜 4-5 个,平均单瓜重 500g,果实成熟期 30 天。综合抗性好(彩图 4-48)。

4. 北京市农林科学院蔬菜研究中心育成

(1)'京玉 81'

果实短筒状,纵径 12~14cm 左右。果皮墨绿色有光泽,果肉绿色,肉厚腔小,肉质酥脆,折光糖含量 13%~16%,风味佳。单果质量 500~1000g 左右,单株结果 3~5 个,坐果能力强,商品率高。果实发育期 35~38 天左右。植株生长势强,耐病性好,适应性强(彩图 4-49)。

(2)'京玉 82'

果实卵筒状,纵径 14~16cm 左右。果皮草绿色有光泽,果肉绿色,肉质酥脆,折光糖含量 13%~16%,风味佳。单果质量 600~1200kg 左右,单株结果 3~5 个,坐果能力强,商品率高。果实发育期 35~38 天左右。植株生长势强,耐病性好,适应性强(彩图 4-50)。

(3)'京玉 91'

果实粗筒状,纵径 18~20cm,果皮花绿色覆浅白条斑,花纹清晰,果肉黄绿色,种腔浅橙色,肉质酥脆,折光糖含量 12%~14%,风味佳。果实发育期 32~35 天左右。单果质量 1000~1600g 左右,单株结果 2~4 个,坐果能力强,商品率高。该品种植株生长势强,耐病性好,适应性强(彩图 4-51)。

(4)'京玉 92'

果实长卵筒状,纵径 20~23cm,果皮花绿色覆浅白断条斑,花纹细,果肉浅绿色,种腔浅橙色,肉质酥脆,折光糖含量 12%~14%,风味佳。果实发育期 32~35 天左右。单果质量 600~1000g 左右,单株结果 3~4 个,坐果能力强,商品率高。该品种植株生长势强,耐病性好,适应性强(彩图 4-52)。

(5)'京玉 61'

新育成的直筒型酥甜品种。果型中长筒形,果皮浅银灰色,果肉浅绿色,黄红瓤,肉质酥脆,风味口感极佳。单果重 700~1500g,含糖量 11%~15%,早熟,果实发育期 32~35 天。该品种植株生长势强,耐低温弱光,适应性好,连续坐果能力强(彩图 4-53)。

(6)'京玉 352'

果实短卵圆形,白皮白肉,单瓜重 200~600g,折光糖含量 12%~15%,肉质脆,风味香甜,早熟,生长势旺,熟后不倒瓤,货架期长,特耐贮运。宜孙蔓坐瓜(彩图 4-54)。

(7)'京玉 101'

新育成,具原始香瓜风味。果实中卵圆形,白皮白肉,过熟后黄白色,单瓜重 200~600g,折光糖含量 12%~15%,肉质嫩脆爽口,极早熟,香甜可口,果实成熟期

22~28 天，生长势旺，熟后不倒瓤，货架期长，耐贮运(彩图 4-55)。

(8)'京玉绿宝 2 号'

果实卵圆形，成熟时果皮深绿色，果面有隐条带，中心折光糖含量 12%~15%，肉质酥脆，口感香甜，风味正，品质佳。单瓜重 300~700g，耐裂，子蔓易坐果，丰产性好(彩图 4-56)。

(9)'京玉墨宝'

果实高卵圆形，果面光滑，果皮深绿色有隐形条纹，果肉黄绿色，红瓤，折光糖含量 11%~15%，莎脆香甜，单果重 300~500g，子蔓坐果易，早熟，比同类产品早期产量高，抗逆性佳(彩图 4-57)。

(10)'京玉 357'

果皮金黄色，果肉乳白色。单果重 300~600g。高糖，折光糖含量 13%~16%。果肉细嫩脆甜。该品种早熟，比同类品种早熟 5~7 天。易坐果，不易倒瓤，较耐储运(彩图 4-58)。

(11)'京玉 30'

果实卵圆形，果面光滑，果皮浅黄花纹，果肉白色，肉质香脆可口，折光糖含量 11%~15%，单果重 300~500g，子蔓易坐果，比同类花色品种早熟 5~7 天(彩图 4-59)。

第五章 甜瓜优质高效栽培技术

第一节 网纹甜瓜优质高效栽培技术

一、前言

甜瓜,学名为 Cucumis melo L.,属葫芦科黄瓜属一年生攀缘草本植物。网纹甜瓜属于厚皮甜瓜亚种中的粗皮甜瓜变种,果实多为圆球形或高球形。

国内最早种植的网纹甜瓜成功的品种为 90 年代初期上海农业局引进日本八江种苗株式会社的'阿露斯'系列及北京市农林科学院引进日本米可多公司的网纹品种。但该类型品种由于生长时期长,受当时低消费水平的影响,市场价格低,栽培效益差,最终昙花一现。随着人们消费水平的提高,对优质水果的需求日益增加,尤其是高档网纹甜瓜。如日本网纹甜瓜品种,目前在我国北京、上海、广州、深圳等城市的果品市场售价较高,已成为馈赠亲朋好友的高档果品之一。网纹甜瓜在日本单果售价可达 350 元人民币,国内目前网上销售也达 100 元/个。

二、栽培方式

网纹甜瓜由于其生长期较长,不耐雨水,栽培技术相对光皮甜瓜技术要求更严格,一般在设施栽培的春季日光温室或大棚中进行。

三、品种选择

目前国内栽培面积较大的品种有日本的'阿露斯'系列甜瓜,'玫龙'甜瓜,农友的'银脆'及国内选育的一些网纹类型新品种。如山东的'鲁厚甜 1 号''网纹 5 号''京玉 4 号''京玉 5 号'等。

四、苗期管理

1. 播种前准备

浸种、催芽:洗掉种子表皮上的黏液,再用纱布包好,室温下浸种 5~6h 后,捞出,外用湿毛巾包好,置于 28~32℃ 的恒温中催芽,每天并将种子清洗一下,沥干后重新放入,约经 20~24h 可以出芽。

2. 播种

利用穴盘育苗或营养钵育苗方式，12月上中旬在日光温室内采用电热线加温，加小拱棚覆盖方式育苗。播种前育苗基质需做杀菌处理。当种子露白时，即可播种，采用点播法，每穴内一粒种子，穴孔深1.0~1.5cm，种子平放，芽尖朝下，然后覆盖营养土1.0~1.5cm，浇透育苗水，覆上地膜保湿。

3. 苗期环境条件控制

当幼苗70%破土后，揭去穴盘上的薄膜，通风、降温、降湿、见光，改成小拱棚保温。从出土到第一真叶出现前，温度控制在20~25℃，防止徒长，促进根系生长。之后将温度控制在28~32℃，促进地上部分生长，培育壮苗。一般成苗叶片达2叶1心，日历苗龄30~35天，即可定植，定植前3~5天"炼苗"，并在定植前喷一遍杀菌剂、杀虫剂。

五、定植后的环境控制

1. 定植前整地作畦施肥

甜瓜要求疏松且富含有机质的砂质壤土，对土壤酸碱度适应范围广，在pH6~6.8范围生长良好，耐轻度盐碱。

基肥的种类、用量及施肥方式：一般施腐熟厩肥1000~1500kg/亩，过磷酸钙50kg，复合肥50kg，距定植穴50cm处沟施。

2. 做畦

地爬栽培一般做龟背畦，畦宽2.2~2.5m，畦高20cm。立架栽培一般做小高畦，畦宽1.5~1.6m，沟宽40~50cm，畦高15~20cm。

3. 密度

匍匐地爬栽培采用双蔓整枝，株距45~55cm，密度为600~800株/亩；立架栽培则为1500~1800株/亩，定植密度因品种的生长势、叶柄开展度而异。

4. 温度与光照管理

定植后7~10天棚膜要扣紧盖严，以提高棚温，促进缓苗。甜瓜茎叶生长适温25~30℃，夜温16~20℃，在15℃以下40℃以上伸长缓慢，苗期一定的昼夜温差有利于花芽分化。

根系伸长最适温度34℃，最低8℃，果实生长适温度27~30℃，夜温15~18℃，昼夜温差在13℃左右有利于糖分积累。

网纹甜瓜对高温适应性强，35℃高温时生长仍正常，至40℃仍维持较高同化效能。

5. 水肥管理

水肥管理的关键时期为伸蔓期、结果期，结果期又分为结果前期、快速膨大期、果实后熟三个发育阶段。

伸蔓肥：瓜苗成活后应及时补充肥水，促进植株营养生长。当主蔓长70cm时，施一次重肥，每亩施复合肥15~20kg，钾肥5kg。

结果期：开花前7~10天至坐果后5~7天，为结果前期，此期应控制水分，以免植株生长旺盛，影响坐果，可追施N、P、K复合肥10kg/亩(穴施)。

果实膨大期：结实花坐果后7~20天为果实迅速膨大期，需大量提供肥水，是果实充分肥大的关键时期。每亩施N、P、K复合肥10~20kg。网纹甜瓜的肥水管理应特别注意，追肥要依植株长势适当增减，再结合水分管理，充分发挥肥效。在网纹形成期应特别注意水分的均匀供给及温度的稳定，以免网纹形成差或裂瓜。灌水原则为小水勤浇，保持土壤水分恒定，防止忽高忽低。

果实后熟期：当果实体积停止膨大后，进入后熟期，一般7~10天。此阶段是果实糖分积累期，应控制水肥，保持土壤适当干燥。生长后期根系吸收力衰退，可用5%N、3%P、3%K及少量微量元素喷洒。

6. 通风换气

甜瓜是好氧作物，叶片旺盛的光合与呼吸作用需要充足的氧气与二氧化碳。同时，茎叶喜欢较为干燥的空气湿度条件，因此在保持环境温度适宜的条件下，要尽量加大通风换气。有条件的地区还可补充二氧化碳气肥。

7. 保花保果措施

(1) 蜜蜂授粉

网纹甜瓜保花保果措施首选为蜜蜂授粉，它不但可节约用工成本，还可改变甜瓜果实生长中内源激素的组成，增加果实芳香物质的含量，从而提高果实品质。目前国内采用的蜜蜂主要是意大利蜜蜂和中华蜜蜂，品种有壁蜂和熊蜂。甜瓜尤以熊蜂授粉较多。北方使用最多的为意大利蜜蜂，俗称意蜂，而海南、广西等地区则采用耐高温高湿的海南中蜂。一般一亩地放1箱即可。

蜜蜂授粉技术首先需注意在蜜蜂进棚前做好棚室防治病虫害工作，授粉期间的7~10天内严禁喷洒农药，避免蜜蜂中毒。棚室放风口务必采用防虫网，以防蜜蜂飞出。选择蜂群强的新蜂王种群授粉。蜂箱放置在棚室中央距地面50~100cm的架子上，巢门向南或东南方向，不可随意移动，防止蜜蜂迷巢受损，一般在授粉前2天将蜂箱放入棚室，以适应棚室环境。

此外，做好棚室温、湿度调控工作，使其尽量在甜瓜开花授粉受精所需的最适温、湿度，一般白天18～32℃，适宜温度22～28℃；湿度控制在50%～80%，温度过高或过低均可导致甜瓜花泌蜜量降低，花粉活力减弱，影响蜜蜂访花积极性。蜂群用量一般为每亩放置一箱(2000～4000只/箱)。

(2) 生长调节剂处理

目前甜瓜上使用效果最好的生长调节剂为氯吡脲，为人工合成的活性最高的细胞分裂素，生产上采用200～300倍0.1%氯吡脲，在开花前1天或当天上午喷洒瓜胎。需严格按说明书浓度配制，切忌浓度过大。此外，气温低时，浓度较高，高温时期，应采用较低浓度。浓度过高，可致果实畸形、裂果等副作用。

(3) 人工对花

在没有蜜蜂条件时，也可采用人工授粉将去掉花瓣的雄花花粉涂抹在结实花柱头上。

(4) 套袋

网纹甜瓜可在果实鸡蛋大小时套上消毒纸袋，以保持果面受光均匀一致，防止果面阴影。另外，纸袋还可避免果面着露导致的网纹纹落粗细不匀，可提高果实商品率。规格视成熟果实大小而异。一般长×宽=45cm×25cm。采用葡萄用袋效果更好。

六、植株调整

匍匐地爬栽培采用双蔓整枝。在3片真叶时摘心，留2条子蔓，摘除8节以下孙蔓，8～12节的孙蔓结果，一般以10节最好，距结实花蔓留两叶摘心，8～12节的孙蔓结果。

立架栽培采用单蔓整枝或1.5蔓整枝法。即在8～12节的子蔓结果，子蔓在瓜后1片叶摘心。其余子蔓及早摘除。主蔓在18～22叶时摘心。

七、采收、分级、包装、上市

1. 成熟标准判断

第一，网纹上升到果柄上或果柄周围有黄化现象或发生离层。

第二，果皮色泽明显变化且具香味。

第三，结果枝上的叶片出现缺镁黄化症状。

第四，果实脐部有软化感觉。

第五，计算积温和日期。不同品种的果实发育期不同，根据授粉后的天数判断果实成熟与否。

2. 适时采收，分级包装

网纹甜瓜品种在采收时果柄剪成"T"字形为宜。"T"字形横径长度与果实横径等长。然后按外观、重量、含糖量分级包装，一般 1.3~2.0kg，网纹均匀美观，折光糖含量 15%以上为一级果，果实用专用防滑纸套包装，装在有隔纸板的纸箱中，每箱 5 个或 6 个，12~15kg/箱。一般亩产商品果 1500~2000kg。在阴凉地方预冷后，采用冷链运输上市。

第二节　无网纹厚皮甜瓜设施栽培技术

无网纹厚皮甜瓜在我国早有栽培，如甘肃的白兰瓜，但该类品种区域适应性较差，除在甘肃西北地区种植外，异地栽培很难成功。我国无网纹厚皮甜瓜在东、南部地区的种植成功是由 20 世纪 80 年代后期，从北京蔬菜研究中心引进日本米可多株式会社的'伊丽莎白'甜瓜拱棚栽培开始的。从北京顺义到上海南汇、河南扶沟、山东寿光，'伊丽莎白'甜瓜的高效栽培模式带动了一批非网纹厚皮甜瓜品种的引进、选育与推广。如日本'西薄洛托'、韩国的'白斯特'、台湾的'状元'、北京的'京玉'1~3 号、天津的'丰雷'等，由于甜瓜种植的效益比较高，市场价格最低也高于 5.0 元/kg，有的品种高达 32 元/kg，如'玉菇''月露'等，因此，至今仍在东南部地区广泛栽培，如河北、北京、海南、山东、福建等地。

一、栽培方式

华北地区一般采用日光温室或塑料拱棚栽培，华南主要为大棚防雨防虫栽培。

二、品种选择

该类型品种的适应性较强，各地保护地均可栽培。'玉菇''月露''京玉菇 1 号''京玉蜜''京玉月亮''京玉太阳''京玉黄流星''京玉白流星''丰雷''五岳独尊'等，可根据当地种植习惯选择适宜品种。

三、培育壮苗

1. 播种期

华北地区日光温室 12 月下~次年 1 月初；大棚 1 月下旬~2 月下旬。

2. 播种量

2200~2400 粒/亩。

3. 育苗场所

加温温室或日光温室，采用地热线加温，可以保证适温条件。

4. 播前准备

按播种量准备相应数量的营养钵或50孔育苗盘。也可采用营养钵育苗。营养土的配置如下。

营养钵育苗：可采用草炭、腐熟有机肥、未种过瓜类的园田土各1/3过筛掺匀即可；穴盘育苗基质配比：草炭70%、蛭石30%。每1m³基质加三元复合肥1kg掺匀。

5. 催芽方法

采用温汤浸种，即将种子放入50~55℃热水中，按顺时针方向搅动至水温降至30℃，然后浸泡8~10h，用清水淘洗干净，用干净湿纱布包好置于30℃恒温下催芽24h即可出芽。

6. 播种方法

晴天上午播种。营养钵、营养块或穴盘育苗方式均可。在播种前天或当天上午将育苗畦灌透水，待水渗下后，往钵中薄薄地撒一层过筛细土，然后每钵中间放一粒种子，覆盖过筛细土，厚度1cm左右。最后在畦上覆盖一层地膜保湿。最好再搭设小拱棚利于保温。

7. 苗期温湿度和光照管理

（1）温度管理

出苗前保持30℃，夜间20℃以上。当幼苗70%破土后，揭去地膜，开始通风、降温、降湿。第一片真叶展平前适当降夜温，温度控制在20~25℃，防止徒长，促进根系生长。之后将温度控制在白天25~30℃，夜间15~20℃，促进地上部分生长，培育壮苗。定植前3~4天，适当降温炼苗，白天20~25℃，夜间13~15℃，以适应定植大棚的温度范围。并在定植前喷一遍杀菌剂、杀虫剂。

（2）湿度管理

采用营养钵或营养块育苗时，出苗后，在保证温度的前提下，逐渐加大通风尽可能地降低室内空气湿度。为防止畦面失水过多干旱，拱土和出苗后各覆细土一次，其厚度分别为0.5cm和1cm。苗期浇透水1~2次，加强通风，降低棚内空气湿度。

采用穴盘育苗的浇水管理需视床架透气性及苗盘缺水程度以及叶片颜色深浅决定浇水量及浇水次数。穴盘置于地表面时，失水较少，浇水次数少，需注意及时移动苗盘，防止根系下扎进土；穴盘置于离地的床架上，失水快，需严格注意幼苗生长状态，当穴盘手感重量变轻、叶片颜色变深或生长点低于下部叶片水平时，要及时浇水,防止幼苗萎蔫。

(3) 充足光照

是幼苗生长的必要条件,育苗棚室必须采用透光率好的无滴新膜方能保障光照充足。出苗后,白天揭开内置小拱棚薄膜。尽最大可能保持良好光照条件。

四、田间管理

1. 定植前的准备

(1) 土壤选择

有条件的地区最好选择2年内未种过瓜类的地块种植。土壤质地黏壤或沙壤均可,早熟栽培宜选择沙壤土。种植厚皮甜瓜,土壤耕翻深度不小于20cm。

(2) 施底肥

每亩栽培面积需施腐熟优质有机肥(鸡粪,猪粪)7~10m³,若用烘干鸡粪不少于1500~2000kg,再加入三元复合肥30~40kg,硫酸钾25kg,磷酸二铵50kg。

铺施、沟施或铺施与沟施相结合,具体采用何种方法,视作畦时间、方式而定。无论采用何种方法,都应与土壤掺和均匀。先开沟后作小高畦的采用沟施;先施肥后作小高畦的采用铺施方法,作改良小高畦的采用铺施和沟施相结合方法,铺施4/5,沟施1/5。

(3) 作畦

小高畦,畦底宽80cm,顶宽70cm,高10~12cm,畦沟底宽70cm。适合立架栽培。采用滴灌或渗灌。畦向南北。

龟背高畦:适合匍匐爬地栽培。根据当地棚宽、地势、及整枝方式可适当调整畦宽与畦高。如果低洼易涝,可适当增加畦高到20~25cm。畦宽150~170cm,沟宽25~30cm。

(4) 铺设滴灌带及地膜

按作畦方式选择适宜的滴灌带,铺设整齐后检查各出水口是否出水均匀一致,然后铺设地膜。

2. 定植

(1) 定植时期

华北地区春大棚多层覆盖在3月上、中旬定植。单层棚在3月下定植。华南则可适当提前。定植时的气象条件春茬要求在冷尾暖头(即寒流刚过气温回升)的晴天上午进行。

(2) 定植

一般幼苗生理苗龄为真叶2~3叶1心,日历苗龄30~35天,即可定植。选择大小基本一致、无病虫、健壮幼苗栽植。栽植深浅一致，以苗坨与畦面相平为宜。栽植时尽可能不弄散土坨。

(3) 定植密度

以小高畦平均行距 75cm 计算，早熟品种，株距 40~45cm、密度为 1700~1900 株/亩为宜，如'京玉1号''西薄洛托''京玉月亮'等；中熟品种株距 45~50cm、密度 1400~1600 株/亩，为宜，如'玉菇''月露''五岳独尊''京玉太阳''京玉'2 号和 3 号、'京玉菇'等。

3. 定植后的环境控制

(1) 温度管理

定植后将棚膜封严，一周内若棚温低于 35℃ 可不通风。夜间加强保温，使气温保持在 20℃ 左右。最低不低于 15℃；缓苗后至坐瓜前，白天 25~30℃，夜间 15~20℃；坐瓜后至果实膨大结束，白天 30~35℃，夜间 20℃ 左右，不低于 15℃；果实停止膨大到采收阶段，适当降温，白天 25~30℃，夜间 15~20℃。

(2) 光照管理

在保证适温条件下，尽可能增加光照时间与强度。采用透光率好的优质流滴膜；及时清扫棚膜外侧的草屑与灰尘；温室后墙挂反光膜等措施。

(3) 追肥

甜瓜在施足底肥的情况下，植株营养生长期间可不再追施 N、P 肥，但在坐果期追施 1~2 次硫酸钾 20~25kg/亩，可提高品质。若底肥不足，坐果后要及时补充速效 N、P、K 肥料。

(4) 灌水

宜晴天上午进行。

一般正常年份，按常规灌水。遇到变天频率高的年份，灌水不能按常规进行，灌水量宜小，灌水次数宜多，以防一次灌水量过大，地温降低过多且不易回升而损伤根系，影响正常生长。采用滴灌方式可视苗情适当减少灌水量，增加灌水次数。甜瓜生长发育中，以定植水、伸蔓水、膨瓜水最为敏感，也最为关键。

定植水要少，防止地温降低过多，影响根系生长。以土坨湿润为度；采用软管膜下浇灌的，以水不漫过沟帮为度；伸蔓水要适时，当植株 5~6 片叶伸蔓时，需及时灌水，促进茎蔓生长。开花前适当控水，防止植株徒长，结实花脱落。坐瓜后，当幼瓜鸡蛋大小时灌膨瓜水，膨瓜水要及时，滴灌方式要小水勤浇，防止土壤水分忽高忽低。灌水次数因土壤质地、天气情况及品种熟性早晚而异，从果实开花后的 5~7 天到果实停止膨大为一般需 20~25 天，早熟品种浇水 1~2 次，中晚熟品种 3~4 次不等。原则上掌握不能缺水。

果实停止膨大后，转入养分糖分转化期，果实外观逐步显现本品种特有颜色，一般在7~10天即可完全成熟，此期务必停止灌水，以防裂瓜。

有的品种可以采收二茬果实，二茬瓜灌水追肥必须在前茬果收获后进行。

4. 保花保果

主要保花保果措施有如下三种。

(1) 蜜蜂授粉

甜瓜花粉重，风传授粉较困难，一般为虫媒花，保护地内因低温高湿或高温高湿，又缺少昆虫，因此必须人为放置蜜蜂完成授粉工作。甜瓜保花保果措施首选为蜜蜂授粉，它不但可节约用工成本，还可改变甜瓜果实生长中内源激素的组成，增加果实芳香物质的含量，提高果实品质。目前国内采用的蜜蜂主要是意大利蜜蜂和中华蜜蜂，品种有壁蜂和熊蜂。甜瓜尤以熊蜂授粉较多。北方使用最多的为意大利蜜蜂，俗称意蜂，而海南、广西等地区则采用耐高温高湿的海南中蜂。一般一亩地放1箱即可。

蜜蜂授粉技术首先需注意在蜜蜂进棚前7~10天做好棚室病虫害防治工作，授粉期间的7~10天内严禁喷洒农药，避免蜜蜂中毒。棚室放风口务必采用防虫网，以防蜜蜂飞出。选择蜂群强的新蜂王种群授粉。蜂箱放置在棚室中央距地面50~100cm的架子上，巢门向南或东南方向，不可随意移动，防止蜜蜂迷巢受损，一般在授粉前2天将蜂箱放入棚室，以适应棚室环境。

此外，做好棚室温、湿度度调控工作，使其尽量在甜瓜开花授粉受精所需的最适温、湿度，甜瓜开花与蜜蜂活动温度基本吻合，一般白天18~32℃，适宜温度22~28℃；湿度控制在50%~80%，温度过高过低均可导致甜瓜花泌蜜量降低，花粉活力减弱，影响蜜蜂访花积极性。蜂群用量一般为每亩放置1箱（2000~4000只/箱）。

(2) 生长调节剂处理

甜瓜常用生长调节剂为2-氯乙基磷酸（乙烯利）、萘乙酸（NAA）、吲哚乙酸（IAA）等，均可促进结实花形成。幼苗2~3叶时喷洒200~300mg/L的乙烯利，可使甜瓜结实花提早出现。目前厚皮甜瓜上使用效果较好的生长调节剂为氯吡脲，为人工合成的活性最高的细胞分裂素，采用200~300倍0.1%氯吡脲，在开花前一天或当天上午喷洒瓜胎。需严格按说明书浓度配制，切忌浓度过大。此外，气温低时，浓度较高，高温时期，应采用较低浓度。浓度过高，可致果实畸形、裂果等副作用。

(3) 人工授粉

在没有蜜蜂授粉情况下，可采用人工授粉，即将雄花粉涂抹在结实花柱头上，以上午8：00~10：00时为佳。

(4) 套袋

套袋技术早已在果树上应用，在早春或秋冬茬甜瓜栽培中可以直接借鉴。实践证明套袋能改变果实的外观性状,增加果实的光洁度;同时可减少农药的附着,减少果面病害的发生,提高果实商品率。具体做法为在甜瓜果实鸡蛋大小时套上消毒纸袋或塑料保鲜袋,以保持果面受光均匀一致,还可防止农药污染以及病菌侵染所致果面污斑点病的发生。采用超市大号保鲜袋或纸袋均可,规格视成熟果实大小而异,一般长×宽=45cm×25cm即可。采用葡萄用袋更好。保鲜袋在套袋过程中会产生凝结水滞留袋的底部,可用牙签扎个小洞。

5. 植株调整

厚皮甜瓜的早熟品种宜采用单蔓整枝,可达到早熟之目的。即在主蔓10~12节位的3~4条子蔓坐果。子蔓果前留一片叶摘心。其余子蔓及早除去。主蔓约22~24叶时摘心。待果实鸡蛋大小时选留一个周正果实留下,其余疏果。也可在主蔓顶部预留2~3个活权,即子蔓留1~2叶摘心,备二次坐果用。

双蔓整枝方法是在主蔓3片真叶时摘心,选留2条同样大小的子蔓继续生长,在子蔓的8~10节的孙蔓坐果。子蔓至18~20片叶时摘心。孙蔓结果枝在果后保留一片叶摘心。其余孙蔓及早摘除。每条子蔓选留一符合本品种特征的稍长幼瓜留下,其余及早疏掉。

6. 套袋

非网纹甜瓜可在果实鸡蛋大小时套保鲜袋,防止果面污斑点的发生,可提高商品率。规格视成熟果实大小而异。

7. 采收与包装

(1) 充分成熟

为保证果实品质优良,必须待果实充分成熟后采收,禁止生瓜上市。

(2) 适期采收

以坐瓜节位前、后两片叶失绿变黄或干边时为采收适期;也可参考授粉后天数,正常年份'京玉1号''京玉月亮'33~38天;'玉菇''月露''京玉'2~3号、'京玉太阳'等需花后42~45天成熟;采收应在上午低温下进行

(3) 采收标准

第一,果柄周围有黄化现象或发生离层。

第二,果皮色泽明显变化或具香味。

第三,结果枝上的叶片出现缺镁黄化症状。

第四,果实脐部有软化感觉。

第五,计算积温和日期。

不同品种的果实发育期不同,根据授粉后的天数判断果实成熟与否。

(4) 采收

将充分成熟的果实连果柄一同剪下，成"丁"字形，果柄长度等同果实横径。采收时轻拿轻放，避免机械损伤。然后按外观、重量、含糖量分级包装，一般商品果重1.5~2.0kg，果型周正，色泽均匀，折光糖含量15%以上为一级果，果实用专用防滑纸套包装，再放入有隔纸板的纸箱中，每箱5个或6个，15kg/箱左右。在阴凉地方预冷后，采用冷链运输上市。一般亩产商品果1500~2000kg。

第三节 薄皮甜瓜优质高效栽培技术

一、薄皮甜瓜品种的发展与选择

1. 薄皮甜瓜品种发展历程

20世纪80年代中期至90年代中期，日本'甜宝'、台湾地区'青玉'等绿皮绿肉梨瓜，河南'白沙蜜'、湖北'白梨瓜'、'景甜208''运蜜2号''特甜蜜2号'等白皮白肉梨瓜，'银辉''美浓''白甜宝''铁甜白宝'等白皮青白肉梨瓜'龙甜1号''铁甜金脆'、'科丰1号'等白糖罐类早熟白皮甜瓜，'甜帅''红城5号''鹤丰5号'等早熟红瓤黄白微绿皮甜瓜，'双蜜''龙甜4号'等白瓤黄白微绿皮甜瓜，以及'红城脆''齐甜1号''盛开花''运蜜1号''特甜蜜1号''灯笼红''绿麻瓜''芝麻蜜'等常规薄皮甜瓜品种在我国不同地区大面积种植。

90年代末至本世纪初，'齐甜1号'育成者车恩柱与大民种业合作推广的'红城七''红城十'长春市蜜世界甜瓜研究所吴启运等人育成的'玉美人''甜美人'及其派生品种'京蜜''农大2号''农大8号'，齐齐哈尔市永和甜瓜研究所贾永和育成的'永甜3号'等杂交薄皮甜瓜品种开始在我国北方甜瓜产区栽培。不久利用'甜帅''红城5号''鹤丰5号'等红瓤黄白微绿皮甜瓜做母本，'双蜜''龙甜4号'等白瓤黄白微绿皮甜瓜做父本配制的'香瑞1号''金妃''高抗糖王''抗霸天下'等白瓤黄白微绿皮杂交薄皮甜瓜品种，成为东北三省、内蒙古、山西等地薄皮甜瓜主栽品种。

近年，在东北三省、山西、内蒙古等地，用白糖罐等白皮甜瓜做母本，'龙甜4号'及其派生品系做父本配制的'璇瑞1号'等黄白皮杂交薄皮甜瓜品种，又开始陆续取代'高抗糖王''抗霸天下'等白瓤黄白微绿皮甜瓜品种，成为东北三省、山西、内蒙古等地薄皮甜瓜主推品种；'翠宝'（或称'绿宝'）类型绿皮绿肉或黄绿肉杂交薄皮甜瓜品种取代'红城10号'等油皮甜瓜品种成为河北、山东、河南等地冷棚薄皮甜瓜和辽宁省锦州市暖棚薄皮甜瓜主栽品种；'白花姑娘''甜花姑娘''黄花姑娘'等成为东北三省、河北省播种面积最大的白瓤花皮薄皮甜瓜；'吉品圆八里香''豹点黄八里香''璇顺蜜点3号'成为东北地区种植面积最大的绿肉花皮薄皮甜瓜；2019年，'吉蔗棒9号''香酥蜜''酥脆王子''博洋9号''博洋61号'等杂交酥瓜又迅速成为辽省、山东、河北、河南省等地棚室薄皮甜瓜主推品种。

2. 薄皮甜瓜品种的发展方向与新品种的选择

未来十年，植株生长强、耐低温、耐弱光、耐湿。低温条件下果实膨大快、抗病抗逆性强、适应范围广、坐果率高、连续结果能力强、外观新颖、具有传统薄皮甜瓜口感和风味、产量高、携带脆肉哈密瓜耐运基因、货架期可达10天的脆肉、酥脆肉薄皮甜瓜新品种将成为主流品种。

近年，由于市场对薄皮甜瓜新品种的需求不断变化，种植创新型新品种可以获得更高的效益，促进了薄皮甜瓜创新型新品种或模仿型新品种的快速推出。新品种的持续涌现，为薄皮甜瓜生产者提供了广阔的选择余地，但众多模仿品种或改名换姓品种也迷惑了薄皮甜瓜生产者。如1个创新型新品种或1个模仿型新品种获得市场认可后，第二年就会有大量模仿品种或改名换姓包装上市。一部分种子经销商第1年购买新品种种子后拆袋装入自己的包装袋，第2年就装模仿品种的种子，一部分种子经销商第1年就装模仿品种的种子，并针对创新型新品种或模仿型新品种的某个缺点进行宣传，迷惑底层薄皮甜瓜种子经销商、育苗场和种植户。目前全国具备持续推出创新型薄皮甜瓜新品种能力的育种团队屈指可数。在新零售时代，薄皮甜瓜收购商、底层薄皮甜瓜种子经销商、育苗场、种植大户最好选择与创新型薄皮甜瓜育种家团队合作，经营使用创新型薄皮甜瓜育种家团队的杂交薄皮甜瓜种子。

二、薄皮甜瓜生长与栽培环境的关系

1. 薄皮甜瓜第一结实花着生位置与栽培环境的关系

每天12h左右的光照，以及较大的昼夜温差有利于结实花的分化。第一结实花着生节位与瓜苗2~3片叶时的光照时间，昼夜温差等栽培环境密切相关。如果瓜苗2~3片真叶时遇到低温寡照天气，或白天与夜间温度均过高，昼夜温差小，第一结实花着生节位推迟。孙蔓结果的晚熟品种，温室或拱棚栽培苗期光照不足容易发生早期不发育结实花，甚至雄花也不发育的现象。萘乙酸、芸苔素可以将第一结实花着生节位提前，赤霉素可以将第一结实花着生节位推迟。在东北地区露地直播种植孙蔓结果的薄皮甜瓜品种，在甘肃、新疆露地制种时，主蔓1节或2节着生的子蔓1节就发育结实花。东北地区露地直播种植孙蔓结果的晚熟薄皮甜瓜品种，东北地区冬季温室或大棚吊蔓栽培，遇低温寡照雾霾天气主蔓10节着生的子蔓都可能不发育结实花，有时甚至雄花也不分化。在东北地区露地直播栽培子蔓结果的中熟薄皮甜瓜品种，东北地区大棚或拱棚栽培时主蔓3~4节以上节位着生的子蔓1节发育结实花。

2. 薄皮甜瓜果实大小和形状与栽培环境的关系

薄皮甜瓜果实大小和形状容易随栽培环境的变化而发生变化。甜瓜果实生长前期为纵向生长，后期为横向生长。果实发育过程温度由低到高果实变长，温度由高到低果实变短。所以，冬春季吊蔓栽培高节位发育的果实要比低节位发育的果实长，着地栽培子蔓发育的果实要比孙蔓发育的果实短；露地栽培发育的果实比小棚发育的果实长且大，小棚栽培发育的果实比大棚发育的果实长且大。露地栽培发育的果实比小棚发育的果实长且大。华北地区的薄皮甜瓜品种北移至东北地区栽培，果实变长变大。东北地区的品种南移至华北地区栽培果实变短变小，华北地区薄皮甜瓜品种北移果实变长变大。杂交薄皮甜瓜品种比常规品种果实膨大快，果型和果实大小受气候、栽培条件等环境因素影响甚大，如，东北地区种植的黄白皮甜瓜品种子蔓瓜果实多数年份近圆形，少数年份高圆形，孙蔓瓜果实椭圆形；天气好的年份子蔓结瓜多，果实短些，熟期早些，低温多雨年份子蔓结瓜少，孙蔓结瓜，果形长些，熟期晚点。

3. 薄皮甜瓜果实果皮颜色、瓤色与栽培环境的关系

白皮青白肉甜瓜品种，低温条件下栽培果皮清白色，夏季高温季节栽培果肉变白果皮易上黄。有些果面有纹线的品种低温条件下栽培，头茬瓜果面有时会产生浓绿色条斑。花皮甜瓜光照充足条件下发育的果实黄多绿少，有时甚至变成纯黄色；光照不足条件下发育的果实绿多黄少，有时甚至变成纯绿色。高温干旱年份不及时灌水或整枝过重，或坐果过多、或叶片发生病害等因素，可以诱发甜瓜着色不良或不转色。氮肥过多，长势过强，白皮甜瓜或黄白皮甜瓜品种也会发生果皮发绿的现象。用药不合理，产生药害，或发生病害会导致甜瓜果面产生污点。

4. 薄皮甜瓜果实丧失商品性与栽培条件的关系

薄皮甜瓜花芽分化期温度过低，发育大果脐或带萼片的果实；开花坐果期遇雨或灌水或坐果药剂浓度过高，果皮较薄的品种幼果开裂；使用金鹏甜瓜坐瓜灵或其他有效成分为氯吡脲、噻苯隆的坐果药剂喷瓜胎或侵瓜胎会发育粗果柄果实；使用甜瓜美灵或有效成分为防落素、2，4-D的坐果药剂喷花，会发育大果脐瓜；坐果药剂浓度过高或药液量过大导致果实成熟时果皮仍苦，浓度过低或药液不足或不均时，导致不坐果或发育畸形果和僵尸果；温度忽高忽低，或灌水不均衡，或久旱遇雨或灌水，或使用膨大素不当会导致裂果；使用膨大素不当会发育南瓜型果实；防风过早或通风量过大，用药不当使用乳油剂型农药或代森锰锌等，果面产生污点；高温干旱年份不及时灌水或整枝过重，叶片不能遮蔽果实，导致果实被烤伤或诱发瓜瓤裂变；果实发育期栽培环境发生剧烈变化，瓜瓤发生断裂，愈合后留下黑斑，最终发育成黑芯瓜；用南瓜嫁接薄皮甜瓜，氮肥过量或果实成熟期灌水或灌水不均衡，或果实发育期遇低温雾霾天气，或使用膨大素等因素导致果实发育成水冻瓤瓜，丧失商品价值。

三、整地施肥

施用传统农家粪肥(腐熟的马粪、牛粪、圈肥、鸡粪、羊粪、或圈肥等)，对提高

薄皮甜瓜植株抗病能力，改善薄皮甜瓜品质具有重要作用。目前传统的农家粪肥已经基本消失，养殖场的牛粪、鸡粪、猪粪，以及烘干鸡粪等商品有机肥常含有消毒药剂、抗生素和重金属残留，直接使用可能对土壤及甜瓜植株造成伤害，最好堆放1年经夏季高温腐熟后再使用。根据本地肥力状况因地施肥，一般亩施充分腐熟的圈肥5000kg或充分腐熟的鸡粪1000kg或紫牛有机肥75kg，煮熟黄豆15kg。硫酸钾型三元复合肥50~80kg，或磷酸二铵15~20kg，硅钙镁肥20kg，硝酸钾或硫酸钾20~25kg，

四、定植后的管理

1. 施肥管理

定植时结合浇缓苗水，浇灌沃益多、哈茨木霉菌、EM菌、枯草芽孢杆菌等微生物菌剂，含氨基酸水溶性肥料或含矿源黄腐酸、海藻酸、甲壳素的肥料。如果瓜苗长势弱，定植至果实膨大期，喷2次0.3%磷酸二氢钾+0.3%尿素+1%葡萄糖混合液，结合灌水，冲施比秀等含氨基酸水溶性肥料，或孚乐美等含腐殖酸水溶性肥料、或蓝能量海藻精等含海藻酸肥料、根茂康等含甲壳素肥料，矿源黄腐酸肥料。果实膨大期喷2次0.3%磷酸二氢钾+1%葡萄糖混合液，喷1次生物刺激素阔实，或平衡型膨大防裂和盖杰多羟基有机络合钙硼肥。第一茬果膨大期，结合浇水亩冲施硫酸钾型复合肥10~15kg，或硫酸钾4~7kg，磷酸二铵5~7kg。第一茬果采收后，亩冲施硫酸钾型三元复合肥8~15kg。

2. 温度湿度管理

定植后密闭温室，及时在定植垄上南北方向每垄扣一个小拱棚，用无滴地膜覆盖，有条件的在棚膜下再加一层二道膜保温，尽量减少进出温室次数，减少温度损失。保持白天30~35℃，夜间18~20℃促进缓苗，缓苗后到雌花开放前在白天28~32℃，夜间14~16℃，温度过高可适当放风，先从北头放风，然后两头放风，随着气温升高，秧苗生长，当秧苗生长点顶到地膜时撤掉拱棚。开花坐果期白天25~30℃，夜间15~18℃，果实生长期白天30~33℃，夜间16~18℃。达到所需高温时要放风降温排湿，当温度降到所需温度低点时要关风口保温。随外界气温升高逐步加大放风量。夜间温度超过18℃也可放风，保持相对湿度60%~70%。果实成熟期温度不可忽高忽低，以防裂果。

五、薄皮甜瓜整枝方式

1. 薄皮甜瓜吊蔓栽培整枝方式

(1)暖棚(温室)栽培吊主蔓子蔓结瓜单次留果

亩定植2200~2400株(如，株距30cm~35cm，行距80cm~100cm)。瓜苗

主蔓（母蔓）6叶片叶时用尼龙绳吊主蔓顺尼龙绳向上盘绕生长。在主蔓11~15节发育的子蔓上留2~3个果。留果子蔓留2叶摘心，不留果的子蔓全部摘除，但顶部要保留1~2个生长点。主蔓长至距离棚顶一定高度时（主蔓22~25节）摘心。

(2)冷棚（大棚）栽培吊主蔓子蔓结瓜2次留果

定植密度，留果节位及数量依据品种及栽培习惯而定。一般亩定植2200株左右。瓜苗主蔓（母蔓）6片叶片时用尼龙绳吊主蔓顺尼龙绳向上盘绕生长。在植株中下部（主蔓8~12节）着生的子蔓上留3~4个果，中上部着生的子蔓上留2~3个果。留果子蔓留2叶摘心，不留果的子蔓全部摘除，但顶部要保留1~2个生长点。主蔓长至距离棚顶一定高度（主蔓20~25节）时摘心。

(3)冷棚（大棚）栽培吊双子蔓孙蔓结瓜2次留果

亩定植1200~1400株。瓜苗主蔓（母蔓）留4片真叶摘心，用尼龙绳吊2条子蔓顺尼龙绳向上盘绕生长。在植株中下部着生的子蔓上留3~4个果，中上部着生的子蔓上留2~3个果。留果孙蔓留2叶摘心，不留果的孙蔓全部摘除，但顶部要保留1~2个生长点。子蔓长至距离棚顶一定高度时摘心。

2. 薄皮甜瓜着地栽培栽培整枝方式

(1)三蔓或四蔓精细整枝

东北地区保护地栽培或东北多雨地区露地栽培子蔓结果薄皮甜瓜品种（如选用栽培环境适宜子蔓结果，不适宜孙蔓结果的品种，应在瓜苗2真片叶和3片真叶时各喷1次增瓜灵或乙烯利）采用的整枝方式。亩定植2200~2400株。瓜苗5片真叶时留4片真叶摘心。子蔓6片叶可以确定子蔓1节是否发育结实花时，选留3~4条子蔓留3~4叶摘心，摘除2片子叶腋间着生的子蔓及无瓜胎的子蔓。摘除坐瓜节位和坐瓜节位后面（从坐瓜节位至主蔓方向）的孙蔓。子蔓1~2节未坐瓜的子蔓留2节打尖，其上抽生的2条孙蔓留3~4叶摘心留果。在坐瓜节位前面（从坐瓜节位至子蔓生长方向）1~2节选留1~2条孙蔓留3~5叶摘心，其余孙蔓尽早摘除。在子蔓和孙蔓上各留2~3个瓜，全株留瓜4~6个。种植栽培环境适宜子蔓结果，栽培环境不适宜孙蔓结果的薄皮甜瓜品种，如果不使用增瓜灵，瓜苗7片真叶时留6片真叶摘心，选留主蔓3~6节着生的3~4条子蔓留3~4片叶摘心留果。其他同瓜苗5片真叶时留4片真叶摘心的整枝方法相同。

(2)栽培三蔓或四蔓粗放整枝

东北少雨地区露地种植子蔓结果品种（如选用栽培环境适宜子蔓结果，栽培环境不适宜孙蔓结果的品种，应在瓜苗2片叶和4片叶时各喷1次增瓜灵或乙烯利）。亩定植1700株。瓜苗5片真叶时留4片真叶摘心。子蔓6片叶可以确定子蔓1节是否发育结实花时，摘除2片子叶腋间上着生的子蔓及子蔓1节无瓜胎的子蔓。选留3~4条子蔓有瓜胎的子蔓生长。少雨年份子蔓坐果后长势弱时，子蔓可不再摘心。多雨年份或植株长势强，子蔓坐果后留4~7叶摘心。子蔓1~2节无结实花或未坐果的子蔓，留2节摘心，促发孙蔓结果。

(3) 保护地或露地栽培双蔓整枝

种植孙蔓结瓜品种采用的整枝方式。东北地区亩保苗1500~1700株。瓜苗4片真叶时留3片真叶摘心。选留的2条子蔓留4叶摘心，摘除子蔓上的结实花，选留5~6条孙蔓。坐果孙蔓不摘心或留2~3片叶摘心，其余不留果或未坐果的孙蔓尽早从基部摘除。华北地区亩定植1200~1500株。瓜苗留4叶摘心，选留2条子蔓留7叶摘心。摘除子蔓上的结实花和多余的子蔓，在选留的子蔓中部选留6条孙蔓留2叶摘心结果，其余孙蔓尽早摘除。长江中下游地区亩定植400~600株。瓜苗留4叶摘心。选留2条子蔓留17叶摘心，摘除子蔓上的雌花和多余的子蔓，在选留的子蔓中部选留6条孙蔓留2叶摘心结果，其余孙蔓尽早摘除。

(4) 四蔓整枝单次留果

东北地区拱棚或大棚抢早上市采用的整枝方式。亩定植2400~2600株。瓜苗7片真叶时留6片真叶摘心。子蔓6片叶可以确定子蔓1节是否发育结实花时，选留4条子蔓留6片叶摘心。摘除2片子叶腋间着生的子蔓及无瓜胎的子蔓。每个蔓在坐果节位前方选留2条孙蔓留2片叶摘心，其余孙蔓尽早抹掉。每株在子蔓上留3~4个瓜，其余瓜胎全部摘除。

六、提高薄皮甜瓜坐瓜率的措施

用0.1%氯吡脲（吡效隆）、0.1%噻苯隆、金鹏甜瓜坐果灵喷瓜胎、用甜瓜美灵、防落素、2,4-D喷花，使用熊蜂、蜜蜂授粉可以提高薄皮甜瓜坐瓜率。用金鹏甜瓜坐果灵，氯吡脲、噻苯隆等坐果药剂喷瓜胎，用甜瓜美灵、防落素、2,4-D喷花，坐果药剂浓度过低或喷的药液不足或不均，不坐果或发育畸形果和僵尸果，浓度过高或使用方法不当，瓜胎开裂或果实成熟时果皮苦或果柄端果皮仍苦或发育大果脐瓜。薄皮甜瓜与厚皮甜瓜对坐果药剂的敏感程度不同，不同薄皮甜瓜品种对坐果药剂的敏感程度不同。按照金鹏甜瓜坐果灵、氯吡脲、噻苯隆等坐果药剂产品标签上推荐的兑水量喷或侵薄皮甜瓜的瓜胎，经常发生果实成熟果皮仍很苦的现象。东北地区大棚或大小拱棚种植'璇瑞1号'薄皮甜瓜品种，用金鹏甜瓜坐果灵喷瓜胎、用甜瓜美灵喷花，果实膨大期喷1次阔实，加速膨果、防裂，果皮转色期喷1次润色，促进转色，效果较好。华北地区大棚吊蔓种植'璇甜花姑娘'薄皮甜瓜品种，上午10:00以前，下午3:00以后，温度20℃~30℃条件下，用0.1%氯吡脲水剂5mL+2~3kg水+2.5%适乐时悬浮剂（咯菌腈）2mL+怀农特高效植物油助剂3mL喷瓜胎，1次同时喷3~5个瓜胎。果实膨大期喷1次阔实，加速膨果，防裂，果实转色期至成熟期喷1次润色，促进转色。不同温度条件下0.1%氯吡脲水剂5mL兑水量如下：温度18℃~20℃，兑水2~

2.4kg；温度21℃～24℃，兑水2.2～2.5kg；温度25℃～30℃，兑水2.5～3.5kg。'吉蔗棒9号''香酥蜜''酥脆王子''博洋9号''博洋61号'等杂交酥瓜，以及东北地区的早熟黄白皮甜瓜，用坐果药剂处理结实花时应比'绿宝''星甜20'多兑点水。上述坐果药剂及配方兑水量仅供参考，各地使用坐果药剂对薄皮甜瓜喷瓜胎或喷花，必须提前试验，成功后再使用。

七、病虫害防治

在温室、大棚内悬挂多色介电吸虫板和静电灭虫灯。在通风口处设置防虫网。田间设置蓝色黏虫板诱杀蓟马，悬挂黄色黏虫板诱杀粉虱和蚜虫。用艾美乐、阿克泰喷淋苗床或灌根预防蚜虫、蓟马、粉虱。喷施艾绿士、阿克泰、艾美乐、稀啶吡蚜酮、螺虫乙酯、多杀霉素甲维盐等药剂防治蓟马、蚜虫、粉虱。用螺螨酯、哒螨灵、阿维菌素等防治螨。

薄皮甜瓜常发生枯萎病、蔓枯病、根腐病、靶斑病（俗称黄点病）、霜霉病、白粉病、蔓枯病、灰霉病、炭疽病等真菌性病害，细菌性果斑病、细菌性软腐病、细菌性角斑病、溃疡病等细菌性病害。定植或浇水缓苗水时，浇灌沃益多、或枯草芽孢杆菌、哈茨木霉菌、EM菌等菌剂，1%申嗪霉素悬浮剂、或浇灌恶霉灵和多菌灵，11%精甲咯嘧菌等杀菌药剂可以预防枯萎病、根腐病和蔓枯病等根蔓部病害。靶斑病用枯草芽孢杆菌可湿性粉剂、0.3%四霉素水剂、40%戊唑醇噻唑锌悬浮剂、35%苯甲咪鲜胺水乳剂、80%甲硫福美双可湿性粉剂、48.2%氟吡菌酰胺肟酯悬浮剂等药剂防治。霜霉病用50%烯酰吗啉悬浮剂、66.5%霜霉威盐酸盐水剂、68%精甲霜灵锰锌水分散粒剂、银法力、增威赢绿等药剂防治。白粉病用枯草芽孢杆菌可湿性粉剂、10%苯醚甲环唑、25%吡唑醚菊酯、绿妃、露娜森等药剂防治。蔓枯病用25%嘧菌酯悬浮剂、22.5%啶氧菌酯悬浮剂、35%苯甲咪鲜胺水乳剂、40%粉唑嘧菌酯悬浮剂、1%申嗪霉素悬浮剂等药剂防治。细菌性病害用噻唑锌、喹啉铜、加瑞农、多抗霉素、春雷霉素、中生菌素、四霉素等药剂防治。灰霉病用啶酰菌胺、嘧菌环胺、吡唑醚菌酯等药剂防治。

八、采收

为保证薄皮甜瓜的肉质、口感、香味和色泽，当地销售九成熟采收，远距离运输七、八成熟采收。目前以熟瓜上市为主的主流薄皮甜瓜品种均可以通过观察果实外观颜色判断生熟，如'吉蔗棒9号'花皮棒瓜，果实成熟时果皮灰浅色条带由灰绿色转变为灰白色，果肩部变黄；'翠宝''绿宝'等绿皮绿肉或黄绿肉甜瓜，果实成熟时果皮由灰绿色转为黑绿色。东北地区主流黄白皮甜瓜，果实成熟时果皮由黄绿色转化为黄白色。

（吴起顺，长春璇顺种业有限公司）

第四节　甜瓜主产区优势品种高效栽培实例

一、新疆吐鲁番温室甜瓜'西州密25号'的绿色综合栽培技术

随生活水平的提高，绿色、高品质、个性化的消费模式逐渐成为主流，'西州密25号'作为主流的优质厚皮甜瓜受到消费者的普遍认可。但在生产过程中，由于栽培技术不全面，易出现网纹不均匀，种植早衰现象，通过我们对不同栽培模式探索，总结出'西州密25号'在吐鲁番地区个性化的绿色栽培技术，充分体现该品种自有属性的栽培模式。

1. 品种选择及其特性

该品种植株生长势稳健，耐低温弱光适合日光温室等设施栽培。中早熟甜瓜杂种一代，果实发育期50天左右，果实椭圆，浅麻绿、绿道、网纹细密全，单瓜重1.5~2.4kg，果肉橘红，肉质细、松、脆，爽口，风味好，中心平均折光含糖量17%~18%。抗白粉病，适合早春、秋季保护地栽培。

2. 播种育苗

(1) 前期准备及种子处理

将专用基质用水拌湿，以手握成团不滴水为宜，装入50孔育苗盘中，待播。用杀菌剂1号（中国农科院植保所提供）200~300倍或40%福尔马林100倍液将种子分别浸种30min，然后清水冲洗3~4次，在28~30℃恒温条件下催芽，至胚根长0.5~1cm时播种。

(2) 播种

选择在1月10日左右播种，将催过芽的砧木种子平放在50孔穴苗盘中，播深3cm。播种后白天温度控制在28~30℃，夜间20~25℃，4~6天出苗，大面积出苗后及时降温，白天保持20~25℃，夜间15~18℃，以防止幼苗徒长。

3. 整地施肥

深耕土地，施足底肥。每亩腐熟羊粪1000~3000kg，复合肥50kg在翻地时撒入，深翻30cm。起垄，垄面宽0.4m，垄距1.2m，垄高15cm。采用膜下滴灌栽培，滴管带置垄面中央的约2cm深的小沟中。

4. 定植后的田间管理

(1) 适时定植

定植前7天浇透水，以沟底出现水印为宜，地温稳定在12℃以上时，即在2月25

日左右，苗 2 叶 1 心时，采用单行种植，株距 0.4m，定植穴距滴灌带 5~10cm。每亩保苗 1200~1500 株。并将定植穴口四周压实。

(2) 温度管理

定植后成活前密闭温室保温保湿，在高温高湿条件下缓苗，以后白天温度控制在 25~35℃，夜间不低于 15℃。

(3) 肥水管理

缓苗后浇缓苗水，开花前不再浇水，坐果后浇膨瓜水，每 7 天浇 1 次，并冲施以 P、K 为主的复合肥 3~4 次，并适时通风。

(4) 整枝与授粉

当瓜苗长到 4~6 片叶时，去除萌发的侧芽，并吊蔓，生长至吊蔓绳顶部时（蔓长 1.6~1.8m），去生长点。7~9 节为坐果节位，3 月 25 日左右为始花期，开始进行人工授粉，时间在 9:30~11:30 进行。每朵雄花可授 3~5 朵结实花，以枝蔓上充分发育的结实花为主，并挂牌标明授粉日期。每株留 2~3 个果，或采用蜜蜂授粉。果实拳头大小时，保留一个充分发育的果实。用麻绳吊起。与传统的栽培方式相比，植株生长健壮，充分利用了温室空间，通过增加叶片数量来增加其自身的养分供应，从而增强植株的生长势和抗逆性，又保证了果实的品质。

5. 主要病虫害防治

新疆早春温室甜瓜虫害以蚜虫、白粉虱和红蜘蛛为主，主要采用 60 目防虫网在上下通风口封严，人员进出口设置缓冲间，以减少昆虫进入，并吊挂黄板诱杀。红蜘蛛局部发生时，用 10% 阿维·哒 1500~2000 倍防治，蚜虫和白粉虱点片发生时用 20% 啶虫脒 5000~10000 倍液防治。

6. 适时采收

可根据授粉标记采收，果实发育 45 天左右成熟，以上午采收为宜。根据本地区的气候特点，温室的采收期应控制在 5 月底以前，否则因温度较高果实易发生异味。

7. 小结

通过甜瓜绿色综合栽培技术的利用，保留了植株的更多叶片，增强了植株自身的光合作用能力，提高了植株的抗病能力，降低了人工成本，从而达到了提高品质和降低了成本。

（杨军，新疆维吾尔自治区葡萄瓜果研究所）

二、山东海阳'鲁厚甜 1 号'甜瓜日光温室优质高效栽培技术

山东烟台市属海阳市，位于山东半岛东南部，属温带海洋性气候。特别适合喜温的甜瓜作物生长。海阳留格镇 1998 引种'鲁厚甜 1 号'网纹甜瓜栽培成功，面积连年

扩大。目前，仅留格庄镇就有约30hm²。为解决多年栽培引起的重茬问题，并延长产品供应期，近年来当地引进嫁接技术及秸秆反应堆技术，已成功实现了日光温室网纹甜瓜的周年栽培，从11月份至8月份都时有播种、育苗、定植，从3月份至元旦均有产品供应，每亩一年可复种三茬，年总收入能达到10万元以上。全镇瓜农年总收入达到1000多万元。留格镇网纹甜瓜能够保证品质，风味独特，已连续两年被评为烟台地区十大名瓜，产品销往烟台、青岛、威海、济南、北京、上海、深圳等地。现将留格日光温室网纹甜瓜周年栽培技术介绍如下。

1. 茬次安排

主要有冬春茬特早熟栽培、春季早熟栽培、夏秋茬栽培和秋延迟栽培4个茬次。一个日光温室内一年可种三茬，分别为冬春茬特早熟栽培、春季早熟栽培、夏秋茬栽培或秋延迟栽培。其中冬春茬特早熟栽培须采用嫁接技术与秸秆反应堆技术，秋延迟栽培须采用嫁接技术。

表5-1 '鲁厚甜1号'网纹甜瓜周年栽培茬次

茬次	播种期	定植期	授粉期	采收期	应用技术
冬春茬特早熟	11月下旬	12月中旬	1月下、2月上旬	3月中、下旬	秸秆反应堆、嫁接、多层覆盖
春季早熟	2月中、下旬	3月中、下旬	4月下、5月上旬	6月中、下旬	—
夏秋茬	7月上、中旬	7月下、8月上旬	8月下、9月上	10月中、下旬	—
秋延迟	8月中、下旬	9月中下旬	10月中、下旬	12月上、中旬	嫁接

2. 品种选择

厚皮甜瓜品种为'鲁厚甜1号'（山东省农科院蔬菜研究所育成）；砧木品种为德高铁柱（德州德高蔬菜种苗研究所提供）。

3. 育苗

采用育苗基质分散育苗。分为实生苗育苗和嫁接育苗，嫁接育苗通常采用插接和靠接方法，以插接法为主。2月底以前用电热温床进行育苗。电热温床电热线功率要求达到$100\sim120W/m^2$。

（1）种子处理

播种前将砧木和接穗种子晾晒3~5h，然后进行温汤浸种，即将种子放在55~60℃的温水中，不停搅拌，使水温15min内降至30℃后，砧木种子继续用清水浸泡6h，甜瓜种子继续浸泡2h。浸种完成后捞出沥干水分，用湿布包好，放在暖炕上，保持温度在30℃左右，露白播种。一般经过24h即可出芽。

（2）播种

插接法嫁接育苗时，南瓜砧木播种需比甜瓜提早5~7天，接穗种子均匀播在装有基质的平盘内，每标准盘播800粒。砧木和甜瓜实生苗播在穴盘或营养钵中，每穴或钵中央播一粒发芽的种子，覆土厚度1~1.5cm。靠接法育苗时，则需先播甜瓜，后播南瓜。冬春季播种前温床提前加温，当温度稳定在15℃以上时播种，播后盖地膜增温，苗床盖小拱棚。为防猝倒病，苗拱土时苗床撒草木灰除湿消毒。

（3）插接法嫁接

砧木第一片真叶展开如5角钱硬币大小、接穗子叶展平时为适宜嫁接期。具体操作如下。

先将砧木第一真叶去除，留生长点，用一楔形且与接穗下胚轴粗度相仿的竹签（可用牙签削磨而成）或钢签，在砧木一片子叶腋处斜插向另一片子叶下3mm的叶节处，深度以从下胚轴表皮处隐约可见竹签为宜，长度约0.8cm；然后取接穗，左手轻捏两片子叶，右手用锋利的刀片在离子叶叶节0.8cm处，准确、迅速地斜向下切成楔形面，长约0.8cm，取出竹签，右手捏住接穗两片子叶，大斜面向下，准确插入插孔中，使砧木与接穗切合面紧密接合，切砧木与接穗子叶成"十"字形。

（4）苗床管理

①出苗期管理

冬春季节出苗前密闭小拱棚及地膜保温。夏秋季育苗应用报纸等遮阴、保湿，并通过通风降温。出苗期温度保持在28~30℃，夜温18~20℃。60%种子出苗后撤掉覆盖物，小拱棚早揭晚盖，使白天气温降到25℃左右，夜间16~18℃，白天超过30℃时通风。

②嫁接后的管理

嫁接前苗床浇透水，嫁接后嫁接苗覆盖地膜保湿，冬春季节苗床加盖小拱棚。第1~2天用遮阳网遮阴，早晚见散射光，不通风。白天温度保持在25~30℃，夜间18~20℃，湿度控制在90%以上。第3~5天可逐渐减少遮阴时间，适当增加光照，白天温度25~28℃，夜间17~19℃，湿度在80%以上。6~8天以后不再遮阴，逐渐通风至撤去覆盖。白天气温保持在20~25℃，夜间16~18℃。9天后伤口基本愈合，延长见光时间，白天温度保持在25~28℃，夜间18℃左右。嫁接后第5天及时对砧木打顶。

4. 定植

（1）整地施肥

冬春季提前半个月整地，深翻30cm左右。不用秸秆反应堆时，每亩用500kg商品有机肥，30kg复合肥（N∶P∶K=15∶15∶15）。

使用秸秆反应堆时，每亩土地需用植物秸秆4000~5000kg，世明牌秸秆生物反应堆菌种8~10kg、植物疫苗3.5kg、麦麸225kg、花生皮粉150kg、花生饼250kg。菌种和疫苗均来源于山东省秸秆生物工程技术研究中心。具体操作处理如下。

将疫苗与125kg麦麸及水拌匀，150kg花生皮粉与50kg花生饼拌匀，然后与拌好的疫苗混匀，盖上遮阳网，4~5h翻一遍，共翻3~4遍，发酵5~7天后待用。

在定植行上挖沟，沟宽70cm、深20cm，长度根据日光温室跨度而定，沟间距80cm。沟内用玉米秸秆铺匀踏实，并高出地面5~10cm，把生物菌种与100kg麦麸拌匀后，均匀撒在秸秆上，用铁锨拍落；再将200kg花生饼用水泡散后撒在秸秆上，用铁锨拍震，使均匀落在秸秆缝隙内，覆土20~25cm，沟两端露出10cm秸秆便于通气，大沟灌水。7~8天后，将畦面耙平，将疫苗均匀撒上，与10cm表土混匀，在两边打两行孔，孔距约30cm，孔深以穿透玉米秸秆为度。

定植前盖好黑膜，定植后用直径为2cm的钢钎在定植行中间及两边共打3行孔。孔距为30cm，孔深约15~16cm。春季早熟接冬春茬特早熟栽培时不再整地施肥。秋延迟栽培时，将高垄深翻20cm，整平后中间开沟，沟施商品有机肥600~700kg。

(2) 定植期及定植方法

甜瓜苗两叶一心时定植。具体定植时间根据设施保温情况、苗龄、地温及天气等情况而定。冬春茬栽培一般在地温稳定在13℃以上，选晴天定植；夏秋季一般选下午定植。在定植行上双行定植，株距45cm，每亩栽植1800株左右。一年三茬均在同一定植行上定植。第一茬收获前三天，在两老株之间，定植提前育好的新苗，前茬收获后，拔除老株。

5. 田间管理

(1) 肥水管理

浇水采用膜下滴灌方式。定植前后在定植行上浇足缓苗水，坐果前尽量不再浇水，缺水时只浇小水。坐果后浇2~3次水，其中坐果后7天左右浇大水，其余时间浇小水，尤其是网纹形成期间土壤水分不宜剧烈变化，收获前10天停止浇水。整个生育期追1~2次肥。第一次在坐果后7~10天，第二次在初上网时。每次上10~15kg高钾复合肥(10-6-40)。

(2) 温度管理

冬春低温季节，以保温为主。特早熟栽培时，前后墙用薄膜包被，风口处用毯子封口保温，在畦上插小拱棚、盖二膜提温，植株长到10节时，撤掉小拱棚。温度较高季节主要通过调节上面及前面风口降温。开花坐果前，白天气温25~28℃，夜间16~18℃。坐住瓜后，白天气温要求28~32℃，不超过35℃，夜间为15~18℃。上网期温度较高时，浇水在半夜进行，即可降温抑制长势，又能加大昼夜温差，有利于上网和提高品质。

(3) 整枝、授粉和吊瓜

采用单蔓整枝，在15~16叶时打去小米粒大小芯，植株能继续长出6~7片叶。只留1茬果，在12节留瓜，16~17节留一预备蔓，其余枝蔓全部除掉，果实坐住后，预备蔓也去掉。幼瓜长到0.25kg以前，用绳系到瓜柄靠近果实部位，将瓜吊到与坐瓜节位相平或略低的位置上。

开花时，用200~240倍0.1%氯吡脲处理促进坐瓜。采用喷雾法，在子房上下面各喷一下。氯吡脲宜在棚温10~30℃时使用，并根据棚内温度调整浓度大小，高温时节使用浓度略低于低温时节。

6. 病虫害防治

当地瓜农非常注重通过温湿度管理来防治病虫害，各种病害发生较轻。常遇到的病害有：炭疽病、蔓割病、疫病、霜霉病等。主要使用甲基托布津、瑞毒霉等防治。蔓割病发生时，初期喷甲基托布津溶液，后期将粉剂调成糊状在病处涂抹。细菌性病害发生时，使用农用链霉素防治。

常见虫害有蓟马、蚜虫、潜叶蝇。一般选用吡虫啉、乐果乳油或阿维菌素等药剂防治。

7. 采收

'鲁厚甜1号'果实发育期50天左右。不同季节其发育期会有2~3天的差异。可根据授粉日期、果皮网纹的发生情况、皮色的变化、瓜前叶的变化等来判断采收适期。采收一般在早上进行。

8. 经济效益

在3月份收获的，单果重0.75~1.0kg，近两年来批发价约为30元/kg，每亩大棚收入3万~6万元；6月份收获的，单果重1.75kg左右，批发价为9.0元/kg，每亩大棚收入2万~3万元；12月份收获的，单果重2~2.5kg，批发价约为20元/kg，每亩大棚收入4万~5万元。多数瓜农每亩一年三茬总收入能达到10万元以上。

（焦自高、董玉梅，山东省农业科学院蔬菜花卉研究所）

三、北京'京玉'系列网纹甜瓜"傻瓜型"优质高效栽培技术

网纹甜瓜属高档果品，果实中含有大量人体需要的糖类、维生素和纤维素以及矿物质。作为鲜食果品，网纹甜瓜广泛受到消费者的好评，素有当代"健康果王"的美称。但网纹甜瓜栽培难度较大，主要问题之一是网纹发生不均匀，因此影响了瓜农栽培积极性，栽培面积一直上升缓慢。本技术是凭借滴灌田间试验，探索出的'京玉'系列网纹甜瓜栽培简易方法，使网纹甜瓜栽培不但省工省力，简便易行，且可提高甜瓜品质，折光糖含量可达19%。

1. 品种选择

选择容易上网的品种，如'京玉'4~6号，特点如下。

'京玉4号'：果实圆球形，果皮灰绿色，果肉橙红色，网纹中粗精美，单果重

1.5~2.2kg，含糖量14%~17%。果实发育期52~56天。耐储，货架期长。高抗白粉病，适合春季保护地栽培。

'京玉5号'：果实圆球形，果皮灰绿色上覆匀密中粗网纹，果肉浅绿色，折光糖含量15%~17%，单果重1.2~2.0kg。果实发育期48~53天。该品种特易上网，糖度稳定，保护地春、秋均易种植成功。注意前期生长势较弱，应促秧栽培。

'京玉6号'：果实高球形，果皮灰绿色上覆匀密细网纹，果肉浅绿色，折光糖含量15%~17%，单果重1.2~2.0kg。果实发育期46~50天。适合保护地春季种植。

2. 播种与育苗

同一般甜瓜育苗方法相同。生理苗龄2叶1心，日历苗龄30天。

3. 施肥与整地

肥料的种类与数量同一般甜瓜栽培，北京地区主要做畦方式为1.5m宽小高畦双行定植，畦面铺设滴灌管或滴灌带。

4. 定植

方法同一般甜瓜相同，株距50~55cm。密度1400~1600株/亩。

5. 保花保果

采用蜜蜂或人工授粉方式，果实风味、品质均可提升；坐瓜灵喷花务必注意按说明书进行。

6. 整枝方式

主蔓22~24片叶摘心，11节以下，14节以上的子蔓及早摘除，在主蔓的12~14节的子蔓坐果，子蔓留2片叶摘心。当果实鸡蛋大小时疏果，每株保留一个符合品种特征果型稍长的幼果。

7. 套袋

疏果后用报纸折成伞状套在幼果上，也可直接采用葡萄生产上专用双层消毒低袋，以防阳光曝晒、药害及枝蔓擦伤。

8. 浇水

定植水一次浇透。授粉前若缺水适当滴小水1~2次。当授粉后15~18天时，即果实鸡蛋大小时开始浇膨果水，以后每天滴10~15min，直至果实停止膨大果柄处开始形成网纹时停止浇水。

9. 追肥

在膨果水及横向网纹布满后，每亩追施磷酸二铵30~40kg，优质硫酸钾或硝酸钾

10~15kg。最后一水再追施一次硝酸钾肥,数量同前。

10. 采收与包装

当果实附近叶片变黄或干叶时标志果实成熟,将果柄按果实横径等长剪成"丁"字形,大小分级,果肩贴上商标,装入带有通风孔、隔离夹板的纸箱内。箱外注明产地、个数(或重量)、适食期限。

11. 北京地区甜瓜周年观光采摘茬口安排

以不同甜瓜品种的果实成熟早晚为依据,通过同一品种错期播种,不同品种同期播种,合理调控栽培环境,实现甜瓜周年采摘,且实现采收期内品种类型多样。周年观光采摘茬口安排可供选择情况见表5-1。

表5-1 '京玉'系列甜瓜周年观光采摘茬口安排技术

时间	12月 上旬	12月 中旬	12月 下旬	1月 上旬	1月 中旬	1月 下旬	2月 上旬	2月 中旬	2月 下旬	3月 上旬	3月 中旬	3月 下旬	4月 上旬	4月 中旬	4月 下旬	5月 上旬	5月 中旬	5月 下旬	6月 上旬	6月 中旬	6月 下旬	7月 上旬	7月 中旬	7月 下旬	8月 上旬	8月 中旬	8月 下旬	9月 上旬	9月 中旬	9月 下旬	10月 上旬	10月 中旬	10月 下旬	11月 上旬	11月 中旬	11月 下旬
播种茬次	1		2			3		4		5		6		7		8				9			10		11	12		13								
设施栽培类型	加温温室		加温温室			日光温室		大棚,多层覆盖		大棚,单层覆盖		露地,防雨栽培		大棚,遮阳		大棚,遮阳				大棚			大棚		日光温室	日光温室		加温温室								

茬口(播种期斜线/采收期灰色):
- 第1茬、第2茬、第3茬、第4茬、第5茬、第6茬、第7茬、第8茬、第9茬、第10茬、第11茬、第12茬、第13茬

注:▨ 播种期　▨ 采收期

(张万清,北京市农林科学院蔬菜研究中心)

四、海南三亚'玉菇'甜瓜优质高效栽培技术

甜瓜学名 *Cucumis melo* L. 在我国已有悠久的栽培历史。属于葫芦科黄瓜属,为一年生蔓性草本植物,甜瓜喜温暖、干燥、多日照气候条件。生育期白天适温28~30℃,夜间16~20℃,温度下降到10℃停止生长,种子发芽温度不能低于15℃。气温的昼夜温差愈大,对甜瓜果实发育、糖分转化与积累就愈有利。甜瓜为浅根性作物,叶蒸腾量大,需水量较多,又怕水淹。甜瓜性喜干燥,需要空气相对湿度低,一般相对湿度在50%以下最好。当甜瓜果实发育成熟时,多雨或浇水过多,会降低含糖量。因此宜选择通气、透水良好的沙壤土为宜。不适宜栽种在排水不良的黏质土壤中,海南多与水稻等轮栽,

酸碱度 pH6.0~6.8 之间。甜瓜连作易发连作病害，以三年轮作为好。

1. 品种品种特征

'玉菇'：为"Honeydew"型甜瓜，结果力强，产量高，不脱蒂，耐贮运。早熟，糖度高而稳定。尤其在高温期日夜温差少的季节，糖度及品质仍相当稳定。比'蜜世界'更耐高温。果实高球形，果皮灰白色，果面光滑偶有稀少网纹，果肉淡绿色而厚，子腔小，果重通常在 1.2~1.8kg 左右，糖度通常在 15%~18%，肉质柔软细腻。开花后约 38~45 天成熟，适于露地及塑料拱棚栽培。该品种抗枯萎病 Race 0。

2. 播种育苗

（1）播种季节

本区播种育苗时期选择在 9~10 月，全年主要栽培一季。大棚栽培可收完再继续种一季，提前有台风风险较大，而且雨多怕水淹、品质差。延迟种植病毒病较多很难种成功。

（2）浸种、催芽、播种注意事项

浸种：先用 50~55℃温水消毒 15min，然后冷却加入冷水再继续浸种 4~6h。种子表面附有一层黏液，吸水速度较慢，要用手反复不断地搓洗，除去种子表面的黏液，浸泡足够时间，让其吸足水，再用沙网取出洗净进行催芽。催芽：把种子捞出来后再用半干半湿的毛巾包住，放入发芽箱催芽，催芽适温为 25~30℃，经过 2h 后翻动一次，以便发芽整齐。经过 20h 即可出芽，种子露白后便可播种。在催芽过程中应注意：

第一，种子必须搓洗干净；第二，催芽时注意水分的供应；第三，注意温度的调节；第四，种芽以刚露白最好；第五，出芽多少播多少，催芽不能太久。

（3）播种

采用穴盘或营养钵育苗移植栽培，营养土的配制以有机肥：稻壳（炭化）：干净园田土=4：3：3，再加 0.3%~0.5%的磷肥，有机肥必须发酵、腐熟，不要放生鸡粪、尿素，以防烧苗。

催芽前应注意天气预报，阴雨天应调节温度控制种子出芽时间。选择在上午天气晴朗时进行播种，播种前把培养土浇透，再用 1000 倍甲基托布津喷施畦面。播深 1.5cm，芽尖朝下，种子平放，播后撒蛭石或轻质培养土，不要太厚，畦面覆盖地膜保湿，一般天气 2~3 天可以出齐苗，种子没有出苗前，为防止虫、鼠害，周围撒鼠药。在播种过程中应注意用镊子夹住种子，用手易折断种芽。

（4）苗期管理

苗床要耕细、整平。种子播种后至出土前需盖薄膜，白天温度高揭开，早晨、晚上温度低盖住，能促进种苗早日出土。2 天后，种苗出土揭开薄膜，然后在畦面上用钢丝或竹子搭起小拱棚，畦沟放薄膜及遮阳网，做好防护措施。出苗后，子叶戴帽的要揭开。在真叶没展开前，应控制水分，光照充足。育苗时，下午至晚上控制湿度防止徒长，温度高时，早上到中午要浇水，一天浇1次水，1~2片真叶定植。育苗过程中，移动2~3次穴盘，进行断根。定植前3~4天炼苗，控制水分。温度高时，部分幼苗萎蔫时用遮阳网遮阳，恢复后揭开。当生理苗龄至1~2片真叶，日历苗龄15~20天即可定植。

3. 整地作畦，施基肥

土壤应适当进行深翻、耙细、整平，每亩基肥：腐熟牛粪800~1200kg或鸡粪500~1000kg，豆饼肥50~100kg，复合肥25kg，磷肥15kg，硼砂1kg，石灰50kg。石灰在整地前全园撒施。畦沟30~40cm深宽，四周边缘有围沟，施肥采取条施，犁两沟进行施肥，大约离畦沟20cm开沟条施基肥，整地施肥完成后，盖好地膜。用竹竿按株距扎上种植穴。

4. 定植

定植前天用800倍百菌清喷施幼苗，浇透营养土。"玉菇"的育苗期在10~15天，1~2片真叶移栽，定植前畦面撒少许杀虫剂防线虫及地下害虫。将苗从穴盘取出，放入孔内，用土填好，不可压散营养土，然后用清水浇透定植水。

行距及种植密度因整枝方式而异。爬地式：采用双蔓整枝方式，株距45~55cm，行距2.2~2.5m，每亩550~600株。单蔓整枝方式，株距30~35cm，行距2.2~2.5m，每亩900~1000株。直立式：采用双蔓整枝方式，以140cm开畦(包沟)，成三角形双行定植，株距35~40cm，行距70cm，每亩1500~1800株。单蔓整枝方式：株距30~35cm，行距一样，每亩1600~1900株。

5. 田间管理

(1) 肥水

定植后三天及时补充水肥，第一天浇清水，以后用0.2%~0.5%尿素浇1~2次，不要浇到叶子上。甜瓜不耐旱又怕淹，在生育初期至开花前，土壤保持适当的水分，使植株强健缓慢发育为宜。水分过多时，茎叶旺盛，影响开花结果，且易患病害。待坐果后，需水量增多，以促进果实肥大。当果实快速膨大时，应保证水肥供应充足。果实成熟期应控制水分、肥料，保持适度干燥，提高果实的品质。

(2) 植株整枝方式

双蔓整枝，幼苗4片真叶时摘心，子蔓长到15cm时，留两条健壮整齐的子蔓，其余摘除，子蔓在18~20叶摘心，留果节位6~9节，5节以下的孙蔓及早摘除，预定结果蔓留2叶摘心，果实鸡蛋大时开始疏果，选留没有病斑点、椭圆形且均匀果实，在预定结果位，一蔓一果，其余摘除。单蔓整枝保留主蔓生长，直到主蔓25~30叶才摘心，子蔓结果，8~16节为结果蔓，7节以下子蔓摘除，开花前结果蔓留2叶摘心，主蔓顶端3节发生之侧蔓摘除，果实鸡蛋大小时进行疏果，留果后应用细绳吊住果梗部，固定在支柱之横向枝条上，以防瓜蔓折断及果实脱落。

6. 采收

（1）成熟期的判断

成熟不易转色，应计算成熟日数，从开花至成熟有40~45天；结果枝的叶片产生镁缺乏症状的黄化。

（2）适时采收、分级包装及贮运

成熟时进行采收，甜瓜品种采收时果梗剪成"T"字形为宜，然后按外观及重量进行分级包装，玉菇甜瓜一般1.5~1.8kg为商品瓜，采收后用专用尼龙网套或消毒纸包裹，装入纸箱装，中间放隔纸板，每箱5~6个，共15kg左右。

（3）产量

产量为1500~2000kg/亩。

（张万清，北京市农林科学院蔬菜研究中心）

五、天津'元首'甜瓜优质高效栽培技术

'元首'甜瓜为天津科润农业科技股份有限公司蔬菜研究所育成。该品种品质好，具有皮薄、肉厚、质地酥脆、红橙色肉、甜度高等特点，口感风味俱佳，深受消费者喜爱。'元首'甜瓜由于品质好，市场价高。加之产量高，亩效益比'伊丽莎白'甜瓜至少高一倍以上。越冬温室栽培，由于低温寡日照等不良环境条件，易引发病害，栽培风险较大。夏、秋大棚栽培品质劣于春季栽培，不宜于市场销售和品种的进一步推广。春温室和春大棚栽培，则能充分发挥该品种的特征特性，减少病害，实现优质高产高效。'元首'甜瓜配套栽培技术要点如下。

1. 栽培季节及栽培形式

'元首'甜瓜适宜早春日光温室和大棚栽培。温室一般于2月上旬定植，大棚一般于3月下旬至4月上旬定植，苗龄30天。棚室内不宜加设小拱棚，同时注意通风降湿，控制蔓枯病发生及蔓延。

2. 做畦形式及栽培密度

'元首'甜瓜喜干怕湿，喜肥高产，生长旺盛。故此，做畦最好是做成高畦，做畦前要足施底肥，每亩优质有机肥7~10m³，氮、磷、钾复合肥或过磷酸钙50kg。畦高15~20cm，双行定植，实行大小行栽培，小行距50cm，大行距90cm，株距45~50cm，

亩株数1900~2000株。采用地膜覆盖，瓜苗定植在高畦上，以保持茎基部干燥，减轻蔓枯病发生。

3. 田间管理

'元首'甜瓜与一般厚光皮甜瓜的田间管理基本相同。下面着重介绍一下不同之处的管理方法。

第一，要注意排风降湿，以减少蔓枯病和霜霉病的发生。

第二，该品种易坐瓜，最好是采用人工授粉的方法坐瓜，即在开花坐果期摘取刚开放的雄花，轻轻涂抹刚开放的结实花。这种方法所坐的瓜外观周正光滑，无大肚脐，顶裂少，品质优。瓜农为了方便省工，也可以用激素蘸花，但药的浓度一定要低，一般药浓度比处理'伊丽莎白'低1~2倍，否则可能导致畸形瓜、顶裂突出或开裂。

第三，每株最好只留一个瓜，大棚可留1~2个瓜。一般在15节位前后留2~3个果枝蘸花，待瓜长到鸭蛋大小时选一个周正的瓜胎留瓜。

第四，瓜膨大期，要及时浇水施肥，注意通风透光。采收前7~10天，停止浇水，防止裂瓜。

4. 适时采收

'元首'甜瓜的采收期，早春温室一般是开花后约45天，春大棚是开花后约40天。当留瓜侧枝靠近果柄的叶片出现黄化、似缺镁状，果皮上的绿色麻点开始转黄时，说明瓜已成熟待收。打开瓜，果肉呈橙黄色、酥脆、甘甜、爽口、味美。适时采收对提高甜瓜的品质非常重要。提早采收，生瓜上市，品质严重下降。采收过晚皮色转黄，不仅影响美观，品质也有所降低。采收时间最好要选在清晨，有利于保持品质，延长贮运期。禁止在炎热的午后采收。

5. 病虫害防治

'元首'甜瓜适合春温室和春大棚栽培。由于早春栽培气温低，为保温控制通风，设施易出现利于发病的温湿条件。据该品种特性，病害防治要点如下。

(1) 适期播种，避免长期低温或高湿导致的幼苗（或植株）纤弱、抗性减弱

'元首'喜较高温度和强光，最适于春季塑料大棚高产优质栽培。京津地区的最佳栽培季节为2月中下旬播种，3月下旬塑料冷棚定植，6月上中旬采收。过早播种，低温偏低，根系发育不良，叶片狭小，易导致病害发生。

(2) 综合防治蔓枯病的发生

甜瓜蔓枯病是春季保护地栽培中发病率较高的病害之一，全生育期的植株地上部位均可受害，但以茎基部和茎节部位为主。幼苗子叶受害先出现水渍状小点，继而扩展成斑，引起子叶枯死。幼苗茎部受害，初显水渍状斑点，继而上下

扩展，直至全株死亡。茎蔓感染后，病部先呈油渍状，后期病部龟裂，并分泌黄褐色胶状物，干燥后呈红褐色或黑色块状。后期病部逐渐干枯、凹陷、呈灰白色，表面散生黑色小点。叶片感染后，初时出现于叶缘，并以叶脉为轴逐渐扩展，呈不规则扇形，微带黄褐色干枯，其上有不很明显的同心轮纹。病部干枯呈星状破裂，叶缘老病斑上有小黑点。果实初期产生水渍状病斑，后中央变成褐色枯死斑，呈星状开裂，引起果实腐烂。

蔓枯病病菌侵染主要有种子带菌或随风、雨、水流传播，通过水孔、气孔和伤口侵入。据此，可采取以下防治措施。

第一，播前用 50~55℃ 水浸种 10~15min 杀死种子表面病菌。

第二，实行 2~3 年的轮作和施用充分腐熟的有机肥，并注意氮、磷、钾的合理搭配。

第三，营养钵育苗，定植时，去掉钵底，带钵定植，且钵露出地面 1~1.5cm，防止浇水时病菌随水传播和侵入根茎基部。

第四，采用高畦或起垄暗沟浇水的种植方式。

第五，甜瓜的整枝打杈造成的伤口是蔓枯病、病毒病等各种病菌侵入植株体的重要渠道之一。因此，整枝打杈一定要在晴天的上午进行，到天黑之前使伤口干燥，以利于防止病害的发生；另外，因为'元首'的茎蔓脆，所以整枝时要小心操作且不要用力扭侧枝，以免在植株上造成大而不规则的伤口。

第六，及时放风，降低空气湿度。

第七，发现病株及时拔除至田外集中深埋或烧毁。

第八，药剂防治，茎基部的老叶及早去掉 2~3 片，用浓度高于叶面喷施的百菌清加杀毒矾药液喷茎基部；发病初期喷 70% 代森锰锌，用 50% 拖布津或多菌灵可湿性粉剂 500 倍液，或 70% 百菌清可湿性粉剂 600 倍液，或 50% 混杀硫悬浮剂 500~600 倍液；在发病后用 80% 代森锰锌、70% 甲基拖布津和水按 1：1：1 的比例调成糊状，直接涂抹患部，隔 2~3 天涂一次，连续 2~3 次可抑制病情发展。栽培期要注意观察发现茎基部有裂口时及早用棉签蘸"细菌真菌统统杀" 600~800 倍液直接涂抹患部。

(3) 白粉病的防治

白粉病又称白毛病，在甜瓜生长的中后期危害最重。此病主要危害叶片，茎蔓，叶柄也可受害。发病初期，叶片上出现白色粉状小霉点，病斑扩大后相连成片，严重时叶片正反面及茎蔓上布满一层白粉。病叶枯萎发脆、卷缩。发病后期白粉呈灰白色，其上可见散生或堆生的黄褐色或黑色小粒点。白粉病的防治除了注意采取田间加强水肥管理、防止植株徒长和早衰、合理施用有机肥、及时整枝打杈保持植株通风良好等措施外，还可采用以下药剂防治。用 50% 硫悬浮剂 2000~3000 倍液或 30% 敌菌酮 400 倍液及 50% 甲基拖布津可湿性粉剂 1000 倍液，每隔 7~10 天喷一次。技术要点是早预防和喷洒周到及大水量，最好几种药剂交替施用以提高防治效果。粉锈宁对白粉病具有一定防治效果，但施用不当对幼苗和植株有抑止生长的副作用。

（彭冬秀，天津科润蔬菜研究所）

六、福建'银翠'网纹甜瓜优质高效栽培技术

台湾农友种苗公司育成的'银翠'网纹甜瓜品种，植株生长势强，茎蔓粗壮，叶片浓绿，抗白粉病。结实花着生较好，即使在夏秋季高温期，坐果率也能稳定在80%~90%，深受栽培者喜爱。

1. 品种特征特性

生长势强，耐低温、耐弱光、易坐瓜，抗枯萎病。全生育期约90~100天，开花后至成熟采收约40~45天。果实通常短椭圆形，灰绿皮，网纹细密安定，果重常在1.5~2.0kg。果肉淡绿色，果肉厚、种腔小，糖度常在14%~16%，质地细软多汁。该品种果蒂不易脱落，成熟时果皮也不易转色，应计算开花后成熟日数来判断成熟期。

2. 栽培技术

（1）播种育苗

网纹瓜在福建地区一般一年可种植两季，春季一般于2月下旬至3月上旬播种，3月下旬定植，6月下旬至7月上、中旬采收。秋季一般于7月上旬至8月中旬播种，8月上旬至9月初定植，在10月下旬至11月中旬采收。催芽前用50~55℃温水浸种，不停搅拌到30℃，继续浸3~5h，再用干净的湿纱布或毛巾包裹种子放在30℃恒温箱中催芽，露白后即可播种。每钵播1粒，播种前苗床要浇透水，先在营养钵的中央扎约1cm深的小孔，将发芽的种子芽尖朝下平放在小孔里，播种深度约1~1.5cm，盖土不宜太少，以防子叶长出后出现"戴帽"出土现象，最后用800倍甲基托布津液浇透营养土一遍。若幼苗出现"戴帽"出土现象，可先用清水浇一下，等外壳变软后，再将其剥下来。当真叶长至2叶1心时，即可移栽定植。

（2）整地施肥

基肥以有机肥为主。采用全园撒施和集中沟施相结合的办法，1/3基肥撒施，2/3结合挖瓜沟施入沟中。每亩施基肥2500~3000kg，过磷酸钙30kg，缺硼地可施入硼砂1~1.5kg，并配以适当钾肥等。

（3）定植

选择晴天下午进行定植。当瓜苗为2叶1心时，先用多菌灵喷洒幼苗并灌根，然后进行定植。定植密度为株距45~50cm，行距75cm，双行栽培，槽间距为1m，大棚面积为30m×6m，每亩约种植1400~1600株。定植后可浇一遍用甲基托布津稀释的缓苗水，以促进根系生长。

(4) 田间管理

网纹甜瓜可采用立式和爬地两种栽培方式,种植高品质网纹甜瓜一般采用大棚立式栽培。在定植前后,应做好吊蔓和吊瓜的支架和拉线工作。支架可用直径 4.0~6.0cm 粗细,长约 2.0m 的竹竿,在植株的两侧采用搭人字架的方式,以便用于吊蔓和吊瓜。

当茎蔓长至 4~5 片真叶时,开始整枝工作。种植网纹甜瓜,主要采用"一株一瓜"的吊蔓栽培。坐果节位宜选择在 10~12 节,如植株长势相对弱时,可适当提高节位。坐果节位以下的侧蔓、雌雄花、卷须要尽早摘除。在 6~7 片真叶时,应进行绑蔓工作,使主蔓能依次缠绕攀援而上。当主蔓长至 10~12 片真叶时,去掉 10 片叶以下的侧蔓、结实花及卷须,留 10~12 节的 3 个侧蔓作结果枝,每个侧蔓以二叶一瓜为基准,将生长在次生蔓上的雄花、卷须、生长点全部去除,控制营养与生殖生长平衡。但要注意 10~12 节坐果侧蔓必须在开花前 1~2 天摘心。当主蔓长至 1.6~1.8m 左右时,即主蔓 20~22 片叶时可将生长点去除(摘心),并将 12 节位以上的结实花、卷须、侧蔓等全部去除。待果实长至鸡蛋大小时,及时去除基部的子叶和 3~4 片真叶,整条茎蔓必须保持结果节位以下留有 11 片真叶,上部有 10 片真叶。促进营养生长向生殖生长生育转换。采用大棚种植时,因大棚内受外界环境因素影响较小,为确保果实发育和提高坐果率,应当进行人工授粉或蜜蜂授粉。

(5) 果实管理

在主蔓 10~12 节留 3 个侧蔓坐果枝,进行授粉。待果实膨大到鸡蛋大小时,选择果实端正、枝蔓健壮、无病虫危害的一条侧枝留果,其余的两果连同子蔓一并去除。疏果时要特别小心,防止叶片擦伤果面,以免造成疤痕,影响果品的外观。疏果一般选在晴天的上午进行,不得在湿度大的条件下作业,否则容易造成病菌侵害。同时做好植株的整理工作。吊蔓栽培必须吊瓜,若不进行吊瓜,果实肥大后很容易把结果枝及上部主蔓折断,造成坠瓜现象发生。

待果实进入快速肥大时期,用旧报纸的 1/4 剪口在果实的顶部绕柄一周,围成一个喇叭形再用曲别针固定即可,也可直接用葡萄栽培中的专用纸袋套住。套袋可以防止叶片搓伤果皮,还可以防止受光不均影响果实品质,并可防止农药污染。

(6) 水分管理

定植后水分管理应视土壤墒情而定,若耕层深,保水力强,又覆盖地膜,一般到授粉之前不灌大水。沙壤土由于保水力弱,虽然覆盖地膜,也不能起到长时间保水的作用,因此,必须加强水分的管理。实践证明,如果土壤水分过多,易造成徒长,低节位叶片过小,根系不易生长,会造成后期早衰。为了有效判断是否缺水,可在早晨太阳升起之前视察叶片,如 5 片叶以上的叶片有吐露现象即证明不缺水。在整个生长期内土壤湿度不能低于 48%,但甜瓜的不同发育阶段对水分需要量是不同的。幼苗期需水少，伸蔓期要适中，以不缺水为前提；开花授粉后5天，为果实细胞分蘖期，细胞分蘖增加。但由于细胞直径较小，果实体积增加不明显。此期也不用浇水；花后5~30天，为果实膨大期，此时细胞数增加不多，而主要是细胞体积膨大，果实体积增加很快。此发育阶段是甜瓜需水量最多的时期，不能缺水。细胞膨大结束之后，进入成熟阶段，这时主要是营养物质转化，体积增长又变慢至不在膨大时，停止浇水。

开花坐果期要保证土壤水分充足，土壤湿度应保持在70%~80%；果实膨大期需水量最大，每5~7天浇一次大水，但不可长时间漫灌。灌水应在早晚进行。开花授粉数日后，幼果开始急速膨大，同时上部叶片及植株全都进入生长高峰期，为有效地促进果实养分的吸收，在整个果实肥大期应保持稳定的土壤水分，以利茎蔓和果实充分吸收养分。到网纹出现1周前控制给水，有助于果实硬化，水分过多，果实变软，硬度差，网纹形成也不好，采收期也相应拉长，品质下降。

当开花后40天左右，网纹基本形成，应保持稳定的土壤水分。网纹形成后是果实膨大停止进入糖分的积累期，应逐渐减少灌水次数或不灌水，使土壤略为干燥，直到收获为止。授粉期棚内湿度不宜过大，保持棚内干燥，有助于花粉成熟和蜜蜂活动，一般此时不浇水不打药。此时如果水分过多，授粉后的花瓣不易干燥，容易感病。此外也容易形成畸形果。

3. 病虫害防治

网纹甜瓜常见的病害有猝倒病、枯萎病、蔓枯病、疫病、白粉病、霜霉病、炭疽病、叶枯病、细菌性叶斑病、病毒病、寄生线虫病和生理性病害如日灼病、裂瓜和缺素等。虫害主要有瓜蚜、瓜叶螨、温室白粉虱、黄守瓜、瓜绢螟、潜叶蝇及地下害虫蟋蟀、地老虎、金针虫、种蝇、蛴螬、蝼蛄等。为了确保甜瓜优质、高产、高效益，在网纹甜瓜的整个生育期，应始终贯彻"预防为主，综合防治"的植保方针。即以农业防治为基础，根据病虫害发生发展和流行的规律，因时因地合理运用化学、物理、生物、遗传等防治措施，经济有效地控制病虫害，降低损失率

4. 采收

（1）网纹甜瓜的成熟期判断

可根据开花授粉后的天数来确定收获期，这种方法的主要做法就是要做好每株开花结果枝的记录工作，一般开花后50天左右成熟，还可根据果实外观来确定，当开花授粉45天后，果面网纹突出硬化时即标志已经成熟。

（2）包装及后熟

采收后果实在阴凉处分级包装，一般甜瓜具有后熟作用，采收后在室温下存放2~3天品质会更好。

（张万清，北京市农林科学院蔬菜研究中心）

七、海南大棚网纹甜瓜优质高效栽培技术

1. 播种育苗

(1)播种季节

本区栽培时期选择在9~10月,全年主要栽培一季。大棚栽培可收完再继续种一季,过早偶遇台风,风险较大,而且雨多怕水淹、品质差。延迟种植病毒病较多很难种成功。

(2)浸种、催芽、播种之操作技术及注意事项

浸种:先用50~55℃温水消毒15min,然后加入冷水冷却再继续浸种4~6h。种子表面附有一层黏液,吸水速度较慢,要用手反复不断地搓洗,除去种子表面的黏液,浸泡足够时间,让其吸足水,再用沙网取出洗净进行催芽。

催芽:把种子捞出来后放入破孔的黑色塑料袋(破孔有利呼吸),再用半干半湿的毛巾包住,放入恒温箱中进行催芽。催芽适温为25~30℃,经过2h后翻动一次,以便发芽整齐。经过20h即可出芽,种子露白后便可播种。在催芽过程中应注意:种子必须搓洗干净;催芽时注意水分的供应;注意温度的调节;种芽以刚露白最好。

播种:在催芽前应注意天气预报,如果阴雨天应调节温度控制种子出芽时间。选择在上午天气晴朗时进行播种,播种前把培养土浇透,再用1000倍甲基托布津和杀虫剂喷施。播深1.5cm,芽尖朝下,种子平放,播后撒一些培养土或蛭石,不要太厚,再用薄膜盖住,一般天气2~3天可以出齐苗。

(3)育苗方式

采用穴盘或营养袋育苗移植栽培,用穴盘或营养袋加培养土进行育苗,育至1~2片真叶移植至大棚。

(4)苗期的设施防护及管理

苗床要耕细、整平。放上穴盘,周围边缘浇水容易、均匀,不积水。种子播种后至种子出土前需较高温度,因此需覆盖地膜,白天温度高时揭开,早晨、晚上温度低时盖住。能促进种苗早日出土。2天后,种苗出土揭开薄膜,然后在畦面上用钢丝或竹子搭起小拱棚,畦沟放薄膜及遮阳网,做好防护措施。出苗后,子叶戴帽的要揭开。在没有真叶之前,应控制水分,光照充足。育苗时,下午至晚上控制湿度防止徒长,温度高时,早上到中午浇水,一天浇1次小水,1~2片真叶就可以定植。育苗过程中,要移动2~3次穴盘,进行断根。定植前3~4天要进行炼苗,控制水分。温度高时,部分萎蔫用遮阳网盖住,恢复后揭开。进行炼苗后,有利于小苗适应大棚环境,缓苗快。

2. 整地作畦，施基肥

选择沙壤土，适当进行深翻、耙细、整平，每亩基肥：充分腐熟的牛粪 800~1200kg 或鸡粪 500~1000kg，豆饼肥 50~100kg，复合肥 25kg，磷肥 15kg，硼砂 1kg，石灰 50kg。石灰在整地前全园撒施。畦沟 30~40cm 深宽，四周边缘有围沟，施肥采取条施，犁两沟进行施肥，大约离畦沟 20cm 开沟条施基肥，整地施肥完成后，盖好地膜。用器具在第一道基肥沟上按株距打上种植穴。

3. 定植

(1) 定植准备

定植前天用 800 倍百菌清喷施，浇透营养土。网纹瓜的育苗期在 10~15 天，1~2 片真叶可移栽，定植前撒少许杀虫剂进种植孔，防线虫及地下害虫。将苗从穴盘取出，放入孔内，用土填好，不可压散营养土。然后用清水浇透定植水。

(2) 行距及种植密度

株行距及密度因种植方式而异，分爬地式及直立式两种，其中又分单蔓及双蔓整枝。

爬地式：采用双蔓整枝方式，株距 45~55cm，行距 2.2~2.5m，每亩 550~600 株。

单蔓整枝方式：株距 30~35cm，行距 2.2~2.5m，每亩 900~1000 株。

直立式：采用双蔓整枝方式：以 140cm 开畦（包沟），成三角形双行定植，株距 35~40cm，行距 70cm，每亩 1500~1800 株。

单蔓整枝方式：株距 30~35cm，行距一样，每亩 1600~1900 株。

4. 田间管理

(1) 肥水

定植后三天及时补充水肥，第一天浇清水，以后用 0.2%~0.5% 尿素水浇 1~2 次，不要浇到叶子上。网纹甜瓜不耐旱又怕淹，在生育初期至开花前，土壤保持适当的水分，使植株强健缓慢发育为宜。水分过多时，茎叶旺盛，影响开花结果，且易患病害。待坐果后，需水量宜多，以促进果实肥大。果面开始有裂纹形成网纹时，应控制水分，应灌"跑马水"，果实成熟应控制水分、肥料，保持适度干燥，提高果实糖度。开花前一天每亩沟施 10~20kg 复合肥，果实鸡蛋大时每亩追肥 5~10kg 复合肥，以后随浇水，水水带肥，不浇空水，至采收前 7 天停止肥水。

(2) 植株整枝方式

双蔓整枝幼苗 4 片真叶时摘心，子蔓长到 15cm 时，留两条健壮整齐的子蔓，其余摘除，留果节位 6~9 节，5 节以下至 10 节以上的孙蔓摘除，预定结果蔓留 2 叶摘心，子蔓在 20~22 叶摘心，果实鸡蛋大时开始疏果，疏果时选留果实椭圆形且均匀、没有斑点，在预定结果位，一蔓一个果，其余摘除。单蔓整枝保留主蔓生长，直到主蔓 25~30 叶才摘心，子蔓结果，8~16 节为结果蔓，7 节以下至 17 节以上子蔓摘除，开花前结果蔓留 2 叶摘心，主蔓先端 3 节发生之侧蔓摘除，果实成鸡蛋大小时进行疏果，留果后应用细绳吊勾住果梗部，固定在支柱之横向枝条上，以防瓜蔓折断及果实脱落。

5. 采收

(1) 成熟期的判断

有三种方法，对于成熟不易转色的品种，应计算成熟日数，网纹瓜从开花至成熟需 50~55 天；其次是看结果枝的叶片产生镁缺乏症状的黄化；最后看品种果蒂周围成熟时会发生离层。

(2) 适时采收、分级包装及贮运

成熟时进行采收，网纹甜瓜品种采收时果梗剪成"T"字形为宜，然后按外观及重量进行分级包装，'京玉 5 号'甜瓜 1.4~1.8kg 为商品瓜，采收后用网套包裹，装入纸箱，纸箱中间放隔纸板，每箱有 5~6 个，每箱 8~10kg 左右。纸箱外标明产地、等级、个数或重量、适食期等。

(3) 产量

网纹瓜一般亩产商品瓜 1500~2000kg。

（张万清，北京市农林科学院蔬菜研究中心）

八、冀北地区日本网纹甜瓜'阿露斯'保护地栽培技术

1. 定植前准备

(1) 整地

定植前 7~10 天进行旋地深翻 30cm，并对地面进行平整。

施基肥，以有机肥为主，化肥为辅；每亩施优质有机肥 300~500kg、硫酸钾型三元素复合肥（N∶P∶K=15∶15∶15）50kg，中微量元素肥料 20kg。施肥方法，有机肥撒施，化肥可采用旋地前撒施或垄台下开沟撒施，垄台下撒施要做到定植时苗根和肥料隔离。

(2) 起垄

定植前按垄距 100cm，垄台高度 30cm 起垄（浇水沉实后 25cm 左右）。

(3) 定植前浇水造墒

定植前 5~7 天浇一次透水，浇水后地表见干时再做一次垄台找平。

(4) 棚室消毒

定植前 1~2 天对棚室进行消毒，每亩用 15% 异丙威烟剂（杀虫）和 45% 百菌清烟

剂霜疫速克（杀菌），每亩各1200g，分堆点燃熏棚，棚室密闭12~24h，然后放风排毒，准备定植。

2. 定植

（1）定植标准

50孔穴盘育苗，叶龄指标春季3叶1心，秋季为2.5叶1心。10cm×10cm营养钵育苗，叶龄指标4叶1心。

（2）定植方法

按株距44cm，行距100cm定植，亩定植1500株。

（3）定植后浇水

定植完后立即浇水，要求水浇到秧苗基部，如滴管浇水，将垄台浇透即可。

3. 定植后管理

（1）开花前管理

温度管理。早春定植进行驯化苗，定植地温应保持在18℃，定植后白天温度控制在28℃左右，晚间温度控制在13℃以上。秋季栽培温度高的季节则需加强通风和采取遮阳降温等措施进行管理。

光照管理。早春定植后外界温度较低，棚膜外侧均需加盖保温被或草苫进行保温管理，揭盖时则要尽可能地增加光照时间。

肥水的管理。定植后7天左右，浇一次缓苗水，浇水时看土壤湿度情况，保水性好的黏壤土，可隔垄浇水，水面位置可浇到接近瓜苗根部，如滴管浇水，将垄台浇透即可。此期不需施肥。

定植10天后。当叶片展开5片左右，及时摘除子叶和侧枝。当叶展开为5片左右时，此时长势开始渐强。应控制长势促进花芽分化。温度管理，白天25~28℃，夜间12~13℃。

定植后15天左右。当展开叶7~8片，调齐蔓头并进行吊蔓缠绕。吊蔓时要调齐蔓头，调齐后对每株瓜秧各个生育期及授粉后管理极为重要。调蔓时顶端高度最好在一条线上。

坐瓜节位确定。定植后28天左右，当展开叶15片左右时，再调整一次蔓头。确定位于畦上50~60cm高度，14~16片为结果节位，此时打掉底部老叶3~4片，促进植株底部通风干燥。这期间促进结果枝、茎叶生长。

主蔓摘心。主蔓摘心期一般在定植后30天左右，开花前3~4天前后。植株长到1m左右（展开叶为20片左右），保留23片叶左右摘心，位于结果枝之上的叶枚数应最少保持在7~8片，尽可能降低植株高度。

结果节位的管理。结果枝应留在最大展开叶的位置。尽早整理结果枝，留瓜节位以外的侧枝全部掰掉。留下三个发育程度相近的瓜胎。结果枝的摘心应根据二节间的伸长程度进行，第一节为15~20cm，第二节为8cm左右为宜（第二片叶后），瓜后留一叶摘心。

（2）开花期的管理

温室早春种植，定植后35天左右开始开花，开花期间严禁湿度过高。开花开始时顶叶节间长应保持10cm左右。在授粉前2天左右搬入授粉蜂箱。激素处理瓜胎，可参照薄皮甜瓜用药及使用方法，授粉3个瓜胎。记录授粉日期。

开花前5~7天，可喷施杀虫杀菌药，开花期不能喷施农药，避免瓜胎发生药害。

（3）开花后的管理

开花后3~4天，子房的颜色开始有深绿色变为浅绿色；开花期间温室湿度较高，花瓣易腐烂，应尽早摘除。

开花后7天左右，果实长成鸡蛋大小时，果实颜色变为浅绿色。此时开始疏果，每株留一个果型周正、无病残的瓜胎，其他瓜胎连同侧蔓一起掰掉，同时应尽早去除雄花。果实进入膨大初期，开始灌水，原则为少量多次，保持地表湿润（滴灌2~3天一次）。

开花后12天左右，瓜胎大小7~8cm，为防止果实过于硬化，白天温度应保持在28℃，夜里不低于13℃。开花后10天左右，果实颜色开始变为灰白色，初期膨大结束。因果实硬化应注意渐渐控制浇水，易干燥土壤果实易硬化，少量多次灌水为宜，浇水时每亩可追施N∶P∶K=15∶5∶30大量元素水溶肥2~3kg。果实膨大期的关键是保持茎叶柔软。

开花后14天左右，果实直径8~9cm。为防止果实过于硬化，白天温度应保持在28℃，夜里不低于13℃，果实颜色变为灰白色，达到硬化顶点。原则：控制灌水。易干燥土壤果实易硬化，保持少量多次灌水为宜。此期果实易发生果痔，应避免室内温度急剧变化。

开花后16天左右，果实逐渐变软，颜色处于灰白色并逐渐开始出现绿色，在落花周围开始出现网纹，纵纹较早出现。原则：控制灌水，应以少量多次持续灌水为宜。看长势，每亩可追施N∶P∶K=15∶5∶30大量元素水溶肥2~3kg。叶色急剧变浓，顶叶展开基本结束。

一般春播有过度硬化的倾向，湿度急剧变化易发生裂果状不良情况。硬化主要原因是温度低，土壤干燥或是茎叶硬化。

开花后20天左右，为促进果实软化，管理温度应稍高一些，白天25~30℃，夜间14~16℃。横纹开始盛出，果实进入膨大高峰期。果实皮色渐渐变白。横纹出现时以不出汁液为宜，汁液过多出现，原因是灌水过度、湿度过高所致。注意肥水管理，对于过度干燥保护地应少量多次灌水，以促肥效。

注意肥水管理，每亩可追施高钾大量水溶肥2~3kg。

开花后25天左右，网纹出现，果实膨大期基本结束。当果实软化后湿度持续过高,将导致果形变乱及出现不良网纹。以确保长势为原则渐渐减少灌水量。

开花后30天左右,果实进入充实期后网纹拱现盛出,为使网纹拱现旺盛应进行擦抚果皮作业。灌水基本结束后,为确保长势改为定期浇水。

开花后35~40天,此阶段不需要浇肥水,可以喷施叶面肥。

4. 收获

收获前三天进行糖度检查。对于12月上旬至3月上旬播种的果实收获标准以折光糖含量15%,果实发育60天左右为宜,在3月中旬至4月播种的果实收获标准以折光糖含量15%果实发育55天左右为宜。外观判断果柄处叶片变黄程度达到80%、果后叶变黄程度达20%,可判断为成熟。

(吕庆江,河北省乐亭县农牧局)

九、广西大棚厚皮甜瓜秋延后优质高效栽培技术

厚皮甜瓜以独特的外观、口感、风味,一直受到国外消费者的青睐。广西的厚皮甜瓜生产均采用大棚避雨栽培,主要产区在南宁、北海、百色、崇左、来宾、宜州等桂中、桂东南及桂西南地区。全年种植面积约4600hm^2,产品主要销往广州、深圳、上海等地以及越南等东盟国家。广西厚皮甜瓜分为春、秋2茬栽培,春提早和秋延后栽培可避开北方甜瓜上市高峰,更能赢得市场商机。每年的7~9月是北方厚皮甜瓜上市的旺季,10月以后随着库存量的逐渐减少,其市场价格很快回升,因此,广西厚皮甜瓜秋茬生产更具自然优势和市场优势。笔者根据广西气候特点及生产实践总结出适合于广西的大棚厚皮甜瓜秋延后栽培技术,供生产者参考。

1. 品种选择

秋延后栽培宜选择中晚熟、抗病性强、高产稳产、耐贮耐运、果实外观和内在品质皆佳的优良品种,如'运11号''北甜1号''西州蜜17号''新金凤凰'等品种。

2. 安排适合的播期

广西8月气温仍然较高,10月后天气逐渐转凉,11月以后进入秋高气爽季节,光照充足,空气湿度小,昼夜温差大,但有时也会受冷空气及台风影响,12月以后天气逐渐寒冷。因此播种过早,可能会因成熟上市早(在10月份即成熟上市)而致市场价格偏低;而播期太晚,则可能在果实膨大期和成熟期受到低温寡照天气影响,导致果实偏小,果实商品率和产量偏低。因此,应根据当地气候特点以及品种的生育期和预期上市时间确定适宜的播种期,南宁、崇左等桂南地区宜在8月上中旬播种,采收期在11月上中旬;北海等桂东南沿海地区宜在8月下旬至9月中旬播种,采收期在

11月下旬至12月中下旬。

3. 培育壮苗

可采用育苗穴盘+育苗基质或直接使用育苗基团育苗。浸种前晒种1~2h，可提高种子发芽势。常温浸种6~8h，在30~32℃下恒温催芽，种子露白即可点播。8~9月份育苗由于气温偏高，苗子容易徒长，可用宇花灵3号等浸种防止徒长。苗床应见干见湿。一般10天左右，就可达到2叶1心的适栽苗龄。

4. 土壤消毒和施基肥

（1）消毒

连作的大棚需在移栽前20天左右进行整地消毒。经氰氨化钙处理可有效防治土壤线虫、地下害虫、土传病害（真菌和细菌）以及灭除部分杂草。每亩用氰氨化钙颗粒60kg，均匀撒在垄面，用小型旋耕机来回旋耕2~3遍，使氰氨化钙颗粒与耕作层土壤均匀混合，装好微喷水带并淋水直至整垄10cm深的土壤湿润，然后用黑色农膜覆盖整垄，四周用土块压实密闭，最后放下大棚四周边膜闷棚10~15天，期间膜下给水3~5次以保持土壤湿润。

（2）施基肥

基肥在移栽定植前3~5天施用，以农家肥或生物有机肥为主，每亩施农家肥2000~2500kg，或生物有机肥1000kg，花生麸肥50kg，过磷酸钙40~50kg，在种植垄中间开1条30cm左右的深沟一次性施入，然后平整垄面。

5. 定植

定植之前安装好水肥一体化喷灌系统，开阀放水至整条种植垄湿透。为防止幼苗脱水萎蔫和闪苗，一般宜在晴天的下午或阴天移栽。每垄种植2行，行距18~20cm，株距55~60cm，呈"品"字形定植，每亩种植1100~1200株。淋足定根水后在2行植株间每隔80cm左右插上"U"型钢丝或竹片，用黑色农膜露出瓜苗整垄覆盖或仅覆盖2行植株之间的水肥供给带，以利于控制棚内湿度。

6. 田间管理

（1）整枝吊蔓

主蔓长50~60cm时即可用韧性强的棉线引蔓上架。一般早中熟品种保留1条主蔓和12~15节的侧蔓作为结果枝，中晚熟品种保留1条主蔓和14~17节的侧蔓作为授粉结果枝，其余侧蔓适时去除，当主蔓长25~26节摘心，保留顶端龙头附近的3~4条侧蔓作为营养枝补充植株后期营养面积。整枝宜在晴天进行。初秋时期气温高植株生长快，每天需引蔓1次，直到龙头超过瓜架。

（2）授粉和留果

采取人工辅助授粉或蜜蜂授粉。人工授粉在开花期每天早7:00~10:00，采集当天开放的雄花花粉，轻轻涂抹在当天开放的授粉蔓的结实花柱头上，授粉后的侧蔓保留2节，后端龙头摘除。每株授粉2~3朵结实花。蜜蜂授粉，一般在授粉前2~3天在大棚内放入经过适当驯化的中华蜜蜂，面积大的联栋大棚一般按1个标准授粉蜂群（3脾）授粉1000~1334m²的标准配置，面积较小的大棚按1.0~1.5脾授粉蜂群授粉单栋或双联栋大棚（180~360m²）标准配置，每个授粉蜂群可重复使用3次，授粉前10天和授粉期间严禁喷药。授粉后5~7天，待果实坐稳后选留1个果形端正、两头匀称、色泽鲜嫩明亮的幼果，如同株的几个幼果都符合标准时保留高节位者，其余连同侧枝一并摘除。果实0.3kg左右时，用绳子拴住果柄吊挂在固定瓜架上。

（3）水肥管理

幼苗期正值初秋，气温高蒸发量大，应及时补水给水以利于缓苗伸蔓；授粉期间控制水分以保证坐果；留果后即大水大肥以促进果实膨大；网纹出现期均衡供水以防止裂果；果实膨大期结束后适当供水保持土壤（基质）湿润以益于养藤养叶、减缓衰老；收获前5天（基质栽培2天）停止给水以提升果实品质。

追肥原则。前期偏重氮肥，中、后期则以钾肥为主。因采用水肥一体化系统，追肥最好是常温下能快速、完全溶解的优质肥料。如氨基酸、黄腐酸、腐殖酸肥料，富含海藻类、甲壳素类或鱼蛋白类的水溶性肥料，硫酸钾和磷酸二氢钾等。采收前10天左右停止施肥。

（4）植株维护

首先是在施肥的同时加施根多多、根施壮等生根液以刺激植株根系的不断生长和减缓老化；其二是根外追肥，喷施芸苔素、宇花灵等叶面肥使植株的功能叶增大增厚，增强其抗逆性；其三是适当整枝，除顶端预留的3~4条侧枝放任生长外，其余侧枝及时摘除；最后还要注意天气预报，在每波冷空气来临前夜即放下大棚四周边膜避风保暖。

（5）病虫害防治

病害主要有白粉病、病毒病、蔓枯病、霜霉病等；虫害主要有瓜蓟马、烟粉虱和红蜘蛛等。病虫害防治，一是严格遵守"预防为主、综合防治"的方针；二是针对一种病虫害，几种药剂交替使用，防止长期单一地使用同一种药剂，产生抗药性。

（6）适时采收

根据品种的应有特征适时采收。销往外地采收时留10cm左右的"T"型瓜蔓；本地销售的保留一片叶子。套上泡沫网套，然后按等级装箱。采收过程中应轻拿轻放，尽量避免人为机械损伤[20]。

（洪日新、覃斯华，广西农业科学院园艺研究所）

十、北京地区精品网纹甜瓜优质高效栽培技术

日本网纹甜瓜是目前国际市场上畅销的高端果品，营养丰富，网纹巧夺天工，口感细腻糯香。深受消费者青睐。北京市农业技术推广站根据市场需求，于2018年春引进日本网纹甜瓜新品种，在北京地区试种取得初步进展，现将试种结果总结如下，仅供参考。

1. 品种

日本网纹甜瓜品种丰富，如'阿露斯致爱''乙女''安德斯''阿摩斯''库茵'等等。该技术选择具有代表性的软肉、立体粗网纹品种'阿露斯致爱'，简称'阿露斯'。

2. 播种

日光温室采用吊蔓栽培，北京地区播种时间1月5日左右，苗期35天，播种量为每亩1200粒。发芽适温30~32℃，嫩芽顶出后逐渐降温至28℃，真叶展开前要确保25℃地温，展开1.5~2片叶时，确保20~22℃，并进行倒苗，真叶2.5片时，保持18℃，并逐渐开始降温，准备练苗定植。

3. 棚室定植前准备

该品种长势旺，肥力不能太大，亩施有机肥1t，单行高畦定植，畦高30cm，畦宽50cm，畦间距70cm左右，单行定植。畦上最好扎点小孔便于增加土壤透气性。

4. 定植

行距1~1.3m左右，株距40~45cm，密度为1100~1600株/亩。定植时地温需稳定在18℃以上，定植后白天温度保持28℃，夜间不低于15℃。

5. 整枝

定植后15天，植株7~8片真叶时开始领蔓，保证生长点齐平。此时12~14节位结实花已经分化出来，温湿度不宜过低。

定植后28天，植株15片叶时，确定坐果节位，一般为12~14节留瓜，开花前保留3个坐果枝，其上下的侧枝都抹去，减少养分流失。

卷须缠绕柱子等时，要消耗很大能量，尽早去除。

主蔓的摘心通常是在定植后30天左右，植株高度1m左右，开花前3~4天进行，展开叶达到17片左右时，留20片叶进行摘心，在坐果节位以上至少要保证7~8片真叶。

6. 授粉

选择晴天上午授粉，授粉后在结果枝上方留 2 片叶后摘心，用彩色绳标记授粉日期。植株下端 6 片叶要逐次去除，通风降湿，选择晴天，每次最多去两片老叶。

果实长到鸡蛋大小时，选留一个果型好的幼瓜，其余侧枝均打掉。

7. 果实发育阶段

授粉 3~4 天后开始灌水。少量灌水，灌水量约 1 株 1L，以水促肥，但还需根据棚室墒酌情控制时间。

授粉 7~10 天，果实鸡蛋大小，颜色由深绿色变成淡绿色时开始选果、定果。选择果型长椭圆、表面无伤痕的幼果为佳，定果后尽早去除其他侧枝，减少病害发生。白天温度保持在 28~30℃，夜间 16~18℃。

授粉 12~15 天左右，果实开始硬化，白天温度保持 25~27℃ 左右，开始控水，降低湿度，避免因温湿度急剧变化而出现不良网纹。为防止果柄折断坠瓜，采取吊果措施，在侧蔓上的瓜柄之间挂上吊瓜勾，纵向吊起，吊瓜的高度尽量使瓜往上扬起或保持水平，要错开叶片。

授粉 15~22 天左右，硬化达到顶点，需控水，纵纹形成，此阶段日温 25~32℃，夜温 18~20℃。

授粉后 23 天左右，第一次网纹形成结束，提高温度到 30℃ 左右，增加棚内湿度，促进果实软化，随后横纹会出现，果实进入膨大高峰期，果实皮色变浅。横网出现时可以灌水，以裂口不出现汁液为宜，适当高温，果实可以稍微软化。空气湿度 75%~80% 左右，不宜太干，温度范围：上午 25~35℃，中午 26~30℃，夜间 18~19℃。

授粉后 30 天左右，第二次网纹形成基本结束，上午高温高湿管理，促进网纹凸起，如果土壤保水性差，可以少量多次。为了增加商品性，开始套袋。

授粉后 45 天，网纹瓜进入糖分转化期，此时应加大昼夜温差，促进糖分积累，白天温度降至 28℃，夜间 18~20℃ 最宜，直至收获。

8. 病虫害防控

(1) 防治时间

坚持预防为主，综合防治。授粉期和网纹形成期易发生病虫害，用药的 4 个关键时间：第一，开花授粉前 1~2 天；第二，网纹瓜授粉结束后；第三，网纹形成初期；第四，网纹完全形成以后。

(2) 防治方法

白粉病：氟硅唑或 50% 醚菌酯水分散粒剂；

霜霉病：吡唑醚菌酯或80%烯酰吗啉水分散粒剂或1.0%蛇床子素水乳剂；

灰霉病：嘧霉胺、腐霉利或啶酰菌胺；

细菌性果斑病：首先清除病株(深埋)，然后喷洒抗生素或铜制剂(按说明书推荐剂量)；

细菌性角斑病：喷施农用硫酸链霉素或10亿CFU/克多粘类芽孢杆菌可湿性粉剂；

炭疽病：氟吡菌酰胺；

疫病：氰霜唑或丙森锌；

蔓枯病：啶氧菌酯或氟吡菌酰胺；

黑斑病或叶斑病：苯醚甲环唑(拜耳世高)

（曾剑波、李婷，北京市农业技术推广站）

十一、河北'月露'流星甜瓜优质高效栽培技术

'月露'甜瓜为近2年日本进口甜瓜品种，果实高圆形，果皮灰白色上覆深绿断条斑纹，酷似流星状。单果重1.2~1.6kg，折光糖含量15%~17%，肉质细腻，风味香甜，适合保护地春季栽培。

深圳果品市场价高达16~28元/kg，深受种植者与消费者喜爱，成为目前国内甜瓜果品市场价位最高的品种之一。现将冀北地区大棚栽培技术介绍如下。

1. 定植前准备

(1) 播种育苗

在预计定植前30~35天播种。育苗方式与普通厚皮甜瓜相同。

整地：定植前7~10天开始进行旋地深翻30cm，并平整地面。

施基肥：有机肥为主，化肥为辅；每亩施优质有机肥300~500kg、硫酸钾型三元素复合肥(N:P:K=15:15:15)50kg，中微量元素肥料20kg。施肥方法有机肥和化肥可采用旋地前撒施或开沟撒施，撒施要做到定植时苗根和肥料隔离。

(2) 起垄

定植前按畦距100cm，畦面高度30cm做畦(浇水沉实后25cm左右)。

(3) 定植前浇水造墒

定植前5~7天浇一次透水，浇水后地表见干时再做一次畦找面平。

(4) 棚室消毒

定植前1~2天对棚室进行一次消毒，每亩用15%异丙威烟剂(杀虫)和45%百菌清烟剂霜疫速克(杀菌)，每亩各1200g，分堆点燃熏棚，棚室密闭12~24h，然后放风排毒，准备定植。

2. 定植

（1）定植标准

春季3叶1心，秋季为2.5叶1心。

（2）定植方法

按株距37cm，行距100cm定植，亩定植1800株。

（3）浇水

浇水要求浇到秧苗基部。

3. 定植后管理

（1）开花前管理

温度管理。早春定植进行幼苗锻炼，定植时地温应保持在18℃以上，定植后白天温度控制在28~30℃，晚间温度控制在13~15℃。植株5片真叶后，应适当降温，促进花芽分化，白天25~28℃，夜间12~13℃，温度高的秋季栽培则需加强通风和采取遮阳降温等措施进行管理。

光照管理。早春定植后外界温度较低，棚膜外侧均需加盖保温被或草苫进行保温管理，揭盖时则要尽可能地增加光照时间。

肥水管理。定植后7天左右，浇一次缓苗水，浇水时看土壤湿度情况，保水性好的粘壤土，可隔畦浇水，水面位置可浇到接近瓜苗根部，此期不需施肥。

植株调整。定植10天后，当叶片展开5片左右，及时摘除子叶和侧枝。此时长势开始渐强。应控制长势促进花芽分化。

定植后15天左右，当展开叶7~8片，调齐蔓头并进行吊蔓缠绕。吊蔓时要调齐蔓头，调齐后对每株瓜秧各个生育期及授粉后管理极为重要。调蔓时顶端最好在一条线上。

坐瓜节位确定（定植后28天左右）。当真叶展开15片左右时，调整蔓头。确定位于畦上50~60cm高度，15~16片为结果节位，此时剪掉底部老叶2~3片，促进植株底部通风干燥。这期间充实结果枝，茎叶生长。

主蔓摘心。主蔓摘心期一般在定植后30天左右，开花期1~3天左右。当真叶展开叶为20片左右，保留25片叶摘心，位于结果枝之上的叶枚数应最少保持在10片，尽可能降低植株高度。

子蔓结果节位的管理。结果枝应留在最大展开叶的位置。尽早整理结果枝，留瓜节位以外的侧枝全部掰掉。留下三个发育程度相近的子蔓。结果枝的摘心应根据二节间的伸长程度进行，适宜的子蔓摘心长度第一节为15~20cm，第二节为8cm左右（第二片叶后），瓜后留一叶摘心。

（2）开花期的管理

温室早春种植，定植后35天左右开始开花，开花期间严禁湿度过高。开花开始时顶天叶节间长应保持10cm左右。在授粉前2天左右搬入授粉蜂箱，注意蜜蜂授粉方式，应在放入蜂箱前一周不要打药，以免将蜜蜂熏死。若采用激素处理瓜胎，可参照薄皮甜瓜用药及使用方法，同时处理3个瓜胎，激素处理后记录授粉日期。

开花前5~7天，可喷施杀虫杀菌药，花期不能喷施农药，避免瓜胎发生药害。

开花后7天左右，果实长成鸡蛋大小时，果实颜色变为浅绿色。开始疏果，每株留一个果型周正，无病残的幼果，同时应尽早去除雄花。这期间果实进入膨大初期，开始灌水，原则上掌握少量多次，保持地表湿润（滴灌2~3天一次）。

开花后12~14天左右，幼果直径7~9cm，为防止果实过于硬化，白天温度应保持在28℃，夜里不低于13℃。开花后10天左右，果实颜色开始变为灰白色，初期膨大结束。应注意渐渐控制浇水，但不宜控制过度，若土壤过干果实易硬化，此期应少量多次灌水为宜，浇水时每亩可追施N：P：K=15：5：30大量元素水溶肥2~3kg。果实膨大期的关键是保持茎叶柔软。这段期间果实易发生果痔，应避免室内湿度急剧变化。

开花后16天左右，果实逐渐变软，颜色处于灰白色。以少量多次持续灌水为宜。若长势弱，每亩可追施N：P：K=15：5：30大量元素水溶肥3~5kg。叶色急剧变浓，顶叶展开基本结束。

一般春播茬口果实会出现提前过度硬化、裂果现象，主要原因是温度低，土壤含水量忽高忽低或是茎叶硬化、衰老所致。

开花后18天左右，果实再次进入膨大期。为促进果实软化膨大，管理温度应稍高一些，白天25~30℃，夜间13~15℃。注意肥水管理，对于过度干燥的土壤应稍多灌水，以促肥效。

开花后20天左右，为促进果实软化，管理温度应稍高一些，果实进入膨大高峰期。果实皮色渐渐变白。注意肥水管理，每亩可追施高钾大量水溶肥3~5kg。

开花后25天左右，果实膨大期基本结束。当果实软化后，土壤环境湿度持续过高，将导致果形变乱。以确保长势为原则，逐渐减少灌水量。

开花后30~35天左右，果实进入充实期，灌水基本结束。

开花后35~45天，此阶段不需要浇肥水，可以喷施叶面肥。

4. 收获

收获前三天进行含糖量检测。春茬果实收获标准以边糖12%以上，中心糖度16%左右，果实发育期45天左右为宜。此时也可根据果前叶叶片变黄程度达到80%、果后叶变黄程度达20%，可判断为果实已成熟。

（吕庆江，河北省乐亭县农牧局）

十二、北京连栋温室'京玉绿流星'甜瓜简易基质栽培技术

'京玉绿流星'是北京市农林科学院蔬菜研究中心最新培育的特色甜瓜新品种,果皮灰白色上覆深绿色断条斑,果肉浅绿色,肉质细软多汁,具奶香,折光糖含量15%~18%,其优美的外观及良好的口感风味,已成为甜瓜果品中的精品,销售价格每千克15~40元。在北京、海南、深圳等地区深受消费者喜爱,也引起各地精品果商及农业观光园区的高度关注。

基质栽培具有疏松透气、保水性好、根系发达,减少线虫传播等优势,同时由于根系发育好,可汲取充足营养成分,保证植株生长旺盛,果实全程充分发育,且品质、品相极佳,现将北京市农林科学院联栋温室基质栽培技术介绍如下。

1. 播种育苗

(1) 设施

因该连栋温室保温条件差,温室内采用搭建小拱棚、铺设地热线育苗方式。

(2) 基质材料

采用草炭+蛭石+珍珠岩基质材料按3:1:1配比,该方式施工简便易行,基质使用量小,成本低。

(3) 播种时间

播种日期按定植预期提前30~35天,北京地区1月20~25日播种育苗,采用72孔穴盘,外购基质土,每穴育苗深度2cm左右。1穴1粒,覆盖蛭石刮平,淋水至浇透。然后整齐码入苗床上,加盖地膜进行保温。

2. 育苗方法

(1) 温度控制

同黄瓜育苗技术基本相同,但甜瓜更喜温热,一般25~30℃,出苗率比较好。幼苗开始拱土后,掀开地膜,改小拱棚,拱棚膜早起8点后开始由小到大逐渐掀起,争取长时间光照,下午4点左右合上棚膜保温。随着瓜苗逐渐长大,灵活放风调节温度。

(2) 浇水

看幼苗长势、穴盘轻重、干湿来决定浇水,每次一定要浇透,尽量在晴天上午浇水。先由四角逐渐向中间浇水,一定要慢浇,全部浇到浇匀。

(3) 施肥

待幼苗长到2片真叶时,开始浇灌保利丰苗期专用肥,浓度为0.3%,根据幼苗长势强弱确定追肥量与次数。期间也可喷一些叶面肥。最大浓度不超过0.5%。以免

烧苗。

(4) 病虫害防治

主要用药有安泰生、普力克、螺虫乙酯等药物，及时防治 2~3 次，注意不同病虫害，选择不同药剂防治。

3. 定植畦准备

(1) 做畦

按畦距 1.2m，长×宽×深 = 22.0m×0.30m×0.3m 挖沟建槽畦，槽底铺设无纺布，在畦内壁铺黑白膜，黑白膜宽度是槽内壁高的 1.5 倍，将基质铺在无纺布上。

(2) 基肥

每畦施入有机肥 25kg。三元复合肥 2kg，过磷酸钙 2kg，施入福气多颗粒剂菌肥预防线虫，每畦 0.2kg，撒入基质里，搅拌均匀，畦两侧铺设滴灌带。最后将黑白膜上部边缘沿畦向合拢用嫁接夹夹住成长形袋状。

(3) 定植

定植日期 2 月 20 日。定植时间早晚根据棚内保温性能决定。畦内基质最低温应高于 15℃方能定植，定植前用杀菌剂、杀虫剂及生根粉混合剂沾根，比例为普力克 25g+高巧生杀虫剂 1 袋+露娜森杀菌剂 8mL 兑水 15kg。将穴盘平放浸泡 5min 后即可定植。可达到防病防虫促进生根之功效。

定植株距 25cm，采用双行隔株"V"字形吊蔓，便于通风透光。

基质栽培免去旋耕重复做畦等诸多繁琐工序，节水节肥，并可避免土传病害。定植无需用铲，只需用手扒拉一下放苗覆土即可。透气性好，成活率高，长势平稳，易于管理。

4. 定植后的管理

(1) 温度

营养生长期控制在 25~30℃，果实发育期 28~32℃，果实成熟期 25~30℃，夜间温度控制在 18~20℃。保持昼夜温差 10~15℃有利于糖分积累。

(2) 肥水管理

定植水一定要浇透，一周后浇缓苗水，中间根据瓜苗生长情况，及基质含水量及时浇水，少量追施速效肥，肥水尽量在晴天温度提高后浇灌。待幼果鸡蛋大小时追施水溶性高氮肥水促进果实发育。

同时结合防病可喷施 0.1%尿素和 0.2%磷酸二氢钾，每周喷一次，连喷 3 次，果实膨大期需水量较大，做到小水小肥常浇，配合木醋液随水一起浇灌，既提高品质又能抑制线虫繁殖。

为提高果实含糖量和品质，果实发育的中后期应尽量施优质钾肥。果实采收前7~10天应停止浇水，否则会降低果实糖分影响品质且容易裂瓜。

果实发育期增施叶面肥沃生40mL兑拿敌稳1袋，可提高植株抗性，控旺补钙，提高果实品质，增加产量。

(3) 保花保果措施

在结实花开放前一天或当天，可采用氯吡脲坐瓜灵喷花，注意均匀喷施瓜胎，以果面不留积液为度。可促进果实生长发育。

(4) 植株调整

及时吊蔓、打杈、掐须、绕秧，去除植株底部病老叶，以免营养消耗，当植株长到1.2m大约主蔓14~16片时，开始留瓜，每株选留3条子蔓坐果，子蔓留1~2片叶摘心，待幼瓜鸡蛋大小时每株选留1个椭圆形品相最好的幼瓜，其余上下子蔓及幼果全部及早去除。主蔓结瓜部位上方留8~10片叶摘心，即主蔓22~26叶。

(5) 套袋

果实拳头大小时及时套袋，可采用葡萄栽培上使用的双层专用消毒纸袋。可预防施药污染及病虫侵入，剐蹭伤痕等，还可使果实着色均匀美观。

5. 病虫害防治

瓜苗定植15天后，第一次喷施露娜森5mL+安泰生25g+螺虫乙酯10mL，25天后喷施第二次，以后适时喷施。保护性杀菌剂，必须在病害发生前或始发期喷药防治，连喷3次。

防治虫害还可在棚室内悬挂黄板及蓝板，单张独立，双面粘虫，距植株顶部20cm悬挂，诱杀蚜虫、白粉虱、斑潜蝇、蓟马等。

病害防治：主要有白粉病、霜霉病、枯萎病、角斑病、病毒病等。

6. 果实采收

'京玉绿流星'甜瓜基质栽培比土培成熟期早3~5天左右，全生育期一般春季90天左右，秋季80天左右。从幼瓜生长到果实成熟需40~45天左右，当结果枝的瓜蒂基部卷须枯死，叶片缺绿变黄，需及时采收。单果重1.5~2.0kg，折光糖含量16%~19%，高可达21%，一级商品果率可达90%以上。

(张萍、张万清，北京市农林科学院植物营养与资源研究所)

十三、安徽地区甜瓜优质高效栽培技术

安徽省地处暖温带与亚热带过渡地区，农业气候条件适宜，位于安徽北部的秦岭-淮河地理分界线使得安徽南北气候差异明显，自然生态类型多，位于我国东部腹地，近海邻江，区位优势明显，发展设施甜瓜栽培具有广阔的前景，安徽省设施甜瓜

总面积达到 2.6 万公顷，已经形成以和县、宿州、阜阳等地为主的厚薄皮中间型和薄皮甜瓜产区，成为当地农民实现增收的主要手段之一。

安徽设施甜瓜生产方式主要有连栋或大跨度大棚多层覆盖提早栽培、日光温室提早栽培及小拱棚露地提早栽培等。根据气候类型划分安徽主要设施类型主要有日光温室，占地 0.79 万 hm^2，所占比重 2.66%；连栋大棚 0.14 万 hm^2，所占比重 0.46%；塑料大、中棚及小拱棚 28.67 万 hm^2，所占比重 96.88%，按设施骨架材料可分为竹木、水泥、钢管结构。

1. 设施类型

(1) 日光温室

目前，日光温室主要分布在淮河以北地区，形成了以宿州、亳州、淮北等市为重点，建造类型及结构多样。大多是温室建造坐北朝南，东西长 60~100m，甚至更长，跨度 8~12m，后墙高 2.2~3.8m，脊高 3.5~5.2m，其中有些日光温室内部地下挖 0.8~1.2m 的深度。前屋面角度 22~23°，后屋面仰角 40~45°。墙体有土墙结构、砖石结构以及复合结构(如空心砖+珍珠岩)等，墙体厚度一般土墙为 0.8~1.0m，砖墙和砖混的为 0.4~0.6m；骨架有竹木、钢木和无立柱钢架结构等；成本为 150~230 元/m^2。其优点是保温节能性好，约占全省蔬菜设施面积的 2.66%。可进行等喜温蔬菜的越冬生产。

(2) 竹木结构塑料棚

以毛竹结构加上薄膜覆盖，有大、中、小棚多种形式。一般大棚宽 5~8m(更宽的可到 10m 以上)，立柱距离 1.0~1.2m，顶高 2.0~3.2m，肩高 1.0~1.2m，长度 50~100m，成本为 3.0~5.0 元/m^2；中棚宽 2.5~5.0m，高 1.2m，长度不限，成本为 2.0~3.0 元/m^2；小棚跨度以畦宽而定，一般宽 1.0~2.5m，高 0.5~1.0m，长度不限，成本为 1.5~2.0 元/m^2。其优点是建造容易、取材方便、造价低，缺点是棚内支架多，操作不方便且遮光，使用寿命短(2~3 年)，抗风雪性能差。主要分布于小城镇及农村，随着经济水平的提高，传统竹木材料逐步被镀锌钢材所取代。该种棚型结构主要用于全季节栽培，小拱棚用于早春或秋冬短期覆盖栽培或棚室内部多层覆盖保温。

(3) 水泥骨架结构大棚

以钢筋水泥预制件为大棚骨架，其使用寿命一般为 10 年以上。大棚跨度 6~10m，脊高 2.2~2.7m，肩高 1.2m，骨架间距 1.0~1.5m。6m 棚一般无立柱，7m 以上的棚立柱长 10.0~12.0cm，宽 10.0cm，高 2.7~3.0m，拱形架宽 10.0cm，厚 4.0~6.0cm。成本为 3~8 元/m^2 左右。其优点是价格相对较低，使用寿命较长，缺点是土地利用率低，骨架易遮光。主要分布于沿淮北地区，可进行春早熟和秋延迟蔬菜种植。

(4) 钢管结构大棚

该棚型主要以直径22~32mm、厚1.2~1.5mm的镀锌薄壁钢管为大棚骨架材料，其使用寿命一般在10年以上。跨度6~10m，顶高2.5~3.2m，肩高1.2~1.8m，长度50~100m左右，成本为20~30元/m^2。其优点是坚固耐用、使用寿命长，抗风雪性能较强，土地利用率高（80%左右），缺点是棚宽较小，不利于机械化操作，冬季保温性较弱。分布较广，全省各地均有分布。该棚型适合种植全季节蔬菜。

(5) 和县复式日光温棚

是和县蔬菜技术服务站组织行业专家于2010年自主研发的新型棚体，由钢管结构大棚演变而来的。以热镀锌钢管为骨架材料的双层棚，由外拱杆、内拱杆、中央立柱、伞形连体支撑杆、外顶拉杆、内顶拉杆组成，内棚和外棚通过与中央立柱固接为一体。其中外棚跨度9.5m，顶高3.7~4.0m，肩高1.6~1.8m，拱间距1.0m；内棚跨度8.9m，顶高2.4~2.8m，肩高比外棚低10.0cm，拱间距1.0~1.5m。内棚冬天可加保温被增温、夏天可覆盖遮阳网降温。成本为50~70元/m^2。其优点是防寒保温性好，抗风雪能力较强，主要分布于和县、无为等沿江地区，适于高架作物立架、吊蔓栽培和越夏栽培等。

(6) 连栋塑料（玻璃、阳光板）温室

连栋大棚一般南北延长建造，骨架材料为镀锌钢管，长度60~100m，单拱跨度6~8m，顶高4.5m以上，肩高2.5~3.0m，拱间设天沟排水，顶部和四周设风口进行排湿降温。成本为120~150元/m^2左右。其优点抗风雪能力强（可抗30cm左右的积雪），土地利用率高，操作管理方便，可进行机械化操作。但因连栋塑料温室投资较大，主要分布于各主要城市的郊区、景区，约占全省蔬菜设施面积的0.46%，多用于工厂化育苗、品种展示、采摘观光等。

2. 栽培方式及效益

爬地嫁接稀植：以和县、宿州、淮南等甜瓜主产区为代表，亩定植500株左右，采用单行种植，行距保持在3m，株距为45cm；3~5片叶摘心，每株留3条子蔓，孙蔓7~8节坐果，每蔓留1~2个果的整枝方式；亩年均产量达2000~2500kg左右，年亩均效益能达到6000元左右。

吊蔓密植栽培：采用吊蔓方式栽培的甜瓜，一般每亩定植1200~1500株左右，采用单行种植方式株距保持在80cm，采用双行种植方式株距保持在120cm。一般采用单蔓整枝方式

3. 嫁接育苗或苗期管理

(1) 育苗设施设备

甜瓜育苗设施主要有PC板温室、日光温室、连栋棚、塑料大棚、催芽箱、苗床、

育苗盘、防虫网等，冬春育苗配套加温、补光、通风、灌溉等系统，夏秋育苗配套降温、遮阳、通风、灌溉等系统。

(2) 育苗前准备

接穗选用平底育苗盘，砧木选用50孔或72孔育苗穴盘。选择商品基质。使用前用75%百菌清（200g/m³）随水均匀拌入基质中，基质润湿后含水量40%~50%，覆盖农膜保湿待用。砧木选择与厚薄皮中间型甜瓜嫁接亲和力、共生性强，同时抗枯萎病、抗逆性强、对甜瓜品质无不良影响的南瓜品种。

(3) 育苗播期

小粒甜瓜种子较砧木提前播种9~10天，中粒甜瓜种子较砧木提前播种5~6天；根据甜瓜定植日期来确定砧木和接穗的播种时间，一般冬春季节栽培提前35~40天、夏秋季节栽培提前20~25天进行嫁接育苗。

(4) 种子处理

用0.25%次氯酸钠与水按体积1∶4混合配制消毒液，消毒时间为1~2min，消毒后用清水冲洗干净；然后用30~40℃温水浸种，甜瓜种子浸种2~3h，南瓜砧木种子浸种3~4h；浸种后，捞出种子后加入干燥石灰粉，拌匀至种子相互间不粘连，搓除种壳表面黏液后用清水冲洗干净，放在通风处晾种。

(5) 催芽

种子催芽温度28~30℃，待60%以上种子露白即可播种。

(6) 嫁接前管理

播种后的穴盘放入催芽室或置于育苗床上，出苗前催芽室内湿度80%~90%；育苗床覆盖农地膜，50%出苗后及时揭除。采用加温、降温、通风等措施调控温度。穴盘表面基质发白补充水分，每次均匀浇透。流水时间冬季宜在中午进行，夏季宜在早上浇水；阴雨天、弱光、湿度大时不宜浇水。出苗后采用通风措施调控棚室湿度，湿度保持50%~60%。夏季育苗时用遮阳网调控光照，出苗前遮阴、出苗后晴天15：00时至次日10：00时前和阴雨天揭除遮阳网。冬季育苗时，晴天早掀晚盖覆盖物，阴雨天采取补光措施。

(7) 嫁接前准备

接穗第一片真叶显露至展开，茎绿色至深绿色、茎粗1.0~1.5mm、株高3~4cm；砧木两片子叶展平至第一片真叶显露，茎绿色至深绿色、茎粗2.5~3.0mm、株高5~7cm。嫁接场所适当遮光、避风，温度控制在20~25℃为宜；嫁接工作台、嫁接刀具、嫁接夹及工作人员双手用70%酒精消毒。嫁接前1~2天用72.2%霜霉威1500倍液+农用链霉素4000倍液喷洒砧木和接穗，直到茎叶上聚集水滴为止。

(8) 嫁接

用刀片从砧木一片子叶基部向另一片子叶基部下方斜切，切除另一片子叶和真叶及生长点，斜面与胚轴夹角 30~45°，斜切面长 0.4~0.5cm。将接穗从苗盘中拔出，用刀片在接穗 2 片子叶下方 0.5~1.0cm 处向下斜切、切除接穗根部，斜面与胚轴夹角 30~45°，斜切面长 0.4~0.5cm。将接穗斜面与砧木斜面对齐、贴合，然后用平口、轻质、防滑嫁接夹固定，接穗子叶与砧木子叶两平面方向一致。

(9) 嫁接后管理

嫁接后，秧苗移入苗床并扣塑料小拱棚保湿；嫁接后 1~5 天空气相对湿度保持在 90% 以上。5 天后于早晨和傍晚逐渐揭盖地膜或农膜，进行通风、降湿，直至嫁接苗不萎蔫，去掉地膜或拱棚膜。嫁接后 1~5 天，气温控制 20~27℃；6~10 天，气温控制 18~30℃；11 天以后，白天气温控制 20~28℃、夜间气温控制 15~18℃。嫁接后 1~5 天，晴天全日遮光；5 天以后，可逐渐减少遮阴时间，适当增加光照，嫁接苗不萎蔫后，不再遮阴。嫁接苗成活后，视天气状况和苗情开始喷肥水，肥料可选用磷酸二氢钾、速溶复合肥等，浓度 0.1%~0.2%，所用肥料应符合 NY/T 496 的要求。定植前 3~5 天开始降低温度、减少水分、增加光照时间和强度，及时去掉砧木上的侧芽。

4. 定植后的环境控制

(1) 水肥管理

定植时浇足浇透定根水，定植后注意观察幼苗，发现生长点有嫩叶发生，表明已经缓苗，如土壤较干，应在中午前喷一次缓苗水，若土壤湿度较大，则缓苗水可不浇。前期瓜苗浇水，遵循见干见湿原则，适当蹲苗。定植后主要依靠地膜保温，所以从定植到伸蔓，瓜蔓需水量少，地面蒸发量也小，因此应控制浇水。这时水分过多会降低地温，影响幼苗快速生长。伸蔓期视苗、看地、观天可浇 1 次小水。开花授粉期一般不浇水，以免落花落果。待果实坐住，长成鸡蛋大小时，要及时浇水，一般灌大水 2~3 次，甜瓜停止膨大后，逐渐减少浇水次数，降低土壤含水量，以利糖分的积累。无论何时浇水，都应注意时间，宜掌握在早晚进行。此外，还需根据不同品种进行合理浇水，属早熟品种可适当浇灌，但到快成熟时一定要严格控制浇水；中熟品种要适当控制浇水，以防土壤和空气湿度过大，以免发生裂瓜与滋生病害；耐旱品种要严格控制水分。果实成熟前 10 天控制浇水。

施足基肥是甜瓜高产优质的关键措施，基肥应以有机肥为主，配合施 N、P、K 肥和微肥。定植前视地力每亩施经无害化处理的有机肥 3000~4000kg、饼肥 100~200kg，过磷酸钙 50kg，N、P、K 复合肥 50kg。在施足基肥的基础上，一般在坐瓜前不宜追肥，在苗期、伸蔓期控制水、肥，防止营养生长过旺，影响坐果率，但在幼果呈鸡蛋大时进入膨果期，可采用膜下滴灌随浇水一并施硫酸钾型复合肥 10~15kg/亩，以后每隔 5~7 天再追施 1 次，还可结合防病治虫喷施 2~3 次 0.2%~0.5% 磷酸二氢钾液叶面肥，或用 1%~2% 过磷酸钙浸出液，或用 0.3% 的氯化钾溶液交替喷洒。

越夏和秋季大棚栽培时，为了保证不会因雨天地下水渗透而增加棚内土壤和空气湿度，可以在棚的四周开一条深50cm、宽20cm的环形沟，用塑料薄膜竖铺在沟壁，再填满土，以切断棚内外的土壤地下水渗透联系，使棚外的地下水渗透不到棚内，从而减少了雨后的发病率。

(2) 温度及光照管理

早春大棚栽培时，定植后7~10天缓苗期以保温为主，通过揭盖草苫、保温被等，棚内温度保持白天30~32℃，夜晚20℃左右。缓苗后至坐果前要适当增加通风量，棚温白天保持在25~30℃，夜间15~18℃。膨果期白天保持在28~30℃，不高于32℃，昼夜温差在10℃以上，同时要求光照充足，以利果实的膨大和糖分的积累。阴雨天以保温为主，不必通风，但如遇连阴雨天，需在中午进行通风换气，以降低温湿度。在温度允许范围内，草苫、保温被等保暖材料要早揭晚盖，增强光照，延长光照时间。晴天上午大棚内温度高于20℃时，揭开小拱棚，以增加光照；大棚温度高于30℃时，开始通风，通风口由小到大，时间由短到长，使瓜苗逐渐适应外界环境；16:00前盖上小拱棚，停止通风。当日最低气温达8℃以上时，可拆除小拱棚，通过控制通风口大小和通风时间来调节温度。夜晚最低温度低于20℃时，仍需关闭大棚门和通风口。当外界气温上升稳定在30℃以上时，夜晚可不再盖棚或将棚室"围裙"撤掉，使棚室内温与外温接近以增大日夜温差，利于果实糖分的积累。

根据甜瓜生长温度要求及天气情况，夏秋季节光照强、温度高时可覆盖遮阳网遮光降温，待温度逐渐降低，可撤去遮阳网，放下棚膜，适当放风来调节棚温，尽量满足甜瓜生长要求。

(3) 保花保果措施

通过整枝打杈、摘心和人工辅助授粉等措施有效地调整植株营养生长和开花坐果的关系，控制坐果部位和结果数，提高果实整齐度和商品性。

甜瓜整枝方式有单蔓整枝、双蔓整枝和多蔓整枝。一般立架栽培采用单蔓整枝或双蔓整枝，爬地栽培采用多蔓整枝。单蔓整枝和双蔓整枝的最佳坐果部位是第8~12节。厚皮甜瓜生产上有单层留瓜和双层留瓜两种方式。一般单瓜重在2kg左右的品种，采用单层留瓜，即一株一瓜。单瓜重在1kg左右的品种，可留双层瓜，一层一瓜，即一株2~4个瓜。第一瓜留在11~15节，等第一瓜定果后，可在20~25节留第二瓜。

早春设施栽培时，棚内无授粉昆虫，为提高坐果率，需采用人工辅助授粉或使用激素处理。为减轻田间劳动量，提高甜瓜品质，也可采用蜜蜂进行授粉。

人工辅助授粉：结实花开放时，于当日早上7~9时，采摘当天清晨开放的雄花去掉花冠露出花药，轻轻地均匀地涂沫在刚开放的结实花柱头上，并在坐果节位前留2片叶摘心。

激素处理：以氯吡脲为主，剂量为0.1%和0.5%为主。温度不同，使用浓度也不同，按照说明书使用即可。坚持现用现配，当天使用当天配，使用剩余的第二天不再使用。于开花前一天，用喷壶在结实花子房的正面喷一下，反面喷一下，注意，每面喷一次即可，不能重复。喷完瓜后留2片叶摘心。激素浓度不能太高，若瓜膨大了，花还没开就是浓度高了，应适当降低浓度。

蜜蜂授粉：于始花期前2天，将蜂箱放置在大棚1/2位置处，每个大棚或日光温室放置一个蜂箱，箱门向南，箱内应含1个蜂王、3框脾蜂，约6000只。若单个大棚或日光温室的面积超过1亩，应适当增加授粉蜂群数量，将蜂群均匀置于大棚两头各1/3处。授粉期间保持水槽供水充足，适时向糖槽补充糖水（配制方法：将300g白糖放入500g热开水中搅拌溶解，冷凉后放入糖槽），同时注意棚内温度调控及杀虫剂的使用。

坐果后5~7天，幼瓜长至鸡蛋大小时要及时疏瓜，根据长势决定每株留瓜个数。留瓜的原则及顺序为：第一，瓜型规整、无畸形、符合品种特征；第二，生长发育快，同样大小的瓜，保留后授粉的；第三，节位适中，双层留瓜的下层瓜适当留较高节位，上层瓜适当留较低节位。留瓜后，适当去除多余不结瓜孙蔓和结果部位以下老叶，增加通风透光，以利养分集中输送给瓜果。立架栽培的视品种情况需要吊瓜的应及时吊瓜，可用尼龙绳拴住果柄，固定在支架上，或用网兜套住果实，将瓜吊起，防止果实成熟时不断增重而从蔓上挣断。爬地栽培的当瓜果长到直径7~8cm时进行翻瓜，一般翻瓜1~2次，这样使果实着色比较一致，同时还能减轻病害发生。

夏秋气温高，加上大棚遮阳网覆盖栽培，肥水条件较好的田块极易引起植株枝叶繁茂而不结瓜，因此在控制肥水的同时要及时整枝留瓜，留瓜节位要比春季低一些，争取早坐瓜。辅助授粉时间应掌握在早晨8：00之前。温度超过30℃时，授粉坐果率明显下降。一般单株只选留1果。秋季甜瓜结实花分化较晚，节位高，不易坐果，在花期应进行人工辅助授粉或蜜蜂授粉。

5. 植株调整

厚皮甜瓜采用单蔓或双蔓整枝，薄皮甜瓜一般采用多蔓整枝。

单蔓整枝有两种方法：一是主蔓延长生长，11节以下的侧枝全部剪除，在12~18节之间依据不同品种在不同节位，把瓜留在侧枝上，结果枝花前2叶打顶，主蔓长到25个叶片时打顶；二是幼瓜长到4~5片真叶时摘心，选留一条健壮子蔓，剪除其余子蔓，以及所留子蔓上长出的孙蔓。这一整枝方法适用于小果型品种及早熟栽培。

双蔓或多蔓整枝：幼苗3叶1心时摘心，厚皮甜瓜品种选留2个子蔓，薄皮甜瓜视植株的生长势保留多个子蔓；小果型厚皮甜瓜子蔓留17~20片叶摘心，选子蔓上6~7节位和第13~15节位孙蔓坐果，大果型厚皮甜瓜品种留22片叶左右摘心，选子蔓上8~9节和16~17节位孙蔓坐果，孙蔓坐果时留果后1片真叶摘心，其他子蔓的腋芽应及时去除。

除爬地栽培外还可进行吊蔓栽培，吊蔓栽培可有效改善植株间的通风透光性，减少病虫害的发生，提高果品外观及品质，当主蔓6~7片叶时，每蔓用1根绳固定在横架上,当果重 500g 左右开始吊瓜,用细绳吊住果梗部或用吊瓜网袋,固定在横架上,以防瓜蔓折断及果实脱落。

6. 采收、包装、分级、上市

(1) 采收

目前生产上判断采收成熟度的方法有:一是看,孙蔓上坐果节位后的那片叶子叶缘卷曲枯黄即可采收;二是根据不同品种果实发育天数判断采收时间,一般大果型品种 40 天左右,中小型品种 30 天左右;三是根据经验,主产区瓜农多根据自己的经验,通过果实外观的颜色、网纹情况来判断是否适宜采摘。

采收方式包括传统的徒手采摘以及剪刀、摘果器采摘,采摘时将结果枝一并采下,避免对子蔓的伤害,以促进后茬瓜生长。

(2) 分级包装

采收后至阴凉处分级包装。采收后根据不同种类分级标准,将甜瓜分为特级、一级、二级等产品质量级别进行包装,目前我省常用的包装材料为尼龙发泡网袋,根据不同甜瓜种类以及消费群体、销售途径设计不同的包装箱。

(3) 上市

甜瓜经过挑选、分级后装入果箱中,搬入贮藏库分批销售上市。我省较大的甜瓜集散市场有宿州市砀山县王屯西瓜批发市场、龙泉寺瓜果批发市场和县皖江瓜菜批发市场等。甜瓜除供应本地市场外还销往江苏、浙江、山东等地。

(张其安、严从生,安徽省农业科学院蔬菜研究所)

十四、北京顺义黄皮大果类型甜瓜'京玉太阳'优质高效栽培技术[17]

厚皮甜瓜是北京地区春季主要栽培作物之一,自 20 世纪 80 年代初北京市引进日本'伊丽莎白'厚皮甜瓜栽培,厚皮甜瓜规模种植已经有 30 多年栽培历史,并形成了以顺义区为主的厚皮甜瓜产区,目前北京市年种植各类甜瓜面积 1 万亩以上,栽培厚皮甜瓜已经成为北京农民实现增收主要手段,厚皮甜瓜产品也成为春季北京市民喜爱的主要瓜类产品。在厚皮甜瓜生产发展过程中,顺义区与北京农林科学院蔬菜研究中心专家合作,开展厚皮甜瓜新品种引进、筛选,实施"优质瓜菜籽种更新工程",支持广大农民及时进行甜瓜品种更新,以确保顺义区甜瓜生产供应优势。近年来,顺义区相继试验、示范甜瓜新品种近百余个,涌现出一批表现优良品种,其中以'京玉太阳'甜瓜新品种表现突出,该品种系北京市农林科学院蔬菜研究中心 2012 年采用现代分子技术与传统育种方法相结合,以黄皮品种'No.1'经 5 代分离自交系'0508'为母本,以'伊丽莎白'甜瓜经 6 代分离自交系'1306'为父本配制而成的厚皮甜瓜一代杂种,2013 年定名'京玉太阳',2014~2017 年在北京、河北、山东、云南、缅甸等地区试种反应良好。现将主要优质高效栽培技术措施介绍如下。

1. '京玉太阳'厚皮甜瓜品种特征特性

'京玉太阳'为黄皮大果类型厚皮甜瓜，果实发育期42~45天。果实高圆形，果皮黄红色，果肉白色，肉质细嫩，风味纯正，少清香，中心折光糖含量15%~17%，肉厚腔小，单瓜重1.5~2.0kg。'京玉太阳'植株生长势旺，易坐果，以8~12节子蔓坐果为宜。生产上栽培密度以1800~2000株/亩，每株保留一果。

'京玉太阳'甜瓜适用于北京、河北、山东地区早春温室、塑料大棚设施栽培。

2. 北京早春温室厚皮甜瓜栽培技术要点

北京处于北纬40°地区，为典型的暖温带半湿润大陆性季风气候，夏季炎热多雨，冬季寒冷干燥，春、秋时段相对较短，全年无霜期180~200天，年平均气温10~12℃，年极端最低气温一般在-14~-20℃之间；年平均降雨量超过600mm；年平均日照时数为2700h[1]。这一气候特点，决定了北京地区厚皮甜瓜生产以温室等保护地为主的生产形式。

(1) 播种期

北京地区早春厚皮甜瓜生产上市目标以"五一"为主，一般加温温室和节能型日光温室生产，在一月上、中旬育苗；普通日光温室生产需在1月下旬~2月上旬育苗，日历苗龄30~35天，生理苗龄3叶1心。育苗方式一般采用育苗钵或穴盘育苗。

(2) 苗期管理

温度管理：见表5-2

表5-2 '京玉太阳'苗期管理温度指标

幼苗发育期	管理特点	温度	
		白天(℃)	夜间(℃)
播种~出苗前	保温	≥30	≥15
70%拱土~子叶展平	防徒长	28~30	15~20
出苗后~2叶1心	促生长	25~30	18~20
定植前3~5天	炼苗	22~25	10~13

湿度管理：甜瓜出苗后，在保证温度的前提下，加大通风，尽可能地降低室内空气湿度。

育苗钵(8cm×10cm)育苗在播前浇一次透水后，至定植前可不用再浇水。

穴盘育苗的水肥管理要及时。播种后浇透水，甜瓜出苗后到第一片真叶长出，要降低基质水分含量，水分过多易徒长。其后随着幼苗不断长大，叶面积增大同时蒸腾量也加大，这时秧苗缺水就会受到明显抑制，易老化；浇水最好在晴天上午进行，要浇透，否则根不向下扎，根坨不易形成，起苗时易断根。幼苗生长阶段中应注意适时补充养分，根据秧苗生长发育状况喷施不同的营养液。肥料可选择尿素、磷酸二氢钾、硝酸钾等，浓度掌握在 0.2%~0.4%。

光照管理。苗期注意尽最大可能增加光照时间与光照强度。

(3) 定植

①精细整地，施足底肥

早熟栽培以沙壤土质为宜，深翻耕 20cm 以上。施足底肥，一般每亩施腐熟优质有机肥(鸡粪，猪粪)5m³、45% 含量三元复合肥 50kg；若用商品有机肥不少于 500kg。肥料要求 2/3 普施、1/3 沟施。

②作畦

温室厚皮甜瓜生产一般采用小高畦栽培。一般要求畦底宽 80cm，顶宽 70cm，高 10~12cm，畦沟底宽 70cm。南北畦向。定植前铺设好滴灌、或微喷带，覆好地膜，然后开孔定植。注意定植灌溉后及时封严地膜开口。

③定植

定植温室温度条件：春季温室厚皮甜瓜定植，要求温室内最低气温稳定在 5℃以上、10cm 地温稳定在 12℃以上。一般加温温室和节能型日光温室在 1 月底~2 月上旬定植；普通日光温室在 2 月中、下旬定植，采用多层覆盖措施定植时间可适当提前。

定植方法。一般选择寒流刚过气温回升晴天上午定植。定植前进行选苗，选择大小基本一致、无病虫、健壮幼苗栽植，定植时以苗坨与畦面相平为宜。栽植时尽可能不弄散苗坨，散坨的苗不栽。

定植密度。小高畦每垄定植两行，平均行距 75cm，株距 40~45cm。

(4) 定植后管理

①温度管理：见表 5-3。

表 5-3 '京玉太阳'生长期间温度管理指标

生育时期	管理原则	室内温度		室内地温(℃)
		白天(℃)	夜间(℃)	
定植--一周内	保温、促缓苗	25~30	15~20	20
缓苗-坐瓜初期	保证营养生长	25~30	18~20	20~25
果实迅速膨大期	促进果实正常膨大	28~35	18~20	≥25
果实停止膨大-采收	促进糖分转化	28~35	15~20	

②湿度管理

'京玉太阳'甜瓜要求早春温室空气相对湿度白天 60% 左右，夜间 80% 左右。

③光照管理

充足光照是保证'京玉太阳'果实充分膨大的必要条件。尤其是果实进入快速膨大期,光照时数不得少于8h,在保证温度的前提下尽可能早揭苫晚盖苫。为增加棚内光照强度,可在温室后墙挂反光膜。

④肥水管理

追肥:坐果期可随灌溉追施速效甜瓜专用冲施肥每亩220~30kg,或硫酸钾20~25kg。

补充CO_2:棚室上午9:00时至下午15:00时,CO_2亏缺严重,影响甜瓜光合作用。在苗期与甜瓜膨大期补充CO_2具有显著增产提质作用,建议每亩温室吊挂20~30袋气袋肥为宜。

灌溉:采用膜下滴灌技术可达到省工、节水、防病等多重功效。'京玉太阳'早春温室一般灌溉5~6次。定植水,一般以土坨完全湿润为度;第二水在5~6片真叶甩蔓时进行;坐瓜后幼瓜鸡蛋大小时灌膨瓜水,膨瓜水次数视土壤质地和天气情况而定;一般黏壤土灌1~2次,沙壤土灌2~3次。果实膨大期间务必保证土壤水分充足;灌水均选择在晴天上午进行。收获前7~10天不再灌水。

(5)田间管理

①植株调整

采用单蔓整枝,主蔓长有10~12片真叶时留该处2~3个子蔓坐瓜,其余子蔓及早除去,主蔓在20~22片时摘心。在果实鸡蛋大小时疏果,每株选留一果,留果枝瓜前留1片真叶摘心。

②熊蜂授粉

使用坐瓜灵沾花保果费工费力及激素残留争议不断。顺义区经多年引进蜂授粉试验示范,最新数据表明熊蜂授粉技术最为经济;且甜瓜品质、产量均有增长,并消除了植物激素残留担忧。

每亩温室放置1箱即可满足甜瓜授粉要求,每箱有熊蜂60~80只。熊蜂对环境适应性强,但以25~28℃条件下授粉效果最好。

(6)及时采收

当瓜前、后两片叶失绿变黄时为采收适期;或根据授粉标记天数确定采收期。'京玉太阳'甜瓜从授粉到采收约需40天左右。

(7)主要病虫害防治

①主要病害防治

首先做好生态调控。以降低生产棚环境中的湿度为中心措施,采用滴灌、微喷带灌溉技术,杜绝大水漫灌;采用晴天小水勤浇方式供水,阴天和雨天坚决不能浇水。合理放风调节好棚室的温湿度。

其次药剂防治,田间出现中心病株时立即喷药防治。

霜霉病:用吡唑嘧菌酯(凯润)、凯特、安克、72%克露可湿性粉剂,交替轮换使用,间隔7天一次,连续2~3次。

白粉病药剂防治的经济阈值为 50 张叶片最少有一片叶发病，一般采用内吸杀菌剂和保护剂交替使用。目前较好的内吸杀菌剂有世高、戊唑醇、仙生、信生等，生物农药有武夷菌素、宁南霉素等；保护剂一般采用硫悬浮剂和百菌清烟剂等。保健防病可用阿米西达(吡唑嘧菌酯)。

②主要虫害防治

蚜虫：主要防治方法是清洁田园，定植前棚室用 DDVP 烟剂等进行薰杀，生产中风口处装防虫网，棚室内张挂黄板诱杀以及挂银灰膜条避蚜，以及避免棚室内过分干燥。蚜虫发生后用吡虫啉、氯浪、苦参素水剂等及时防治。

白粉虱：主要采用物理防治与化学防治结合办法。应用防虫网阻隔、黄板诱杀，必要时喷扑虱灵、天王星、灭螨猛等防治或用粉虱烟剂加 DDVP 熏烟防治。

根结线虫：目前常用的熏蒸性杀线剂有棉隆(必速杀、垄鑫)、威百亩(线克)、氰氨化钙。非熏蒸性杀线剂应用比较多的是阿维菌素和福气多。在育苗和定植时施用两次，每平方米施用 1.8% 的爱福丁 1mL，使用时先将其用少量水稀释喷在地面，立即翻入土中。此外，应用 1,3-二氯丙烯处理亦有很好的防治根结线虫效果[17]。

（徐茂、张万清，北京市顺义区种植业服务中心）

十五、山东菏泽地区早春厚皮甜瓜优质高效栽培技术

早春保护地甜瓜栽培重点可分为两个阶段，即定植前后及结果期的管理。在定植后的缓苗阶段，如何让甜瓜长势壮、病害少、省工又省钱呢？针对甜瓜生产的实际情况，提出以下几点，供瓜农参考。

1. 定植

(1) 密度

冬暖式大棚一般亩栽 2200 株，早春大拱棚一般亩栽 2000 株。行距 60cm×90cm，株距冬暖式大棚 40cm、早春大拱棚 45cm。

(2) 施肥

每亩穴施 2 袋优美达、混土，或者是穴施 100g 到 250g 丰田宝。

(3) 用"碧护-美盈"套餐蘸盘

蘸盘时先加入安融乐，再加入其他药剂，一般兑水 20kg 左右，当天蘸当天栽，不要蘸着叶子。

(4) 定植温度、方法

当幼苗长到 2 叶 1 心、地温升到 15℃时再定植。最好采用水稳苗。选择晴天下午，将苗坨放到穴内，少偎一点土，然后向穴内浇水，不等水渗完时将穴埋平，以不埋子叶为宜。定植后不要急着浇大水，容易降低地温，增加棚内湿度，

病害发生重。浇定植水时，水中加入融地美以促进生根，或者定植后用安融乐+碧护+融地美滴灌。

2. 定植后管理

（1）吊二膜、盖地膜、扎小拱棚

为了提高棚内温度，最好棚内吊上二膜和棚周边围草苫等措施。如果用白地膜，可将地膜盖上；如果用黑地膜，则一定不要盖上，可以等到一周后，看着小苗长出新叶时再盖。这样，有利于提高地温和返苗。用2m的无滴地膜，在苗处撕个孔，将苗引到膜上；两行扎一个50cm高的小拱棚，用2m的无滴二膜。

（2）如果遇到阴天下雨，也一定要天天拉放棉被，可以晚拉早盖

如果久阴乍晴，或者盖上黑地膜后，秧苗出现萎蔫，喷安融乐、甲壳丰和碧护，实在不行再放棉被，不要急着浇大水。

（3）黄叶和小老苗的管理

形成原因是定植时气温较低（特别是地温也不高），或粪肥过多而没开沟施用，或即使开沟施肥，但是没有和土进一步充分混匀而造成烧根。棚内个别植株长势弱，特别是拱棚两边和两头的苗，可以用安融乐+碧护+甲壳丰或安融乐+碧护+融地美灌根，再用碧护和叶绿精喷雾，视情况五天后再打一次。下面促根、上面提苗，同时把花打顶的瓜杈都去掉。这样一周后可明显好转。

（4）温度管理

原则上棚内温度最高35℃，太阳落山时23℃。

（5）吊绳

不应把吊瓜绳捆得太紧，盘瓜秧时最好用手摄住瓜头不动，把绳往瓜秧上绕，这样不易伤着茎秆或瓜头；相反如果把瓜秧往吊瓜绳上绕，则易将瓜头碰断，或扭伤瓜茎，易感染病菌。如果在第一个坐瓜节位上，多绕几圈，那么瓜秧不易下坠。

（6）打杈

苗期如果不是花打顶，应该等杈长到3~5cm长时再打掉。打杈时，应选择晴天上午，尽量集中时间，用手掰掉，一定不要用手掐或用剪刀剪，同时把瓜须打掉。及时打顶和瓜扭前边的尖。

3. 冲肥

坐瓜前可以用根之茂、生力液、平衡流体肥、大象平衡肥或利百佳等冲施。坐瓜后应该冲施高钾的流体肥、碧尊高钾水溶肥、海发宝瑞丰2号、14号等，非滴灌棚，1亩地用1桶，滴灌棚减半。

坐瓜20多天时，根据瓜秧长势，可以亩用半桶根之茂或1瓶生力液+2/3的平衡

肥冲施。原则上坐瓜后 7 天左右浇膨瓜水。大水漫灌的原则上每亩地用 1 桶（或 1 件），滴灌减半，如果 3 天滴 1 次，就用大水漫灌用肥的 1/4。

4. 病虫害防治，以防为主，综合防治

无论是冬暖式棚还是大拱棚，在注意以上管理措施外，对瓜病来说，要突出一个综合"防"字。

一定要采取盖严地膜、及时撤除二膜、放好风、早晨浇水和膜下浇水等方法，尽可能地降低棚内湿度，以减少病害的发生。

浇定植水后，及时用安融乐+碧护+名帅+噻霉酮连叶加杆，重点喷淋茎基部，预防病害。另外，用安融乐 3mL+碧护 1g+甲克丰 20mL 兑 15kg 水喷雾加灌根，能有效增强植物抗高温、抗病和抗病毒能力，同时，还能够调节植物生长，生根壮苗，有效缩短植物的缓苗期；

药剂灌根。在浇二水前，一定用金棉威+NEB 灌根，可以有效地预防枯萎病等病害。一定注意，尽管是嫁接苗抗枯萎病，根据这两年的经验，也要灌根防枯萎病。

打完杈后或浇水前，打一遍防治病的药，最好真菌细菌同时防治，可减少打药次数。方法如下：真菌类药剂（如嘧菌酯、名帅、宝蕾、达克宁、杜邦易生、英腾等）取其中一样，加上一样杀细菌类农药（如春雷霉素、细美、中生菌素、噻菌酮等），注意茎秆上和茎基部要多喷、喷均，这样可以减少蔓枯、白粉、黑星和细菌性病害的发生。以上药剂均按使用说明使用，以防病为目时，可以 10 天左右 1 次；以治病为主时，根据病情可 5~7 天打一遍药。

阴天时不要打杈、浇水、打药。如果瓜秧长到 1m 高以上时，可以用烟剂或喷粉防病。一定记住，打药、浇水都先加上安融乐。

蘸瓜前一天，一定打一遍安融乐+宝蕾+春雷霉素(+阔时)。

5. 预防裂瓜

掌握好蘸瓜水的浓度，浓度不要过大；平时经常冲施、喷施生力液，并且坐瓜后 20 多天，喷施两边保美灵+翠康钙宝；坐瓜后阴雨天时，晚上点烟雾剂；降低昼夜温差；降低棚内湿度；要小水勤浇，最好使用滴灌（坐瓜，后用滴灌可以 3 天浇一次）。

6. 正确识别病害种类，对症下药，药到病除

（1）白粉病

主要表现在中下部叶子上。初期，叶片的正面（或后面）长出小圆形白色粉状霉点，后扩大为白色粉末壮霉斑。严重时，叶片上一层白粉，叶发黄，变褐变脆。

防治方法：可以用绝佳、意莎可、腈菌唑、戊菌唑、翠泽、英腾等喷雾防治。要

早预防，用大水量喷周到。

(2) 蔓枯病

该病多发生在叶子和茎秆上，严重时果实也发病。棚内湿度较大时病害流行快，发病严重。叶片边缘病斑多呈现"V"字形，浅黄色。茎秆染病，多在蔓节部呈现黄绿色的油渍状斑，病部常分泌红褐色胶状物，但一般不软。

阴雨天气，可以用45%百菌清（北京华绒）烟剂熏棚。也可以用保护性杀菌剂名帅、宝蕾、达科宁、杜邦易生、与内吸性杀菌剂爱可、托上托、键尔、戊菌唑等混配交替喷雾，并可兼治多种真菌病害。

(3) 黑星病

叶片上染病，容易形成多角行病斑，呈星状，红褐色，开裂。瓜头染病后弯曲，果实上染病同炭疽病症状，但开裂。防治方法同蔓枯病。

(4) 炭疽病

在颈、叶、果上均可染病。初在叶片上形成水浸状小黄斑，后变大，有明显同心轮纹。果实染病后先显暗绿色水渍壮小斑点，后迅速扩大为圆形或椭圆形、凹形、呈暗绿色到黑褐色溃疡斑、龟裂、生有许多黑色小点。防治方法同蔓枯病。

(5) 霜霉病

主要表现在叶子上，一般染病后背面出现水浸状斑点，早晨湿度大时尤为明显，病斑扩大后，受叶脉限制呈多角形，黄绿色，后为淡褐色，最后病斑成片，湿度大时，叶背面长有黑毛。当温度15~24℃、湿度较大时，易于流行。

防治方法：首先可以高温闷棚。方法是选择晴天上午关闭风口，使棚温升到42~45℃的高温，并持续2h，可有效地杀死多种病菌。注意闷棚当天或前一天棚内必须浇水，严格掌握温度。当45℃的高温持续2h后，要适当通风降温，使棚温逐渐下降，回到常温。切不可把棚温降低过快。其次是药物防治，可用走红、烯酰吗啉、杜邦抑快净、金雷、银法力等杀菌剂喷雾防治。

(6) 灰霉病

主要危害幼果，其次是叶。病菌多从开败的花处浸入，使花脐部长出灰毛，进而幼瓜脐部软化、腐烂。防治方法是授粉时加入适乐时，套袋时要将花瓣去掉，出现烂瓜时可以用甲基托布精粉蘸一下，或用迈津、嘧霉胺、健达等喷雾防治。

(7) 枯萎病

得病植株中午萎蔫，早晚恢复，几天后整株枯死。该病主要危害维管束，发病时，近地处维管束变褐。防治方法可用金棉威+NEB等灌根。

(8) 细菌性果斑病

主要危害叶片和茎秆，有时也浸染果实。叶片上病斑从正面看很像霜霉病，但从背面看，病斑沿着叶脉腐烂，有白色菌浓，油浸状，后期病斑焦枯。果实上的病斑呈水渍状小斑点，但瓜里边腐烂，又叫细菌性果斑病。茎上染病，开始不容易发现，往往发现时上部叶片已萎蔫，茎秆内发生溃烂。防治要用套袋技术，在发病前套好袋效果较好。药剂用金霉唑、春雷霉素、噻菌铜、中生菌素、冠菌乐等喷雾防治。

（岳雪龙，山东省莘县河店镇农业技术推广站）

十六、河北青县'八棱脆''羊角蜜'日光温室优质高效栽培技术

'八棱脆'属于薄皮甜瓜亚种中的越瓜变种，口感酥嫩、含糖量低，味淡，无香味。果皮极薄、嫩瓜清脆，营养丰富，适宜生食。'羊角蜜'属薄皮甜瓜亚种中梨瓜变种，早熟、中糖、脆肉品种。果实长锥形，一端大，一端稍细而尖，弯曲似羊角，故名羊角蜜。平均果长25~35cm，单瓜重500~900g左右，果形指数2.1。连续结果能力强，单株结果6~10个左右。成熟后，果实灰白色，肉色淡绿，瓜瓤橘黄色，极为美观。肉厚2cm左右，果实香甜，质地松脆，富含糖、淀粉，还有少量蛋白质、矿物质及其他维生素。口感香甜，酥脆可口，清热解暑，品质优秀。以鲜食为主。

'八棱脆'以往主要在南方江浙一带露地栽培，6~8月上市，'羊角蜜'为华北露地种植，一般在7~8月上市。为了使消费者在反季节的元旦吃上嫩脆爽口解腻的甜瓜，近几年青县在国内首次尝试用设施栽培模式，将'八棱脆'与'羊角蜜'引进日光温室栽培，取得了显著经济效益。每亩产'八棱脆'甜瓜2000~2500kg；'羊角蜜'5000~6000kg，二茬蔬菜常年每亩效益在6万元以上。该种模式吸引了国内各地前来参观学习，现将技术要点介绍如下。

1. 茬口安排

秋延后脆瓜8月中下旬播种，9月上中旬定植，10月上中旬开始采收，12月中下旬根据脆瓜长势情况决定拉秧日期；早春茬'羊角蜜'11月上中旬播种，12月下旬至1月上中旬定植，3月初开始采收，6~7月根据'羊角蜜'长势及价格情况拉秧。

2. 品种选择

品种选择根据市场需求，选择适应当地生态条件的优质、抗逆性强的高产品种。脆瓜品种有'八棱脆''津农5号'等，'羊角蜜'选用优质、高产、抗逆性强、商品性好的品种。砧木一定要选择西甜瓜嫁接专用南瓜品种。

3. 秋冬茬八棱脆育苗

(1) 播种时间

一般在8月中下旬播种，八棱脆每亩用种量70~100g，南瓜砧600~1000g。

(2) 种子处理

先用 55~60℃温水浸种 15min，并不断搅拌至水温降至 30℃时，脆瓜种子浸泡 3~4h，砧木南瓜种子根据种皮薄厚浸泡 6~12h。

催芽。将处理好的种子用湿布包好，放在 30℃环境下催芽。每天用清水冲洗 1 次，每隔 4~6h 翻动 1 次。1~2 天后 60%种子"露白"时，即可播种。如不能及时播种，放在 10℃处存放。

播种。一般在 8 月中下旬播种脆瓜种子。脆瓜每亩用种量 70~100g，砧木南瓜每亩用种量 600~1000g。

播种使用育苗专用基质，基质在填充穴盘前要充分润湿，一般以 60%为宜，即用手握一把基质，没有水分挤出，松开手会成团。贴接法，先在 32 孔穴盘中播脆瓜种子，每孔播种 2~3 粒，脆瓜子叶展平后在 32 孔穴盘或营养钵中播砧木种子，砧木比脆瓜晚播 4~8 天，嫁接时两者的茎粗尽量一致。

(3) 嫁接

用贴接法。脆瓜幼苗一片真叶一心至二片真叶、砧木幼苗子片展平时为嫁接期。在遮阴条件下，露水下去后，方可嫁接。用剃须刀向下斜切一刀将砧木生长点及一片子叶一同除去，将接穗在子叶下约 1~1.5cm 处斜向上直接切断，将接穗及砧木贴合后用平口嫁接夹固定，摆放到苗床中。

嫁接后管理。随嫁接用干净地膜直接覆盖嫁接苗保湿，摆满嫁接苗后，从侧面将苗床慢慢灌足水。再用塑料拱棚覆盖。嫁接时砧木及接穗苗不能有露水浸湿伤口，也不要在灌水时弄湿伤口。

嫁接前 3 天必须遮阴，不见光，3 天以后早晚温度低时可以接受散射光、适当放风，在不萎蔫的前提下逐步增加光照、通风直至成活。

(4) 定植

①定植前准备

应选择前茬非瓜类作物的温室。

结合整地每亩施优质腐熟肥 8000kg、过磷酸钙 30kg、硫酸钾 20kg。而后深翻细耙，曝晒土壤。行距 100cm，作成宽 30cm、高 13cm 左右的高畦。

9 月初覆膜，用高保温、长寿、流滴、消雾农膜。

②定植

定植日期为 9 月上中旬。

选择晴天定植，在 30cm 的高畦上栽苗，株距 30~33cm，每亩保苗 1800~2200 株，栽苗后浇水。

(5) 定植后管理

①环境调控

定植后气温较高，注意通风，严防高温危害；缓苗后白天保持 25~30℃，夜间

15℃；坐瓜后适当提高温度，白天 28~32℃，夜间 15℃；10 月下旬以后，以增光、保温为主；当棚温降至 8℃以下时，采取临时加温措施，如加二层膜。如遇久阴骤晴，要遮花帘，慢升温见光。经常清洗棚膜，保持高透光性；地面铺设白色地膜，减湿增光。

②肥水管理

定植时气温高，浇透水，2~3 天后浇缓苗水，每亩随水冲施生根肥料（如：真根 5kg）；从根瓜膨大期开始，每亩随水冲施高氮高钾复合肥 15~20kg。

③整枝吊蔓

采用单干整枝、连续换头、吊蔓栽培。棚内每蔓 1 条吊绳，上边固定在架丝上。下端用小木棍固定在瓜秧根部，当瓜秧 30cm 高时及时吊蔓，主蔓 80cm 左右时摘心，保留顶部 1 条侧蔓，其余侧蔓摘除，留 4 个瓜；以后每隔 4~5 片叶摘心 1 次，保留顶部 1 条侧蔓，其余侧蔓摘除，留 2 个瓜；清除畸形瓜和病瓜，减少营养消耗。瓜秧达到吊绳顶部时落秧，每次落到 1.5m 左右，保证植株有 15 片叶以上，摘除下部黄叶、老叶，增强通风与光照。

(6) 八棱脆采取

脆瓜是供人们生食的新鲜果品，应及时采收，减轻植株负担，并确保脆瓜品质，促进后期植株生长和果实膨大。脆瓜皮薄易碰伤，采收和销售过程都要注意轻拿轻放。采摘时用剪刀，最好在上午露水稍干后下午采收，避免在烈日下曝晒。要求在 1~2 天内销售，以保持新鲜和品质。

4. 冬春茬'羊角蜜'育苗

(1) 播种及苗床管理

一般在 11 月中旬播种。'羊角蜜'与南瓜分期播种，'羊角蜜'播种后 15 天左右再播南瓜。

温汤浸种后，将浸好的种子捞出淋出多余水分后，装入湿布袋中放在 28~30℃的温度下催芽。'羊角蜜'催芽 24h 左右，南瓜催芽 48~72h，待萌芽后即可播种。

在日光温室或加温温室中育苗，用 32 孔穴盘进行嫁接育苗。使用育苗专用基质，基质在填充穴盘前要充分润湿，一般以 60%为宜，即用手握一把基质，没有水分挤出，松开手会成团。填充基质要均匀一致，在穴孔中央打 1cm 深的小孔，点籽，覆 1cm 专用覆盖基质。

发芽至出苗白天气温控制在 28~30℃，夜间 15~18℃，出苗后白天气温控制在 20~25℃，夜间 13~15℃，地温 15℃以上。

(2) 嫁接及环境控制

'羊角蜜'甜瓜播种后，当第一片真叶大如指甲盖大小时再播南瓜种子，当南瓜幼苗两片子叶展平能看见一片真叶时进行嫁接。

嫁接一般选用贴接法，子叶基部斜向下呈45°角切一刀，去掉生长点，只剩一叶，选用与砧木大小相近的接穗，然后在子叶下1.5cm处向上呈45°角斜着切断，切口长度与砧木切口相同，然后将切好的接穗苗切口与砧木苗切口对准，贴合在一起，用嫁接夹夹牢贴接口。嫁接后马上盖膜。

嫁接后1~3天是形成愈合组织交错结合期，床温白天控制在25~28℃，夜间保持在20~22℃，一周后白天保持23~24℃，夜间保持15~18℃。

空气湿度达到饱和状态塑料拱上有水滴为宜，2~3天内密封不换气，此时正是愈合期，此后逐渐加大透风量和透风时间，但仍然保持高湿度，一周后恢复正常管理。

嫁接好的'羊角蜜'甜瓜苗，在小拱棚内为防止阳光直射萎蔫，在嫁接后的3天内一定要用草帘、竹帘、纸帘被等进行遮光，3天后可在早晨、傍晚除去覆盖物，接受弱光、散光，以后逐渐增加透光时间，一周后只在中午(10时至14时)这段时间内遮光，10天后撤除覆盖物，恢复正常苗期管理。

壮苗标准为苗龄50天左右，嫁接苗长到3叶1心或4叶1心，茎秆粗壮、子叶完整、叶色浓绿、生长健壮，根系紧紧缠绕基质，嫩白密集，形成完整根坨，不散坨；无黄叶，无病虫害；整盘苗整齐一致。

(3)整地施肥、挂天幕

施肥应以有机肥为主，化肥为辅，施肥方式以底肥为主，追肥为辅，中等肥力水平的大棚一般每亩施优质腐熟有机肥5000kg、三元复合肥(N：P：K=15：15：15)50kg。造足底墒，基肥撒施后，深翻地30~40cm，混匀、耙平，根据温室拱梁行距作畦，大行距120cm，小行距80cm，起10~15cm小高垄，小行间地膜覆盖。

定植前5~7天挂天幕1层，可提早成熟10~20天，选用厚度0.012mm的聚乙烯无滴地膜。

(4)定植

一般在1月上旬选择晴天上午定植，苗子在定植前1天用75%百菌清可湿性粉剂600倍液喷雾杀菌。在小高垄上开孔，株距30cm左右，行距80cm，浇定植水，待水渗至一半时放苗，每亩定植2000~2200株。

(5)定植后的田间管理

①温度调控

刚定植后，地温较低，应保持大棚密闭，即使短时气温超过35℃也不放风，以尽快提高地温促进缓苗。缓苗后根据天气情况适时放风，应保证21~28℃的时间在8h以上，夜间最低温度维持在12℃左右。随着外界温度升高，逐步撤除天幕，增加透光率，一般在2月中旬先撤除天幕。瓜定个到成熟，白天温度25~35℃，夜间保持在12℃以上，利于羊角脆甜瓜的糖分积累。随着外界气温升高逐步加大风口，当外界气温稳定在12℃以上时,可昼夜通风,棚内气温白天上午在25~35℃,下午20~25℃最好。

②肥水管理

定植后根据墒情可浇一次缓苗水,以后不干不浇。当瓜胎长至鸡蛋大时,选择晴天上午结合浇小水,每亩冲施尿素5kg、硫酸钾肥10kg,或冲施复合肥15~20kg,整个果实膨大期可随浇水追肥2~3次,采收前7~10天停止浇水追肥。

③植株调整

采用单蔓整枝法,主蔓长至30cm长时吊蔓,长至25片叶左右打头,在11~12叶片时开始选留子蔓为坐果蔓,坐果后留2~3片叶打头,每株留3瓜,11片叶以下及14~20片叶的子蔓全部去掉,在21片叶的子蔓开始选留二茬瓜。二茬瓜采摘后,可每隔1株去1株或2株。三、四茬瓜在孙蔓选留。

④授粉

每天上午8:00~10:00人工授粉;或采用熊蜂授粉,于开花前1~2天(开花数量大约5%时)放入,蜂箱置于棚内通风最好、最凉快的位置,离地面70~80cm。

(6)采收

根据授粉日期推算果实的成熟度,根据果皮颜色变化来判断采收时期。采收应在清晨进行,采收后存放于荫处。

(7)病虫害防治

①霜霉病

用45%百菌清烟雾剂防治,每亩制剂用量150~250g于傍晚密闭烟熏;或用80%烯酰吗啉水分散粒剂2000倍液喷雾;或用72.2%霜霉威水剂600倍液喷雾;或用100g/L氰霜唑悬浮剂1500倍液喷雾;或用60%丙森锌·霜脲氰可湿性粉剂600倍液喷雾,7~10天喷药1次,不同类型药剂交替使用,连喷2~3次。

②炭疽病

用325g/L苯甲·嘧菌脂酯悬浮剂1500倍液喷雾;或用70%甲基硫菌灵可湿性粉剂1000倍液喷雾;或用25%咪鲜胺·多菌灵可湿性粉剂600倍液喷雾,7~10天喷药1次,不同类型药剂交替使用,连喷2~3次。

③白粉病

定植不能过密,加强整蔓,保持通风透光和降低温度。药剂防治在发病初期效果最佳,用10%宁南霉素可溶性粉剂1500倍液喷雾,也可用30%氟菌唑可湿性粉剂2000倍液喷雾;或用1%蛇床子素水乳剂500倍液喷雾;或用0.5%大黄素甲醚水剂1000倍液喷雾;或用25%乙嘧酚悬浮剂800倍液喷雾,7~10天喷药1次,不同类型药剂交替使用,连喷2~3次。

④灰霉病

用15%腐霉利烟剂于傍晚密闭熏棚,每亩制剂用量200~300g;或用400g/L嘧霉胺悬浮剂800倍液喷雾；或65%甲硫·乙霉威可湿性粉剂600倍液喷雾；或50%啶酰菌胺水分散粒剂1500倍液喷雾，7~10天喷药1次，不同类型药剂交替使用，连喷2~3次。

⑤角斑病

用20%噻森铜悬浮剂500倍液喷雾；或47%春雷·王铜可湿性粉剂600倍液喷雾；或用46%氢氧化铜水分散粒剂1500倍液喷雾，7~10天喷药1次，不同类型药剂交替使用，连喷2~3次。

⑥蚜虫、白粉虱

放风口用防虫网阻隔成虫；植株生长过程中可采用黄板诱杀，挂在田间高出植物顶部20cm左右，每亩放30~40块；培育无虫苗，消灭前茬和周围虫源；用70%吡虫啉可湿性粉剂7500倍液喷雾；或用10%氯噻啉可湿性粉剂1000倍液喷雾，或用10%异丙威烟剂熏烟，每亩制剂用量300~400g，7~10天喷药1次，不同类型药剂交替使用，连喷2~3次。

⑦蓟马

放风口用防虫网阻隔成虫；植株生长过程中可采用蓝板诱杀，挂在田间高出植物顶部20cm左右，每亩放30~40块；用60g/L乙基多杀菌素悬浮剂1000倍液喷雾；或用10%溴氰虫酰胺可分散油悬浮剂1500倍液喷雾，7~10天喷药1次，不同类型药剂交替使用，连喷2~3次。

⑧瓜绢螟

用5%氯虫苯甲酰胺悬浮剂3000倍液喷雾；或用150g/L茚虫威悬浮剂2500倍液喷雾；或用20%氟虫双酰胺水分散粒剂4000倍液喷雾，7~10天喷药1次，不同类型药剂交替使用，连喷2~3次。

根据病虫害预测预报，按"预防为主，综合防治"的方针，以生物防治、农业防治和物理防治为基础，合理使用化学防治。用黄板，每亩挂40块，挂在行间。在大棚的放风处设30~40目防虫网，阻止昆虫进入。保护利用自然天敌如瓢虫、草蛉、丽蚜小蜂等对蚜虫自然控制。积极推广农用抗生素等生物农药防治病虫。收获完成后，将残枝败叶及周边杂草清理干净，进行无害化处理，保持大棚内及周边清洁。

（宋立彦，河北省青县蔬菜技术服务中心）

十七、河北乐亭薄皮甜瓜优质高效栽培技术

1. 河北省乐亭县甜瓜产业的基本情况

河北省乐亭县是全国有名的设施薄皮甜瓜生产基地，地理标志品种。到目前设施甜瓜生产占地面积11万亩，总产55万t，总产值18.8亿元，实现纯效益14.4亿元。人均增加效益3600元。

2. 设施薄皮甜瓜生产的起步与发展

在农村实行土地承包责任制之前，乐亭县一直以蔬菜露地种植地方品种为主，如'谢花甜''落地黄''灰鼠''青蛙腿'甜瓜等。1984年设施农业生产在乐亭县开始兴起，温室以及大、中、小棚以种植各种反季节蔬菜为主。到1993年乐亭县设施优质甜瓜产业开始起步，从北京市农林科学院蔬菜研究中心。引种'伊丽莎白'厚皮甜瓜，在日光温室进行种植，由开始的几个棚，到2000年前的近万亩伊丽莎白甜瓜生产，其产值效益均高于一般设施蔬菜。设施厚皮甜瓜种植给以后的设施薄皮甜瓜生产奠定了基础。在此基础上，1998年春，在乐亭镇向阳村李树春的大棚里开始试种'红城七号'薄皮甜瓜，种植模式为地爬生产，获得成功，无论从品质、产量效益均比种其他任何作物好。自2000年后薄皮甜瓜生产开始呈规模化、区域化发展趋势，薄皮生产开始取代了厚皮甜瓜生产，甜瓜主产区主要分布在乐亭镇、汀流河镇、毛庄镇、闫各庄镇、庞各庄乡、胡家坨镇、姜各庄镇、中堡王庄等乡镇。其中乐亭镇15035亩，汀流河镇21458亩，毛庄乡16774亩，庞各庄乡10381亩，四个乡镇甜瓜面积50613亩，占全县面积的50.7%以上。在产业高效益的引导下，全县已涌现出3000亩村10个；1000亩村26个；300亩以上的村115个。生产形势方兴未艾，其他乡镇正在积极跟进，生产面积逐年递增。

3. 甜瓜种植品种、技术水平及种植模式

（1）种植品种

乐亭县现有的甜瓜品种主要以薄皮甜瓜为主。20年代初期主要以红城系列、永甜系列品种为主，有'红城七''红城八''红城十'等品种；'永甜七''永甜九'等品种；20年代中期开始引种以'台南香瓜''绿宝石'等为代表的绿皮、绿肉品种，其品种的品质、产量、效益均优于红城系列品种。因此，绿皮绿肉甜瓜种植规模逐渐加大，并取代了'红城'系列、'永甜'系列等品种，一直延续到现在。甜瓜优种覆盖率达到100%。加之得天独厚的产地自然条件，所产商品瓜品质优良，独具乐亭特色。

（2）技术水平

由于薄皮甜瓜对土传病害的枯、黄萎病的抗性较差，保护地重茬种植原因，病害越来越重，2002年开始应用黑子南瓜嫁接防病试验，获得成功，相继又经反复应用日本三系杂交白籽南瓜砧木嫁接，其种性发挥优于黑子南瓜，到2004年白籽南瓜嫁接育苗技术开始在全县推广。吊蔓立体种植、梯次结瓜周年生产栽培技术从2000年开始，由地爬的孙蔓结瓜，改为吊蔓子蔓结瓜，并探讨出了不同品种子蔓结瓜的最佳节位。为乐亭县所独创，幅射全国。嫁接技术由原来的靠接，改为换头贴接技术、利用甜瓜侧蔓贴接育苗技术。生产上又研发出了甜瓜套袋技术等新技术的不断开发更新，乐亭县甜瓜栽培技术，处于国内领先水平。

乐亭县甜瓜产业生产中，创新了多种配套栽培技术，如采用加苫中棚甜瓜高产高效栽培技术及塑料大棚甜瓜多层覆盖高产高效配套技术、冀优Ⅱ型高效节能日光温室高标准建造技术（普遍采用）、棚室甜瓜秸秆生物反应堆应用技术、甜瓜嫁接栽培技术、甜瓜套袋技术、保护地甜瓜滴灌肥水一体化技术、绿色植保技术、增施生物有机肥，优化土壤结构技术、利用甜瓜侧蔓嫁接育苗技术等多种新技术配套使用。特别是地上嫁接栽培，地下增施生物有机肥已成为瓜农普遍共识的乐亭甜瓜高产、稳产、可持续发展的关键技术。

多层覆盖技术，大棚外上保温被、大棚膜下覆设1~3层幕，具有提高棚室温度（3~6℃）、提前定植（20~40天）、提前上市（10~20天）、提高效益（2000元~3000元/亩，增效在15%~20%）等优点。

套袋技术，技术要点是在采收前半月套袋，套袋亩投入大约300元左右，由于采用套袋后，具有色泽好、外形美观、内在品质好等优点，每公斤售价提高1~2元，亩增纯收入3000元。这样通过采用先进技术，实现了产业的创新增值。

优质薄皮甜瓜吊蔓生产，是在2000年由河北的乐亭县技术人员对地爬栽培的技术改良，逐步发展起来的一种新型的立体栽培模式，它具有通风透光、提高品质、管理方便、减少病虫害发生等优点。以后相继推广到辽宁锦州等地区。在河北的乐亭县，自2000年开始把薄皮甜瓜吊蔓栽培引入大棚内进行试种成功后，每年都以超万亩的设施生产面积递增，薄皮甜瓜远销全国各地并打入俄罗斯市场，经济效益、社会效益非常显著，已成为国内最大的薄皮甜瓜生产基地。

(3) 栽培模式

乐亭县在长期保护地生产实践中，同时也创新出丰富多彩的茬口安排种植模式，多达十余种。如：甜瓜-菜花；甜瓜-西葫芦；甜瓜-豆角；甜瓜-番茄；甜瓜-甜瓜；甜瓜-甘蓝；甜瓜-苦瓜；韭菜-甜瓜，及春、夏、秋大棚甜瓜一茬到底的栽培模式等，各具特色，为高产高效奠定了基础。

韭菜-甜瓜轮作栽培模式，在毛庄乡黑坨村、于坨村、南坨村一带比较普遍。这种模式省嫁接、抗重茬，既提高了原有韭菜生产设施的利用率，又提高了复种指数，上下茬效益在1.7万元左右。

4. 甜瓜产业构成

全县棚室甜瓜设施总面积达到11万亩。其中：高效节能日光温室0.82万亩，播种时间10月中~11月上旬，春节期间开始上市；简易温室1.41万亩，播种时间11月下~12月中旬，上市时间3月中旬；塑料大棚8.23万亩，播种时间1月中~2月上中旬，4月下旬开始上市；中小棚0.54万亩，播种时间2月中~3月上中旬，5月中下旬开始上市。日光温室及简易温室与塑料大棚结构比例增大，设施化程度进一步提高。

5. 育苗技术

薄皮甜瓜果实松脆爽口，味甜多汁，成熟时溢出芳香，故又俗称香瓜，是城乡人民喜食的水果之一。在植物学上属于黄瓜属甜瓜种。此类品种成熟早，露地栽培在夏收前后即可上市，设施栽培通过加强管理，进行温、光、气、肥的合理调控，实现了四季生产，周年供应。因栽培环境的优化，营造了适宜甜瓜生长的生态环境，果实大小适度，品质优良，是各类设施水果中的佼佼者。外皮可食果实利用率高，含糖量一般在11%～14%，高可达15%～17%，同时还含有较高胡萝卜素和维生素C，营养价值较高。

(1) 品种选择

品种选择可遵循三看原则：一看外观、品质和市场；二看丰产性、适应性和抗逆性；三看对生长环境和管理水平的要求。要根据自己的设施类型、品种特性、管理能力选择适宜的品种，并搞好品种搭配。

目前种植成功的品种主要是薄皮系列品种，为绿皮绿肉类，主要品种有'台南香瓜''绿宝石''翠玉''绿太郎'等，该系列品种肉质甜脆，香味浓郁，品质佳，市场好，但不抗重茬。

(2) 确定适宜的播种期与定植期

适宜播种期的确定需根据栽培设施类型的增温、保温性能，在确定好定植期的基础上，确定适宜播种期。一般深冬生产棚室内气温应保持在12℃以上。在特殊气候条件下，棚室内短期最低气温不低于10℃。春大棚定植后由于外界气候条件越来越好，故在短期特殊天气环境条件下，棚内最低温度能够保持在8℃以上即可定植。适宜的播种期距定植期40天左右，苗龄3叶1心至4叶1心。

表5-4 乐亭主要设施类型的适宜播种期与定植期

设施类型	日光温室		简易温室		春大棚			
播种定植期	土墙	砖墙	草帘假后山墙	土后山墙	无内幕	一层幕	二层幕	三层幕
播种期	10月下旬	12月上旬	12月下旬	12月中旬	2月中旬	2月上旬	1月中旬	1月上旬
定植期	12月上旬	1月中旬	2月上旬	1月下旬	3月下旬	3月中旬	2月下旬	2月中旬

(3) 播种

育苗分常规育苗法和嫁接育苗法。常规育苗法适宜新建棚室，病害轻，不易死苗；嫁接育苗法适宜重茬生产，能有效防止枯萎病等重茬病害的发生，其嫁接砧木一般采用白籽南瓜品种。下面将常规育苗法和嫁接育苗法简介如下。

首先，营养土配制可采用如下三种方法。

第一：肥沃无菌园田土50%，充分腐热优质有机肥40%，细炉碴或锯末10%，混合均匀过筛。

第二：肥沃无菌园田土50%，充分腐热圈粪20%，腐热马粪20%，细炉碴10%，混合均匀过筛。

第三：肥沃无菌园田土60%，充分腐热优质有机肥40%。

以上营养土中一般不需加入化肥，如果园田土、有机肥质量较差，每立方米可加入粉碎后或用水溶解后的磷酸二铵1kg，均匀的喷拌于营养土中，为防止苗期病虫害的发生，每立方米可加入50%多菌灵200g，50%辛硫磷喷1000倍液拌于营养土中，堆闷7天灭菌、灭虫。或每立方米苗床土拌入金雷40g+适乐时200mL过筛，装入营养钵或育苗畦中，可有效地防止立枯病、炭疽病和猝倒病等苗期病虫害。

其次，育苗时可把营养土直接铺入育苗畦中，厚度10cm左右，或直接装入育苗钵中，育苗钵大小以10cm×10cm或8×10cm为宜，装土量以虚土装至与钵口齐平为佳，再把营养钵放置育苗畦中。

而后，育苗棚消毒。

育苗前7~10天，用防病、防虫药剂熏棚1昼夜，然后放风排毒气，准备播种。消毒方法为每亩用80%敌敌畏0.25kg+2kg硫黄+适量锯末混合分堆点燃熏棚；也可采用45%用百菌清烟雾剂+15%异丙威烟剂等点燃熏棚（按说明书使用）。

最后，种子处理及催芽。

晒种：播前2~3天，把种子放在阳光充足的地方进行晒种1~2天，并经常翻动种子，可起到杀菌、打破休眠和增强种子活力作用。注意：晒种时不要直接放在水泥地面上或其他高度吸热的物品上，以免烤伤种子。

凉水浸种：将晾晒好的种子用12~15℃的凉水浸泡1h，使种子慢慢吸水，以防直接用温水浸种炸壳影响芽率。

药剂浸种：浸泡后的种子，捞出控净水，倒入3~4倍于种子量的药剂溶液里，浸泡4~6h，每1h拌动一次，使种子受药均匀。甜瓜浸种时，由于种子小，种皮又薄，一般不提倡直接用55℃温水浸种，以防炸壳，影响发芽率。常采用常温药液浸种，主要有：300倍液的福尔马林；1000倍液硫酸铜；600倍液50%多菌灵。

催芽：将用药液浸过的种子，搓掉种皮黏液，用清水洗净后，用湿布包好，放在25~32℃条件下催芽，催芽过程中，注意时常用30℃左右的温水过滤种芽，可有效地防止催芽温度较高，使种芽发酵变质。也可防止浸种时水分吸收不足，影响发芽率。一般24h可齐芽，当幼芽长至2~3mm时，放在10~15℃条件下炼芽，以提高幼芽的适应性。如果催芽不齐可将催出的瓜芽选出来，经过常温炼芽后，用湿布包好，放在冰箱的冷藏室里，待没出芽种子出齐后再准备播种，播种前不管是在冰箱里冷藏的，还是后催出来的芽子，都要经过常温炼芽（接近育苗室最低温度）4~5h后再播种。甜瓜芽子经过冰箱冷藏（低温处理）后，不仅能有效地调整在一次催芽不齐的情况下同期播种，还可以起到提高秧苗抗寒能力的作用。

播种前浇水：在播种前一天浇足水增温，准备播种，播种时最好表土能够成泥浆状态，播种后使种子能够部分下陷于泥浆中，以保证一播全苗。

播种方法：在浇足育苗水的育苗畦或营养钵里，第二天当水渗净，表土具一定量泥浆，地温上升后播种，每个营养钵内平放1~2粒种子，或育苗畦按株距4cm播种。随播种随在种子上均匀覆盖1cm厚过筛营养土，然后覆一层地膜保温、保湿，待80%以上拱土、出苗时揭掉薄膜。

注意事项：播种前必须看气象云图，最好在播种后7天内没有恶劣性天气过程，以防地温过低，土壤湿度过大，引起烂种、烂芽或出苗缓慢、苗弱等现象的发生。出苗后适时揭掉薄膜，以防揭膜过早，影响出苗率。揭膜过晚，高温烧苗和下胚轴过长，导致苗弱。

最好再用营养钵育苗，以防移栽伤根。

(4)播后管理

第一，温度管理。

此期的温度管理，主要用放风口搞好调控，根据育苗室的大小设置3~4个温度表，均匀地分布于育苗室中太阳不能直射的位置，高度与秧苗持平，放风时首先要摸清育苗室不同位置的温度差别，如两端温度不一致，应先从高温的一端放风，后放低温的一端，同时还要调控好放风口的大小，尽可能地使秧苗在同一环境条件下生长，为培育壮苗打好环境基础。如在深冬期育苗，温度管理要根据育苗室的保温效果灵活掌握，一般以凌晨6点气温最低时间段能够满足秧苗正常生长为标准，调控好白天育苗室的温度，此期的温度管理应该是以增温保温为重点，在育苗室温度能够调控自如的情况下，可以参照以下温控指标管理。

播后苗前：白天温度保持在28~32℃，夜间温度18~20℃，不能低于13℃。此期的管理重点，尽可能地满足种子发芽、出土的温度条件，防止在低温高湿的环境条件下，种子出苗时间过长，发生烂种、烂芽及其他病害的发生，做到一播全苗。

幼苗出齐后：白天温度保持在22~28℃，夜间温度15~18℃，最好不低于12℃。此期的管理重点是秧苗出齐后，及时地把温度降下来，防止温度过高导致下胚轴过长，形成弱苗以及以后子蔓的发生，是培育壮苗的关键一环。

第一片真叶长出后：白天温度保持在22~30℃，夜间温度13~20℃。此期的管理重点是尽可能地创造秧苗适宜生长的温度环境，防止低温高湿环境的发生，导致苗期病源菌的侵染。

移栽前炼苗：白天温度保持在18~25℃，夜间温度10~15℃，最低可以练到8~10℃，使苗逐渐适应定植棚室环境。注意，练苗时温度不要一次性降得过急，要每天逐渐地降下来，到定植前练到接近生产棚、室的最低温度即可。

第二，肥水管理。

此期一般不需大量施用肥水。一般根据土壤墒情和植株长势，适时、适量进行浇水、施肥。出苗后，最好在育苗室内准备一个盛水的容器，提前将水预热，在幼苗出现萎蔫现象前，可在午前浇灌提前准备好的与棚温一致的水，每次浇水时都要看气象预报和气象云图，要选在近2~3天没有阴雪天气变化时进行，以防苗期病害的发生。有脱肥现象时，可适时、适量喷施50倍液的美国亚联生物菌肥（2号）等，它具有补肥、提高秧苗抗寒性、防止病原菌侵害的效果。

第三，病虫害的防治。

此期的病害防治重点是苗期猝倒病、立枯病、炭疽病等。生理性病害主要是沤根。此类病害均属低温高湿病害，在温湿度的管理上土壤湿度要见湿见干，如果土壤湿度大、温度低时，要及时想办法降低土壤湿度，以防苗期病害的发生，阴天时可以在土表撒施草木灰吸湿，或同时拌入适量土壤杀菌剂。虫害主要是地下害虫、蚜虫、白粉虱、象皮虫等，如有蝼蛄和金龟子类发生，可采用诱饵诱杀法，用麦麸炒熟或青菜叶喷拌1000倍50%的辛硫磷乳油；防治蚜虫、白粉、象鼻虫等可选用10%吡虫啉、菊酯类药剂防治。此外，应该在定植前1~2天，喷施一次防治霜霉病、炭疽病、细菌性等病害发生的药剂，以降低定植后病虫害防治的管理难度。

（5）嫁接育苗法

播种前的准备工作、播种方法及嫁接前的管理同常规育苗法。甜瓜嫁接方法有三种，一是靠接法，二是换头贴接法，三是插接法。目前将在乐亭县嫁接最好的换头贴接育苗技术介绍如下。

第一，南瓜与甜瓜错期播种，甜瓜播种2周后播种南瓜砧木，按叶龄指标，当甜瓜出苗后，第一片真叶长到一分硬币大小时播种南瓜砧木。

第二，甜瓜播种种子的处理同常规育苗。播种前一天，将配置好的育苗营养土平铺于育苗畦里，畦宽1.2m左右，播种时直接播种于育苗畦里，覆盖营养土1cm厚度，然后覆盖地膜。

第三，播南瓜种待甜瓜的第一真叶长出约一分硬币大小时开始处理南瓜种子。然后种子直接播在提前准备好的营养钵里，覆盖营养土及地膜。

第四，播种后温湿度管理。甜瓜于播种后4日左右出芽，发现有80%露头时撤掉地膜，防止苗弯曲徒长。南瓜砧木在播种后5天左右发芽出苗，发现有80%露头时撤掉地膜。棚温较低时晚半天或一天看长势情况再撤地膜。

播后苗前：白天温度保持在28~32℃，夜间温度18~20℃，不能低于13℃。此期的管理重点，尽可能地满足种子发芽、出土的温度条件，防止在低温高湿的环境条件下，种子出苗时间过长，发生烂种、烂芽及其他病害的发生，做到一播全苗。

幼苗出齐后嫁接前：白天温度保持在22~28℃，夜间温度15~18℃，最好不低于12℃。此期的管理重点，秧苗出齐后，及时把温度降下来，防止温度过高导致下胚轴过长，形成弱苗以及以后子蔓的发生。是培育壮苗的关键一环。

第五，瓜胎分化处理。根据花芽品种的种性，对于花芽分化少的一些绿皮绿肉品种，在幼苗1叶1心时可喷施增瓜剂，如40%乙烯利1mL兑5kg水的药液量喷雾，做到重喷，不漏喷，按每平方米喷施 53mL 药液量进行，如不掌握品种特性和育苗环境的关系，请先做好试验后再用，否则药量过大会导致主蔓瓜。

第六，嫁接。待甜瓜幼苗 2 叶心、南瓜苗真叶露头（出苗后 2~3 天），看到真叶长出时进行嫁接。

嫁接用的材料准备：嫁接夹、刀片、嫁接桌、凳子、地膜、75% 酒精、医用胶布、创可贴。

嫁接前防病：南瓜砧木和接穗嫁接前一天的下午，喷施阿米多彩（56% 嘧菌·百菌清）10g 兑 15kg 斤水喷雾。

砧木、接穗准备：嫁接前先将砧木浇适量水，嫁接移坨时土坨不软即可，同时将甜瓜接穗用剪子从地表处剪断移到操作台前。

嫁接时现将砧木生长点连同一片子叶消掉，由上向下斜削一刀，刀口深度要达到南瓜砧木茎的一半以上，刀口长度 1cm；然后再用手捏着甜瓜接穗，从生长点往下返 1cm 处，由上往下斜削一刀，削断甜瓜的下胚轴，刀口方向要与两片子叶展平方向平行，刀口长度 0.9cm。然后迅速地将甜瓜的马蹄形刀口紧贴在南瓜的刀口上，用嫁接夹夹好。要求无论是用刀片削南瓜苗还是甜瓜苗，刀口一定要削的平直，只需一刀完成，贴接时要保证一定要将甜瓜下胚轴一侧的韧皮部与南瓜下胚轴一侧的韧皮部相吻合，这样能提高嫁接的成活率。嫁接完后及时移到育苗畦里，并覆盖地膜保湿和遮阳网等遮阳物遮阴。

第七，嫁接后伤口愈合期的管理。

温度：白天温度 25~30℃，夜间温度 15~18℃。

湿度：苗床上的空气相对湿度保持在 85% 以上，以利于伤口愈合，降低植伤率，3 天后的傍晚开始将薄膜揭开 10~15min，降低秧苗周围的湿度，然后再将薄膜翻各个将苗床盖上封严。5 天时苗床中间地膜开小孔通风，以后逐渐增大，中间干时用喷雾器补水。夏季 6 天（生长点活动时）撤膜，冬季 8 天生长点活动时撤膜。

光照：嫁接苗的前 3 天完全遮阳，3 天后早晚见散射光，8 天后可撤掉地膜，完全见光管理。

肥水：嫁接完后的第 8 天查看湿度情况，如干旱适当补水，嫁接完全成活后，肥水转入正常管理。

病害防治：撤地膜后下午喷施阿米多彩（56% 嘧菌·百菌清）10g+世高 10g 兑 16kg 水。

第八，嫁接成活后的管理。

白天 25~30℃，夜间 13~18℃。

控水降温控苗高度，也可喷施 0.3% 磷酸二氢钾，增加茎秆粗度，苗过旺可喷洒叶面肥叶绿素（1g 兑 2kg 水）可控制徒长。上午浇水，打药时间下午 3：00~4：00 点，温度掌握在 30℃以下，一般两种杀菌与一种杀虫剂同用（看说明书，能否匹配）。

定植前炼苗。定植前 7 天开始，练苗阶段不旱不需浇肥，夜间最低温度逐渐降至接近生产棚温度（一般 10~13℃），增加通风，待甜瓜苗长 4 叶 1 心至 6 叶 1 心时定植。定植前一天下午打阿米多彩（56% 嘧菌·百菌清）10 克+世高 10g 兑 16kg 水。

6. 定植

(1)定植前准备

提早扣棚升温设施。甜瓜一般都是反季节生产，这就要求提早扣棚进行升温，地温达到12℃以上，方能定植。扣棚时间与定植时间，一般要相距30天以上。

春棚扣棚后如果要提前定植，常在棚内膜下吊1~3层内幕(无滴薄膜)，三层内幕之间的距离一般相距14cm左右，能有效地起到保温增温的效果。内吊一层幕能提早定植10~15天；内吊两层幕能提早定植20~25天；内吊三层幕能提早定植30~40天。甜瓜上市期可提前10~20天以上。棚内吊幕这项工作，扣棚后要马上进行，提早升温。然后及时将吊甜瓜秧子的胶丝绳，拴在甜瓜定植垄上方的铅丝绳上，准备定植后吊秧。

定植前5~7天进行棚室消毒，每亩用80%敌敌畏0.25kg+2kg硫黄+适量锯末混合分堆点燃熏棚；45%用百菌清烟雾剂+15%异丙威烟剂等点燃熏棚(按说明施用)。

开沟、施肥、浇水，在冬前做好的高畦上开15cm深的浅沟，地力差的亩施三元复合肥15~20kg，地力好的可不施肥，为防地下害虫可顺垄沟兑水浇施10%噻唑膦颗粒剂，每亩1.5~2kg或50%辛硫磷1kg，然后合垄再浇足水，待水下渗，定植前进行一次畦面找平，以便以后浇水顺利，准备定植。此法能有效地防止化肥烧苗和增加土壤的热容量，定植后发根、缓苗快。浇水后白天要注意升温和夜间的保温，封严棚门和各层棚膜，想法创造适宜甜瓜定植、生长的温、湿度环境。

如果是在同一块地上，第二年再进行生产，由于甜瓜怕重茬和土壤盐渍化的危害，基肥的化肥用量要在原来施肥基础上，减少1/3，同时每亩施用木美土里生物菌肥，在降低化肥用量，节省生产成本的同时，生物菌在土壤里还能活化土壤，分解过剩养分在土壤中的残留，固定空气中游离的氮，供作物吸收利用。反季节生产提高地温1~3℃，提高植株的抗寒、抗病能力。

(2)定植密度

定植密度根据设施类型、生产季节、地力水平以及品种特性而定。由于冬季生产植株长势较弱，温室可适当密植，一般可定植2500~3000株左右。早春大棚定植密度，一般2000株，地力水平差的可提高到2300株。根据品种特性，植株长势旺适宜稀植，长势弱可以适当密植。

(3)定植方法

在做好的小高畦上开沟或打孔，采用水稳苗的方法定植，水下渗后封坨。封坨时要注意土坨与畦面持平，嫁接苗的切口不能离地面太近，更不能埋入土中，否则失去嫁接的意义。打孔定植的，可先将地膜覆盖好，再打孔定植。畦上开沟定植的，在定植后吊蔓前覆盖好地膜。

7. 定植后管理

做好定植后管理，是确保甜瓜稳产、高产，实现甜瓜高效益的技术保障。必须调控好每个生产环节的温度、光照、水分、养分，以及放风时间、放风口的位置、放风口大小的调控等。

(1) 温度管理

第一，定植—缓苗。

白天气温30～35℃，夜间应不低于15℃，利于缓苗，一般不低于12℃。特殊天气条件下，短时间内温度也不应低于8～10℃。如果外界气温过低，可采取如下保温、增温措施。

首先棚室的外围，围靠一层草苫；在秧苗的畦上方搭建临时小拱棚，白天揭掉，晚上盖好保温；如果棚室内温度过低，考虑临时升温措施，可以设置暖风炉、空气加热线、点燃远红外线煤气灶、搭建临时升温火炉、或者用燃烧酒精来升温等措施，均有一定的增温效果。但一定要注意电路安全、预防火灾、人在棚室里作业棚室封闭过严缺氧、一氧化碳中毒等现象的发生。

此期的管理重点以增温、保温为主。在温度管理上要以早晨6：00的温度指标为基准，摸清楚棚室的增温、保温性能，调控好白天棚室内的温度指标。如果白天温度在正常管理的情况下，不能满足夜间植株生长发育的温度指标时，白天温度可以提高到40～45℃。

注意问题：白天进行高温管理，只适用于夜间温度不能满足秧苗正常成活和秧苗最低温度生育指标时，且土壤、空气必须具备较高的湿度，和定植后短时间内的温度管理。

第二，缓苗后—果实膨大期。

白天气温25～30℃，夜间不低于12℃，有利于壮秧、早出子蔓、早坐瓜、膨瓜快。

此期温度的管理重点是，注意夜间不要温度过高，防止秧苗徒长。对于长势过快，不发子蔓的棚室，应加大昼夜温差的管理，夜里短时间内的最低温度可调控到10℃左右；或用美丰达一代(5mL)兑水一喷雾器喷洒生长点1～3次，控制秧苗旺长。待发出子蔓看到瓜胎时，温度再转入正常管理。定植后，因棚室温度低，秧苗长势弱的，要提高白天和夜间的温度，一般要以夜间早晨6点温度为标准，在正常温度标准的基础上提高1～3℃，待植株恢复正常生长后，再将温度转入正常管理。

第三，果实停止膨大—成熟。

白天气温25～35℃，夜间尽量保持13℃以上，以利甜瓜的糖分积累和适当早熟。

此期春棚温度环境越来越好，温度管理重点应该适当保持昼夜温度10～15℃之间，不要为了追求果实快速成熟，盲目进行高温管理。温度过高，虽然膨果较快、成熟较早，但容易导致植株根系老化，地上部早衰，影响第二、第三茬瓜的正常生长，甚至造成生理障碍等情况。

(2) 光照的管理

棚膜选择：日光温室选择透光率好、保温效果好的PO膜或聚氯乙烯无滴膜；春大棚膜易选择三层、保温、防老化、无滴效果好、透光率高的PO、EVA薄膜。内吊的1~3层内幕，也要求选择含有无滴剂和EVA的薄膜。

在生产过程中，注意经常擦净吸附棚膜上的土尘和其他脏物，保持棚膜面的干净，提高透光率。

在保持温室内温度的条件下，尽可得早揭晚盖草苫等保温覆盖设施，以增加光照时间。在能够保证棚内温度的条件下要及时逐层撤掉棚内张挂的内膜，以保证较强的光照强度。

(3)肥水管理

第一，缓苗水。定植后7天左右，浇一次缓苗水，这次水一定要浇足，标准一般要求上到畦面，以利扎根、发苗和培育壮秧。这次透水，对定植之前没有浇足水、浇透水地块尤为重要，它直接影响根系下扎深度和根量多少，坐瓜后植株长势和早衰程度。此水一般不需要带肥。但在遇到低温障碍、根系发育不良时，可随水冲施伊万奥夫腐殖酸（俄罗斯）或惠农生根液，伊万奥夫腐殖酸（俄罗斯）也可作叶面肥喷施。

第二，花前肥水。花前肥水，是指甜瓜在开花（激素处理瓜胎）前，施用的一次肥水。此次肥水的施用，要根据土壤保水、保肥能力、地力水平和植株长势而定。如果这次肥水不施或匮乏，一直等到催瓜肥水施用时，土壤湿度、养分供应、植株长势，将直接受到影响，这次肥水可适当施用。此次肥水的施用方法：一般不宜过大，可采取隔畦浇灌的方法，每亩随水冲施溶化后的三元素复合肥料10~15kg。

第三，膨瓜肥水。这次肥水一般是在坐瓜后，当大多数瓜长至核桃至鸡蛋大小时，浇膨瓜肥水。一般亩施三元素复合肥25~35kg，对于重茬地块，可以配合浇灌伊万奥夫腐殖酸（俄罗斯），兑适量水均匀冲施在土壤里，或兑水后用喷雾器直接喷在土壤上，再随即浇水，能起到发根防治瓜秧早衰的同时，还能够有效改良土壤环境，解决土壤盐渍化问题，提高产量和品质。以后从膨瓜到成熟，和第二、第三茬瓜的肥水管理，要根据土壤墒情、植株长势，可参照第一次膨瓜肥水的管理，适量追肥、浇水。

此期的管理重点：要经常保持一定的土壤湿度，在湿度管理上，既要照顾第一茬瓜的正常成熟和品质，又要兼顾第二、第三茬瓜的膨瓜，土壤切忌忽干、忽湿，以防裂瓜。每次浇水前，都要看气象云图，要选在晴天上午浇水，浇水后3~5天没有气象变化时进行，浇水后1~3天上午密闭放风口，将棚、室温度提高到比管理温度高3~5℃，有利于棚、室内的水分高度气化，再打开放风口，进行排湿，然后再转入温度的正常管理。此法既能解决浇水后地温下降，尽快回升的问题，又能防止棚、室内空气湿度过大，导致病害的发生。

(4)放风口的管理

一般深冬和早春生产，放风时间在接近中午前和正午，要求在打开放风口以后，原则上要求棚室内的温度能够保持不升不降，温度指标控制在适宜植株生长的温度范围之内即可。但这个温度指标的掌握，需要根据具体相同室温度的变化规律，自己摸索，根据温度的变化规律确定出自己棚、室的准确放风时间、放风口的大小和关风口的时间。

要根据植株的长势调控放风量的大小及温度高低。植株长势旺（节间13cm以上、叶片直径20cm左右或更大、生长点长势过快、茎秆表现过嫩、只长秧子不发子蔓）时，或经得仔细观察有旺长趋势时，就应该调低正常管理温度指标1~3℃；反之，就应该将温度指标调高1~3℃。待植株正常生长后，再按不同生育时期的温度标准管理。

风口管理的注意事项：如果棚室不同位置的温度不一致时，应该先从高温部位放风，放风时，放风口应该由小到大；关风口时，应该是由大到小。不要一次性开放风口和关放风口，更不要盲从他人开、关放风口的时间和放风口的大小。

(5)植株管理

第一，吊蔓整枝。

定植后5~7叶时，用胶丝绳将主蔓吊好，并随着植株的不断生长，随时在吊线上缠绕。

吊蔓整枝方法有两种：主蔓单杆吊蔓一次掐顶与两次掐顶。一次掐顶就是将主蔓一直缠绕到接近吊蔓胶丝绳顶部时，一次性掐顶的方法。此方法适用于植株不徒长，子蔓发得好，生长正常的管理。该掐顶法，第一茬瓜比两次掐顶的膨瓜速度略慢，但第二、第三茬瓜做瓜较早，植株不易发生老化现象。

两次掐顶就是在主蔓长至13~15片叶时为控制植株旺长，促其子蔓早发、早结果、早膨果进行的第一次掐顶，然后再用顶部第一或第二叶叶腋生出的一个子蔓，作为龙头，继续在胶丝绳上缠绕，其他子蔓留一片叶掐尖，待新龙头长至接近吊蔓胶丝绳的顶部时进行第二次掐顶。此方法的第一次掐顶，最晚必须掌握在发出的子蔓上刚刚见到瓜胎时进行，如果瓜胎过大时再掐顶，由于养分主要供给瓜胎的发育，上部节位的子蔓，就不能萌发，将导致地下部根系老化，植株早衰，直接影响第二、三茬瓜的生产。

第二，子蔓的管理。

绿皮绿肉品种的甜瓜一般第七片以下长出的侧蔓全部去掉，在第8~13片叶节的子蔓上留瓜，一个子蔓留一个瓜，瓜后叶及生长点掐掉。留瓜子蔓位置的确定：要根据植株根量来确定坐果节位的高低和坐果数量。如果定植后秧苗根量少、长势弱的植株，坐果节位要高一些，待长势正常后再留子蔓，或少留瓜。整理子蔓时，长势弱的，坐果节位以下的子蔓，可以适当晚去掉或留一子蔓，可防止根系老化。瓜秧掐掉生长点的高度：一般主蔓长至25~30片真叶接近吊瓜秧胶丝绳的高度时，去掉生长点，以促瓜控秧。一般第14~20节位不留瓜，但在第一茬瓜不能肯定坐住前，留瓜结位可适当上提；至16叶节的子蔓，其余子蔓及早摘除，在子蔓、孙蔓的管理上，如果每茬瓜坐主后，可将空蔓用剪子剪掉，以防侧极太多，瓜秧长势太乱，影响通风透光。如果叶片发病严重，叶片光合作用面积不够，可适当留些子蔓，长出新叶，作为功能叶片，以补充光合作用。

第三，每茬留瓜标准。

第一茬瓜用坐瓜灵处理幼果4~6个，选留瓜3~4个，待第一茬瓜坐住，停止膨大时，上部节位生出的子蔓瓜胎容易坐瓜，可进行人工处理第二茬瓜胎，第二茬处理瓜胎3~5个，留瓜2~3个。第三茬一般在孙蔓上处理瓜胎3~5个，留瓜2~3个。

8. 保瓜措施

设施甜瓜栽培，一般开花坐果期很难满足其环境条件的要求，坐果比较困难，所以对瓜胎必须采取激素处理，方法有两种。

(1) 处理瓜胎法

喷雾法：可采用高效坐瓜灵喷瓜胎，此激素为0.1%的吡效隆系列，一般每袋(5mL)绿皮绿肉瓜品种一般兑水2kg(参照说明书使用)，当第一个瓜胎开花前一天用小型喷雾器从瓜胎顶部连花及瓜胎定向喷雾。注意最好用手掌挡住瓜柄及叶片，以防瓜柄变粗、叶片畸形。喷瓜胎时，一般一次性处理花前瓜胎3~5个(豆粒大小的瓜胎经处理均能坐住)，这样一次性处理多个瓜胎，坐瓜齐，个头均匀一致。为防止重复处理瓜胎而出现裂瓜、苦瓜、畸形瓜现象，可在药液中加入适乐时一袋兑3~4袋0.1%的吡效隆，适乐时即能做色素标记，又能防止花期灰霉病的侵染。此法较简单，易操作。但是，如果瓜胎受药不均时，易导致偏脸瓜的发生。

浸泡法：也是采用0.1%的吡效隆系列产品，用同样的药液浓度和同样瓜胎生育指标，将瓜胎垂直浸入配好的激素药液里，深度达到瓜胎的2/3即可。如果浸入过深，接近瓜柄，会导致瓜柄变粗，影响商品性。

(2) 喷花处理法

此方法就是在甜瓜开花后的当天或第二天，用小型喷雾器将药液直接喷向柱头的方法。喷花的时间要掌握在上午10:00以前，或下午3:00以后，以防止高温时间段处理，药液浓度过高，引起裂瓜和苦味瓜的形成。常采用的药剂为2,4-D，施用浓度一般10~20mg/L(参照说明书使用)，为提高坐瓜率，最好根据棚温的高低，做好试验后再大面积应用。

(3) 注意事项

无论采用哪种激素，都要根据药剂的性能、棚室内的温度指标，调整好药液浓度，尽可能地避开高温时间段对瓜胎进行处理，以防药液浓度过高，引起裂瓜和苦味瓜的形成。确保瓜胎的处理效果和瓜个整齐一致。

药液里放入适量的适乐时，以免重复处理瓜胎，形成苦味瓜和造成裂瓜。

处理完瓜胎后，如瓜胎上面附着药液过多，要用手指弹一下瓜蔓，去掉多余药液，防止苦味瓜、偏脸瓜和裂瓜的形成。

避免药液溅到植株上，防止植株生长畸形。

药液要随配随用，以免影响坐瓜率。

（4）疏瓜

疏瓜时间的确定：处理完瓜胎后，当大多数瓜胎长至核桃至鸡蛋大小时，进行1~2次疏瓜。

疏瓜与留瓜：疏瓜时，要根据植株的长势和单株上下瓜胎大小的排列顺序、瓜胎的周正程度进行，疏掉畸形瓜、裂瓜及个头过大、过小瓜胎，保留个头大小接近一致、瓜形周正的瓜胎。一般第一茬瓜留3~4个，第二、三茬瓜留2~3个。

注意问题：疏瓜时，要在膨瓜肥水施用后，坐瓜效果稳定，植株没有徒长现象时进行，这样能够有效地防止疏瓜后植株徒长，导致化瓜现象的发生，确保第一茬瓜的适期上市期，并获得高效益。

9. 采收与上市

甜瓜以九成熟时采收最好，这时甜瓜色泽好、口感最甜、香味浓郁，商品价值高。瓜的成熟判断，绿皮绿肉瓜可观看瓜柄处的叶片颜色情况，是否退绿变黄或接近干枯，或用手摸，瓜面发黏沾手的感觉，绿转黄的瓜在观察瓜柄叶片的同时，也可看瓜的颜色与种袋瓜的颜色是否相似。相似时，说明已经成熟，即可采收上市，此时采收，一般适宜近距离销售。若远距离销售，要根据外界的气温高低和路途的远近，做好调整，一般七~八成熟就可以采收上市。

10. 灾害性天气的管理

在寒流、阴雪天、连阴天等天气的情况下，注意以下事项。

第一，采取严格的保温、增温措施，白天减少进出棚、室的次数，夜间封严，覆盖好保温覆盖物。如夜间温度可能将至植株生育的临界温度指标时，可采用临时加温设施，如热风炉、空气加热线、临时火炉等，但使用时一定要注意生产安全。

第二，注意采光管理，尽可能地让植株多见散射光，在棚、室内温度不下降的情况下，尽可能地揭开保温覆盖物。

第三，下雪时及时清扫积雪，以防压坏棚架。

第四，连阴天来临前，叶面喷施叶面肥和防病杀菌药剂。叶面肥伊万奥夫腐殖酸（俄罗斯）等；防病药剂，如阿米西达1500倍液可以预防大多数真菌性病害，或85%疫霜灵可湿性粉剂600倍液、杜邦易保1000倍液。阴天发生时，防止棚室内空气湿度过大，易采用烟剂熏蒸法防病，如45%百菌清烟剂每亩200g点燃熏蒸一夜。

天气骤晴后，3天前，温室要揭"花苫"或中午前后回苫，大棚温度可用放风口进行调控。温度要比平时调低管理3~5℃。使植株逐渐适应温度的变化，以后再转入正常温度管理。此期如果根系功能没有正常恢复，叶片表现黄化现象，可喷施一些叶面肥作为养分的补充。

11. 病虫害的防治

(1) 虫害的防治

棚、室内经常发生的虫害主要有：白粉虱、蚜虫、斑潜蝇、茶黄螨等。

物理防治方法：棚室内可张挂黄色粘板诱杀白粉虱、蚜虫，放风口处设置防虫网等物理措施。

药剂防治方法：白粉虱可采用阿克泰，蚜虫可采用吡虫啉，斑潜蝇、茶黄螨可采用功夫、阿维菌素等。

(2) 常见病害的防治

霜霉病、疫病：可采用金雷600倍液、阿米西达1500倍液、杀毒矾500倍液、普力克800倍液、克抗灵600倍液。7~10天防治一次。

白粉病：可用世高1500倍液、爱苗3000倍液。

枯萎病：可用萎菌净400倍液、60%琥.乙膦铝可湿性粉剂350倍液灌根，每株100mL，10天一次，连防2~3次。或用50%甲基托布津400倍灌根。

炭疽病：用80%炭疽福美可湿性粉剂800倍液喷雾，或阿米西达1500倍液，7~10天一次。

病毒病：首先要防治蚜虫、白粉虱，可用25%阿克泰水分散粒剂喷雾防治。防病毒病可用1.5%植病灵乳剂1000倍液，或抗毒剂1号300倍液喷雾，或20%病毒丹可湿性粉剂500倍液喷雾。

细菌性病害：84%王铜、氢氧可杀得喷雾防治。

12. 薄皮甜瓜主要生理性病害

(1) 甜瓜缺氮症

症状：从下位叶至上位叶逐渐变黄；开始叶脉间黄化，叶脉凸出可见，最后全叶变黄；上位叶变小，不黄化；植株生长发育不良。

诊断要点：仔细观察叶片黄的部位，从下位叶开始黄化则是缺氮；注意茎的粗细，一般缺氮茎细；下位叶叶缘急剧黄化为缺钾，叶缘部分残留绿色为缺镁，叶螨危害呈斑点状失绿。叶黄白天萎蔫，可以考虑其他原因。

缺氮的特征：从叶脉间到全叶黄化，顺序是从下位叶向上位叶黄化，全株矮小，长势弱，果实多数为小头果。

易发生条件：前作施用有机肥少，土壤含氮量低；施用了大量未腐熟的有机肥，分解时夺取土壤中的氮；土壤保肥能力差，浇水或露地栽培氮易被雨水淋失；砂土、砂壤土，阴离子交换少的土壤常缺氮；低温期以有机肥为主时肥料分解慢，氮一时供应不足。

对策：在出现缺氮症状时，可施用一些速效氮肥，也可叶面喷施氮肥溶液；施用氮肥时应注意，结果株平均每株吸收氮为5g，施肥基准应为12g；甜瓜吸收氮的高峰期是在授粉后2周，以后迅速下降，施肥时应注意；施用完全腐熟的有机肥，提高地力；低温期栽培有机肥在早施的同时应配合速效肥；生长发育后期注意少施或不施，以确保产品的质量。

(2) 甜瓜缺磷症

症状：苗期，叶色浓绿、硬化、矮化；叶片小，稍微上挺；严重时，下位叶发生不规则的褪绿斑。

诊断要点：注意症状出现的时期，由于温度低，即使土壤中磷素充足，也难以吸收，易出现缺磷症状；在生育初期，叶色为浓绿，且叶片小，缺磷的可能性大；甜瓜对磷的吸收高峰是在果实膨大后期，所以在生育初期磷的有效供应就显得很重要。

对策：缺磷时，在甜瓜生育途中采取措施比较困难，因此应在定植前要计划好磷素的施用；施用磷肥应注意，每棵结瓜株磷素的吸收量一般为2g，应该按16g的基准施肥；土壤全磷含量在300mg/1000g土以下时，除了施用磷肥外，还要预先改良土壤；土壤含磷量在1500mg/1000g土以下时，施用磷肥的效果是显著的。甜瓜苗期特别需要磷，每升营养土中P_2O_5含量要达到1000~1500mg；需施用足够的优质有机肥。

(3) 甜瓜缺钾症

症状：在甜瓜生长早期，叶缘出现轻微的黄花现象，在次序上先是叶缘，然后是叶脉间黄化，顺序很明显；在生育的中、后期，中位叶附近出现和上述相同的症状；叶缘枯死，随着叶片不断生长，叶向外侧卷曲；其症状品种间的差异显著。

诊断要点：注意叶片发生症状的位置，如果是下位叶和中位叶出现症状可能缺钾；生育初期当温度低，设施栽培(多层覆盖)时，气体障害有类似的症状；同样的症状，如果出现在上位叶，则可能是缺钙；生长初期缺钾症比较少见，只有在极端缺钾时才出现；仔细观察初期症状，叶缘完全变黄时多为缺钾，叶缘仍残留绿色时则可能是缺镁。

易发条件：在沙壤土壤栽培时易缺钾。有机肥和钾肥施用量小，满足不了生长需要；地温低、湿度大、日照不足，阻碍了钾的吸收；施用氮肥过多，产生对钾吸收的拮抗作用；

对策：使用足够的钾肥，特别在生育的中、后期，注意不可缺钾；每株对钾的吸收量平均为7g，确定施肥量要考虑这一点；施用充足的优质有机肥料；如果钾不足，每亩可一次追施速效钾肥3~5kg。

(4) 甜瓜缺镁症

症状：在生长发育过程中，下位叶的叶脉间叶肉渐渐失绿变黄，进一步发展，除了叶缘残留点绿色外叶脉间均黄花；当下位叶的机能下降，不能充分向上位叶输送养分时，其稍上位叶也可发生缺镁症；缺镁症状和缺钾相似，区别在于缺镁是先从叶内侧失绿，缺钾是先从叶缘开始失绿；该症状品种间发生程度、症状有差异。

诊断要点：生育初期，结瓜前，发生失绿症，缺镁的可能性不大，可能是在保护地由于覆盖，受到气体的障碍；注意失绿症发生的叶片位置，如果是上位叶发生失绿症可能是其他原因；缺镁时叶片不卷缩，如果硬化、卷缩应考虑其他原因；失绿症分为：叶缘失绿并向内侧扩展和叶缘为绿色，叶脉间失绿两种情况，前者为缺钾，后者为缺镁。

易发条件：土壤中含镁量低的砂土、砂壤土上栽培，未施用镁肥的露地栽培的地块易发生缺镁；钾、氮施用量过多，阻碍了对美的吸收。尤其是保护地栽培反映更明显；收获量过大，但没有施用足够的镁。

对策：土壤诊断可知，如缺镁，在栽培前要施足够镁肥；注意土壤中钾、钙含量，保持土壤适当的盐基水平；避免一下子施用过量的、阻碍对镁钾、氮等肥料的吸收；应急对策是，叶面喷洒1%~2%硫酸镁水溶液。

（5）甜瓜缺锌症

症状：从中位也开始褪色，与健叶比较，叶脉清晰可见；随着叶脉间逐渐褪色，叶缘从黄化到变成褐色；因叶缘枯死，叶片向外侧稍微卷曲；生长点附近的节间缩短，但新叶不黄化。

诊断要点：缺锌症与缺钾症类似，叶片黄化。缺钾是叶缘先呈黄化，渐渐向内发展，而缺锌时全叶黄化，渐渐向叶缘发展。二者的区别是黄化的先后顺序不同；缺锌症状严重时，生长点附近的节间缩短；植株叶片硬化，也可能是缺钾，如缺锌叶片硬化程度重。

缺锌的特征：锌在作物体内是较易移动的元素，因而，缺锌多出现在中-下位叶，而上位叶一般不发生黄化；植株中位叶黄化，向外弯曲，有硬化想象；由于缺锌，可造成激素（AA）含量下降，抑制了节间的伸长。

易发条件：光照过强易发生缺锌；若吸收磷过多，植株即使吸收了锌，也表现缺锌症状；土壤pH值高，即使土壤中有足够的锌，但其不溶解，也不能被作物吸收利用。

对策：土壤不要过量施用磷肥；在正常情况下，缺锌时每亩可以施用硫酸亚锌1.5kg；应急对策，用硫酸锌0.1%~0.2%水溶液喷洒叶面。

（6）甜瓜缺钙症

症状：上位叶形状稍小，向内侧或外侧卷曲；长时间连续低温、日照不足、急剧晴天高温，生长点附近的叶片叶缘卷曲枯死；上位叶的叶脉间黄化，叶片变小，出现矮化症状。

诊断要点：仔细观察生长点附近叶片黄化症状，如果叶脉不黄化成花叶状，则可能病毒病；同样的症状出现在中位叶上，而上位叶是健康的，则可能是缺乏其他元素；生长点附近萎缩，可能是缺硼；钙不足，引起植株软弱徒长、结实花不充实等。

易发条件：氮多、钾多明显的阻碍了对钙的吸收；土壤干燥，土壤溶液浓度大，阻碍了对钙的吸收；空气湿度小，蒸发量大，补水不足时易产生缺钙；堆肥施用量过多，土壤中的钾量过高时，可发生缺钙；根群分布浅，生育中-后期地温高时，易发生缺钙。

对策：避免一次施用大量的钾肥和氮肥；要适时灌水，保证水分充足；缺钙的应急措施是，用0.3%氯化钙水溶液喷洒叶面，每周两次。

（7）甜瓜缺铁症

症状：植株的新叶除了叶脉全部黄化，到后期叶脉也渐渐失绿；侧蔓上的叶片也出现同样症状。

诊断要点：缺铁的症状是出现鲜亮的黄化，叶缘正常，不停止发育；出现症状的植株根际土壤呈碱性，有可能是缺铁；根的吸收功能不好，导致吸收铁的能力下降，易发生缺铁症状；植株的叶片是出现斑点状黄化，还是全叶均匀黄化，如果是全叶黄化则为缺铁症，如果上位叶是斑点状黄化，则可能是病毒病。

缺铁特征：铁在植株体内移动小，所以在生长点附近的叶片开始出现黄化；新叶的叶脉间先黄化，逐渐全叶黄化，但叶脉间不出现坏死症状；如发现叶片黄化，及时补铁，可在黄白叶上方长出绿叶。

易发条件：碱性土壤易缺铁；磷肥施用过量易缺铁；土壤过干、过湿、温度低，影响根的活力，易发生缺铁症状；铜、锰过量，阻碍铁的吸收，易发生缺铁。

对策：防止土壤呈碱性，注意土壤水分的管理，防止土壤过干、过湿；应急对策是：用硫酸亚铁0.1%~0.5%水溶液喷洒叶面，或螯合盐50mg/L水溶液，每株100mL施入土壤。

（8）甜瓜缺硼症

症状：生长点附近的节间显著地缩短。上位叶向外侧卷曲，叶缘部分变褐色；当仔细观察上位叶叶脉时，有萎缩现象。果实表皮出现木质化。

易发条件：在酸性的沙壤土上，一次施用过量的石灰质肥料，易发生缺硼症；土壤干燥影响对硼的吸收，易发生缺硼；土壤有机肥施用量小，在土壤pH值高的地块易发生缺硼；施用过多的钾肥，影响了对硼的吸收，易发生缺硼症。

对策：已知土壤缺硼，可预先施用硼肥。适时浇水，防止土壤过干；不要过多施用石灰性肥料(高钙肥料)。施足有机肥，提高地力水平；应急对策，可以叶面喷洒0.12%~0.25%的硼砂或硼酸水溶液。

（9）甜瓜缺硫症

症状：整株生长无异常，但中-上位叶的叶色变黄。

诊断要点：黄化叶与缺氮症状相类似，但发生症状的位置不同，上位叶黄化为缺硫，下位叶黄化为缺氮；上位叶黄化症状与缺铁相似，缺铁叶脉有明显的绿色，叶脉间逐渐黄化；缺硫叶脉失绿，但叶片不出现卷缩、叶缘枯死、植株矮小等现象。

缺硫特征：出现的症状与缺氮相似，但因为硫在植株体内移动性小，所以缺硫症状易出现在比较上位的叶片上。其下位叶往往是正常的。

易发条件：在保护地栽培中，如长期不施用含有硫酸根的肥料，有缺硫的可能性。

对策：施用含有硫酸根的肥料，如硫酸钾等。

(10) 甜瓜发酵果

症状：把收获的果实切开，可发现果肉呈水渍状腐溃；发病重时，果皮出现浓绿色的水浸状，果面上如出汗样，用手压果面，果面柔软，食用时刺舌；发酵果有两种：一种是果实过熟，另一种是果实很早就出现异常。这些果实大部分发生水渍状并出汗，这类果实称为心腐果。

发生原因：在果实内缺钙的情况下，果肉细胞间很早就开始崩坏，变成了发酵果，糖分积累减少，品质变差，这说明钙的吸收和移动与果实成熟有关；在嫁接栽培时，有的砧木对钙的吸收能力差，生长势旺盛的植株，容易引起钙往果实内移动失调，特别是在多氮、多钾和水分多的土壤中，这种情况更易发生。在多氮、多钾的土壤中，钙的吸收会受到抑制。光照不足、土壤干燥也可阻止钙的吸收；连作和多用牛粪肥也会造成氮、钾肥过剩，阻止钙的吸收。

对策：注意氮、钾肥的合理施用，在果实膨大期，注意不要为了果实快速生长盲目提高棚室的温度。避免为提早果实成熟，对土壤进行过于干旱的管理，植株要保持一定的生长势，促使果实膨大并推迟果实成熟，可防治发酵果的发生；发酵果一般是在高温、干旱、根量不足、生长势弱的情况下发生。

(11) 甜瓜急性萎凋症

症状：在果实收获前，有时在中午会出现叶子萎凋，傍晚叶子又恢复正常，第二天晚上叶子再也不能恢复正常而枯死，发生的原因与叶枯症相同，这样严重的程度可认为是急性萎凋症。

发生原因：植株根量少时，由于坐果、果实膨大、同化养分大部分流向果实而不流入根部，根的发育受到阻碍，使根吸收养分、水分的能力降低；当果实膨大进入盛期时，植株必然需要很多水分，这时灌水少植株会显著老化；在嫁接栽培中，砧木和接穗不亲和，或虽然亲和，但接活的组织较少，养分和水分流通不畅，也易引起根的衰弱。

防治方法：根据植株根量来确定坐果节位和坐果数量；定植后秧苗根量少、长势弱的植株，坐果节位要高一些，待长势正常后再留果，或少留果。整理侧蔓时，长势弱的，坐果节位以下的侧蔓，可以适当晚去掉或留一侧蔓，可防止根的老化；为提高保水性，要施足有机肥，并适当浇水；棚室的温度管理要适当，甜瓜果实的成熟需要一定的积温，如果根量少时再进行高温管理，根会加速老化，也是引起急性凋萎症的原因之一。因此，不要使果实膨大得太快，同时要防止根系衰退；在中午温度应保持在30℃左右，夜间温度调低些至15℃左右；如果光照充足，温度考虑调高一些。

(吕庆江，河北省乐亭县农牧局)

十八、辽宁北镇薄皮甜瓜'京玉绿宝2号'"一剪没"早熟高效简约化栽培技术

近年来,在我国北方农业产业结构调整过程中,薄皮甜瓜栽培异军突起,在农业增产、农民增收等方面起到了极大的推动作用。辽宁北镇面积达到3300hm²以上,成为北方地区仅次于河北乐亭的第二大设施薄皮甜瓜主产区;薄皮甜瓜由于侧蔓生长迅速,在栽培过程中需要不断整枝打杈操作,管理费工,随着农村务农人员的减少,劳动力成本迅速上升,严重制约了薄皮甜瓜产业的可持续发展。在京玉绿宝的示范推广过程中,根据品种特性及当地人力条件,因地制宜采用"一剪没"简约化栽培技术取得良好效果。值得在设施薄皮甜瓜地区借鉴与推广。

'京玉绿宝2号'在辽宁北镇越冬茬甜瓜示范推广中因地制宜,采用"一剪没"简约化栽培技术,即高密度、二次整枝、一次性采收,直栽二茬苗等措施,完成2茬瓜的生产,简化了多次整枝打杈工序,不但节约了劳动力成本,而且可提早采收,提高农民经济效益。

1. 品种选择

选择子蔓坐果能力强、耐裂品种,如'京玉绿宝2号''京玉绿宝3号''翠宝'等。

2. 栽培要点

(1) 播种育苗

育苗场所一般在加温温室或日光温室,配备地热线可以保证适温条件。播种期根据日光温室保温情况而定,多层覆盖可在12月上旬播种,1月上旬定植,保温差的可适当后延。播种量比普通栽培明显增多,按3800~4200粒/亩备种;采用温汤浸种法催芽,晴天上午播种。

(2) 苗期温度管理

出苗前保持30℃,夜间20℃以上。70%拱土时揭去地膜,开始通风,白天25~30℃,夜间15~20℃。定植前3~4天,适当降温炼苗,以适应定植温室气候范畴。

(3) 嫁接育苗

采用小籽南瓜做砧木,需提前5~7天播种。一般采用插接或靠接法,插接法根系充足,可提高产量,且可防止后期死苗;靠接要注意苗龄,避免接穗根系扎入土层,造成后期死苗增多。

(4) 整地做畦

定植前需做好整地施底肥、作畦、铺设滴灌带及地膜等工作。

栽培面积每亩需施腐熟优质有机肥(牛粪,猪粪)5~8m³,再加入三元复合肥30~40kg,硫酸钾25kg。铺施、沟施或铺施与沟施相结合,

采用普通小高畦:南北向,畦底宽80cm,顶宽70cm,高10~12cm,畦沟底宽

70cm。即1.5m双行，平均行距75cm；或2m双行均可。

(5) 定植

日光温室多层覆盖在1月上旬定植；定植密度以3100~3300株/亩为宜，按该密度根据畦宽适当调整株距。株距20~28cm。

(6) 定植后温度管理

定植后将棚膜封严，一周内若棚温低于35℃可不通风。夜间加强保温，使气温保持在20℃左右。最低不低于15℃；缓苗后至坐瓜前，白天25~30℃，夜间15~20℃；坐瓜后至果实膨大结束，白天30~35℃，夜间20℃左右，不低于15℃；果实停止膨大到采收阶段，适当降温，白天25~30℃，夜间15~20℃。

(7) 水肥管理

宜晴天上午进行。

一般正常年份，按常规灌水。遇到变天频率高的年份，灌水不能按常规进行，灌水量宜小，灌水次数宜多，以防一次灌水量过大，地温降低过多且不易回升而损伤根系，影响正常生长。采用滴灌方式可适苗情适当减少灌水量，增加灌水次数。注意关键时期灌水：定植水、伸蔓水、膨瓜水；进入成熟期不再灌水，以防裂瓜。

定植水：定植时采用小水，以土坨湿润为度，以防水分过大降低地温，影响根系生长。

伸蔓水：在坐果前根据留果枝大小浇一次中水，以促进留果枝健壮生长。

膨瓜水：在果实鸡蛋大小时浇一次N、P、K肥水，30~40kg/亩，7~10天追优质硝酸钾20~25kg/亩，可提高品质。

采收前10天停止浇水。

(8) 植株调整

植株调整是简约化栽培的关键措施。当地俗称"一剪没"整枝法：即在主蔓11~14叶摘心，在7~10叶节的子蔓坐瓜，每株留2~3果，其余侧枝及主蔓摘心分1~2次完成。

(9) 保花保果

可采用蜜蜂授粉或生长素沾花。坐瓜灵沾花宜在开花前1~2天进行。严格按说明书浓度配制，切忌浓度过大。一般0.1%吡效隆10mL兑水4~5kg。注意温度高时浓度稍低一些，每株2~3果沾花一次完成，且不可重复沾花。

(10) 病虫害防治

首先做好生态调控。在保证适温条件下，以降低棚内环境相对湿度为中心，采用滴灌溉技术，杜绝大水漫灌；合理放风调节好棚室的温湿度。其次是药剂防治，田间出现中心病株时立即喷药防治。

霜霉病：吡唑醚菌酯（凯润）、凯特、安克、72%克露可湿性粉剂，交替轮换使用，间隔7天一次，连续2~3次。

白粉病：一般采用内吸杀菌剂和保护剂交替使用，如白胜及阿米西达(吡唑嘧菌酯)。

细菌性果腐病：选择经过杀菌处理过的种子，发病初期用链霉素或新殖霉素主要虫害有蚜虫、白粉虱及根结线虫。防治方法主要有物理及化学药剂。首先是清洁田园，DDVP、毒烟熏杀、防虫网、张挂黄板、篮板诱杀等；主要化学药剂如吡虫啉、扑虱灵、灭螨猛、阿维菌素等。

(11) 采收与包装

甜瓜成熟后要及时采收分级包装。以坐瓜节位附近叶片失绿变黄或干边时为采收适期；也可参考授粉后天数。多层覆盖一般在3月中旬即可成熟。由于坐果少且集中，可一次性采收完毕，当地戏称"一剪没"。甜瓜采收后按果实大小、重量分级包装，注明产地、等级、数量。预冷贮藏，箱装上市。

3. 二茬苗直栽

(1) 定植

3月中旬一次性采收后，进行清洁田园、棚室消毒后直接定植下茬。二茬苗不整地直接在拉秧后的畦面上错开上茬定植孔将事先育好的新苗定植在两孔之间空地。新苗播种时间在上茬苗采收前40天进行，管理方法同一茬苗。

(2) 二茬苗采收

一般正常年份在6月上、中旬采收上市。

4. 经济效益分析

该种方法种植密度从原来2200株/亩增加到3300株/亩，株数增加了30%~50%，采用一次打杈一次摘心、一次沾花，减少了陆续整枝陆续沾花的用工，每亩至少减少了20个用工，从而减少开支1500~2000元，由于单株坐果数少，坐果整齐一致，提高了商品果率，且果实成熟期提前了5~7天，产值增加5%~10%。

3月中下旬收获，一般产量3000kg/亩，批发价8~12元/kg，产值3万元；6月上中旬采收，产量3500kg/亩，批发价4~6元/kg，亩产值1.75万元，两茬合计产值4.75万元以上[18]。

(张万清、李大勇，北京市农林科学院蔬菜研究中心)

十九、东北地区薄皮甜瓜大棚优质栽培技术

1. 适于东北地区大棚优质栽培的薄皮甜瓜品种

(1) '吉蔗黄盛'

农业农村部非主要农作物品种登记号：GPD甜瓜(2018)220496。早熟薄皮甜瓜一代杂交种。春季大棚种植全生育期90天。子蔓孙蔓均易坐果。平均单果质量500g。

果实短椭圆形，成熟时黄白色，有纵条纹。中心折光糖含量14.6%，边部折光糖含量11.8%。肉质松脆、口感脆甜、香味浓、风味佳、商品性好。

(2)'璇瑞1号'

农业农村部非主要农作物品种登记号：GPD甜瓜 GPD甜瓜（2019）220085。早熟薄皮甜瓜一代杂交种。春季大棚种植全生育期90天。植株长势中，子蔓1节和孙蔓1节就发育结实花，瓜码密，易坐果。标准果实高圆形，单果质量500g左右。成熟时黄白色，果面光滑，覆10条线纹，有光泽，亮白，靓丽诱人，食欲感强。中心折光糖含量13.4%~17.5%。具有传统香瓜的风味和口感，但甜度大幅度提高，口感酥脆砂甜、香味浓、风味正，口感风味俱佳，耐运输，商品性好。

(3)'璇顺白瓜'

农业农村部非主要农作物品种登记号：GPD甜瓜（2018）220492。早熟薄皮甜瓜一代杂交种。春季大棚种植全生育期100天。子蔓、孙蔓均易坐果。单果质量500g。果实圆形，果面光滑无条纹，成熟时淡黄白色，黄瓤，美观漂亮。中心折光糖含量15.6%，边部折光糖含量13.8%。肉质松脆，口感脆甜，香味浓，商品性好。

(4)'吉嫩翠宝'

农业农村部非主要农作物品种登记号：GPD甜瓜（2018）220495。薄皮甜瓜一代杂交种。春季大棚种植全生育期110天。吊蔓栽培主蔓7节以上子蔓结果，地爬栽培以孙蔓结果为主。平均单果质量500g。果实圆形，成熟时果皮深绿色。中心折光糖含量16.2%，边部折光糖含量14.0%。肉质酥脆，口感酥嫩香甜、风味正、品质佳。

(5)'璇甜花姑娘'

农业农村部非主要农作物品种登记号：GPD甜瓜（2018）220478。薄皮甜瓜一代杂交种。春季大棚种植全生育期100天。平均单果质量500g。果实短椭圆形，成熟时黄白色覆绿色条带或斑块。中心折光糖含量14.8%，边部折光糖含量11.4%。肉质松脆、口感脆甜、香味浓、商品性好。

(6)'璇甜黄花瓜'

农业农村部非主要农作物品种登记号：GPD甜瓜（2018）220493。薄皮甜瓜一代杂交种。春季大棚栽培全生育期100天。平均单果质量500g。果实短椭圆形，成熟时黄色覆绿色条带或绿色斑块。果肉白色，中心折光糖含量14.8%，边部折光糖含量12.4%。肉质松脆、口感脆甜、商品性好。

(7)'璇点八里香'

农业农村部非主要农作物品种登记号：GPD甜瓜（2018）220107。薄皮甜瓜一代杂交种。大棚栽培全生育期100天，果实发育期32~40天。植株长势中，株形紧凑。子蔓孙蔓均可坐果。单果质量600~750g。果实圆形，黄色覆绿色斑点或斑块，果肉绿色。中心折光糖含量14.6%，边部折光糖含量11.2%。肉质松脆、口感酥爽香甜、香味浓、风味佳、商品性好。

(8)'璇甜美人'

农业农村部非主要农作物品种登记号：GPD 甜瓜(2018)220477。薄皮甜瓜一代杂交种。全生育期80天。单果质量600g。果实椭圆形，成熟时黄白微绿。中心折光糖含量15.6%，边部折光糖含量12.4%。口感脆甜、风味佳、商品性好。

(9)'豹点黄八里香999'

农业农村部非主要农作物品种登记号：GPD 甜瓜(2018)220494。薄皮甜瓜一代杂交种。全生育期90~110天。单果质量600~750g。果实近圆形，栽培条件适宜时，果皮黄色覆墨绿色斑点；栽培条件不适宜时，果皮灰绿黄色覆墨绿色斑块。果肉和瓜瓤均为浅绿色。中心折光糖含量15.2%，边部折光糖含量14.0%。肉质松脆，口感脆甜、香味浓、风味佳、商品性好。

(10)'璇甜脆宝1号'

农业农村部非主要农作物品种登记号：GPD 甜瓜(2019)220087。薄皮甜瓜一代杂交种。春节大棚种植全生育期100~120天。植株生长势强，吊蔓栽培主蔓7节以上子蔓结果，地爬栽培以孙蔓结果为主。单果质量500~750g。果实圆形，成熟时果皮深绿色。中心折光糖含量18.2%，边部折光糖含量15.2%。肉质酥脆、口感酥嫩香甜、风味正、品质佳。

2. 栽培方式

(1)吊蔓栽培

吊蔓栽培的优点：吊蔓栽培相对地爬栽培具有病害轻、不易早衰、果实整齐、大小一致、转色快、甜度高、品质好、不易烂瓜裂果、商品率高、产量高等优点。

吊蔓栽培的品种选择：辽宁省春季大棚吊蔓栽培可以选择璇'甜脆宝1号'等绿皮绿肉甜瓜、'璇点黄八里香''璇顺蜜点11'等花皮绿肉甜瓜、'璇甜白花姑娘'等白肉花皮甜瓜和'璇瑞1号'等黄白皮甜瓜品种。吉林省春季大棚吊蔓栽培可以选择'璇瑞1号'等黄白皮甜瓜、'璇点黄八里香''璇顺蜜点11'等花皮绿肉甜瓜。黑龙江省春季大棚吊蔓栽培可以选择'璇瑞1号'等黄白皮甜瓜品种。

(2)地爬栽培

地爬栽培的优点：地爬栽培相对吊蔓栽培具有省工、易栽培、熟期早、可提前上市，果肉变面时间推迟等优点。

地爬栽培的品种选择：吉林省春季大棚地爬栽培应选择'璇瑞1号'等黄白皮甜瓜、'璇点黄八里香'等绿肉花皮甜瓜品种。黑龙江省春季大棚地爬栽培应选择'璇瑞1号'等黄白皮甜瓜品种。辽宁省春季大棚地爬栽培应选择'璇甜美人'等油皮甜瓜和'璇瑞1号'等黄白皮甜瓜。

3. 催芽播种

（1）培育自根育

依据当地气候及同类品种栽培习惯选择播种期。甜瓜种子播种前用杀菌剂1号进行消毒。将浸泡4h的甜瓜种子，用湿布包好，放在32℃条件下催芽。当幼芽长至1mm时即可播种，如果来不及播种，应放在15℃条件下保存。播种前5天把营养钵放置育苗畦中，结合浇水喷苗苗乐和先正达宝路，然后盖地膜增温。选择播种后有两个晴天的上午播种，每个营养钵内点播1粒发芽种子，种子上盖1cm厚细砂土。然后覆1层地膜保温保湿，待80%以上拱土时揭掉薄膜。

苗期管理：

温度管理。棚温在出苗前白天应保持在25~35℃，夜间20℃，出土后及时撤掉地膜，并适当降低温度3~5℃，白天25~30℃，夜间12~15℃，以防瓜苗徒长，形成高脚苗。当真叶展开时，适当提高气温，白天25~35℃，夜间13~17℃。定植前5~7天进行炼苗，白天25~30℃，夜间10~13℃，使苗逐渐适应定植大棚环境。

水分管理。前期一般不浇水，以保水为主。出苗后在苗床上撒一层细砂。如果发现瓜苗徒长，视生长情况，可以再撒细砂1~2次。在中后期如果床面干，叶片浓绿显旱时可适当喷水补墒，或浇与棚温一致的水，待水渗后叶面无水珠时撒一层细砂。

光照管理。出土后应使瓜苗尽量多见光，早晨揭帘后撤掉小拱棚膜，晚上盖草帘前，再把小拱棚盖好。要早揭晚盖，增加光照时间，阴天及时补光。

其他管理：瓜苗第1片真叶长出后，结合浇水，喷淋春雷霉素和宝路等药剂预防细菌性病害和真菌性病害；发生低温冷害或药害时及时喷淋碧护、芸苔素、甲壳素药剂。随着瓜苗生长，移动营养钵，将大苗放到温度较低地方，小苗放到温度较高地方。

（2）培育嫁接育

东北地区多用专用南瓜作砧木嫁接薄皮甜瓜，采用插接、贴接法、挂接等方法进行嫁接。专用南瓜砧木对薄皮甜瓜肉质、香味、甜度等品质有一定影响，水肥管理不当容易产生水瓤瓜。吉林省德惠、农安等地生产优质薄皮甜瓜多选用抗枯萎病、耐低温的专用厚皮甜瓜作枯木嫁接薄皮甜瓜，使用不耐低温的普通厚皮甜瓜作枯木薄皮甜瓜，定植后容易发生黄化苗死秧。

嫁接前的准备工作：

甜瓜接穗的培育。依据当地气候及同类品种栽培习惯选择播种期。用南瓜砧木，采用贴接法嫁接薄皮甜瓜，一般甜瓜早播10~15天。甜瓜种子用杀菌剂1号消毒，以防嫁接过程感染细菌性果斑病。甜瓜种子播在育苗盘中，播种距离3cm×3cm为宜。

砧木的培育。育苗场或专业大户必须选择不携带细菌性果斑病病菌的嫁接薄皮甜瓜专用的砧木南瓜种子，以防种子携带细菌性果斑病病菌诱发甜瓜苗嫁接后死苗，或定植后发生细菌性果斑病造成经济损失。砧木南瓜种子用杀菌剂1号消毒，侵种6h后，放在28~30℃的条件下催芽，种子露白后立即播种。

苗期管理：砧木及甜瓜苗在播种后至真叶显露时，需较高温度，一般地温掌握在 20~22℃，不低于 15℃。白天气温 25~30℃，夜间 16~18℃。

(3) 嫁接

采用贴接法嫁接薄皮甜瓜，选择晴天没有露水时嫁接。砧木南瓜苗嫁接前 1~2 天控制浇水，适当通风炼苗。嫁接时用左手的大拇指和食指捏南瓜苗基部幼茎，用右手大拇指和食指拿住刀片，按照其中 1 片子叶的角度，向下斜切一刀，将南瓜苗的生长点及另一片子叶削下，成一斜面。用左手的大拇指和无名指捏住甜瓜的两片子叶，食指和中指挟住幼茎的下部。右手的大拇指和中指捏住刀片，食指靠在刀片的一端。在甜瓜苗子叶下 1.2cm 处，顺子叶下方的另一侧，向下斜切一刀，削去根部，切面呈单斜面。用左手的大拇指和食指捏住甜瓜接穗的两片子叶，将甜瓜苗的斜面靠近南瓜苗的斜面，并将两个斜面贴合在一起。用右手拿嫁接夹，把甜瓜苗和南瓜苗的两个斜面贴合处夹住。将嫁接好的甜瓜苗放入小拱棚苗床内。苗床摆满后随时用干净地膜盖好嫁接苗保湿。摆满一畦嫁接苗后，在苗床上从侧面向苗床慢慢灌足水，然后立即把塑料薄膜四周压严。嫁接苗刀口必须高于地面，浇水时，水不能滴在刀口上。

(4) 嫁接苗管理

嫁接到成活一般需要 10~12 天。嫁接后 3 天内必须铺地膜保湿、遮阳；地温保持在 15℃以上。嫁接后苗床扣小拱棚保温，嫁接后 3 天内棚顶覆盖报纸、遮阳网或编织袋等等遮盖物遮阳，避免阳光直射，可接收少量散射光照射。湿度保持 100%，湿度不够需再浇水，温度保持白天 25~27℃，夜间 15℃。晴天遮阳防高温，夜间采用覆盖或加热保温。3 天后将遮阳物由少到多逐渐揭开，使幼苗见光，并逐渐放风，最好在成活之前不要通底风。约 10 天后，嫁接苗长出新叶，表明嫁接苗成活，揭开遮阳物后，苗子打蔫时再盖上，反复几天后，幼苗就不再打蔫，表明已经成活，将遮阳物全部去掉，去掉嫁接夹。

4. 施肥

亩施充分腐熟过夏的有机肥 5000kg 或紫牛有机肥 75kg，硫酸钾性型三元复合肥 50kg，硫酸钾 30kg，硅钙镁肥 20kg，煮熟的黄豆 15kg 和 1000 亿个/g 枯草芽孢杆菌 1kg。70%粪肥和 40%化肥铺施后，用旋耕机旋耕入 30cm 深土壤中。30%粪肥、60%化肥、煮熟的黄豆和枯草芽孢杆菌混匀后集中沟施。按垄距 75~100cm，多南北走向，顺棚向起垄，垄台高 20cm。

5. 定植

选择寒潮过后的晴天上午定植。吊蔓栽培每亩保苗 2000~2400 株。以子蔓结果为主的薄皮甜瓜品种地爬栽培每亩保苗 1700~2500 株，栽培环境适宜子蔓结果、不适宜孙蔓结果的薄皮甜瓜品种地爬栽培每亩保苗 1500~2000 株。用打孔器打孔，脱掉营养钵，将苗坨平稳放置在苗穴内，浇透水，用细土将苗孔盖严保温保湿。定植后，5~7 天缓苗后，浇一次缓苗水。此后的管理加强增温、增光，促进生长。定植时结合灌水，施入枯草芽孢杆菌，或哈茨木霉菌、EM菌等菌剂，或浇灌先正达宝路、或恶霉灵、多菌灵、嘧菌酯等杀菌药剂可以预防枯萎病、根腐病和蔓枯病等根蔓部病害。

6. 定植后管理

（1）水肥管理

①浇水

早春浇水量和浇水次数要少，但浇水要均匀，保证每棵植株都能均匀吸收到水分。阴天和阴天前不浇水。天气多变的年份要慎重浇水，在不能有把握地预测天气变化时宁可干旱也不浇水。定植后5~7天选晴天顺沟浇一次缓苗水，一般到坐瓜前不再浇水。如果干旱可在结实花开放前2~3天浇一次小水。当瓜坐住有核桃大时开始浇膨瓜水，膨瓜期至瓜着色要保持水分充足，一般5~7天浇一次水，前期浇小水，后期浇大水。每次浇水要选择晴天上午或早晨，阴雨天禁止浇水。采用滴灌等先进灌水技术的，果实膨期每天均衡浇水。不管任何时期都不能大水漫灌。头茬瓜采收前3~5天停止浇水，采收后恢复浇水，促进二茬瓜膨大。

②追肥

当幼瓜长到鸡蛋大小时亩冲入磷酸二铵4kg，硫酸钾5kg。鹅蛋大时亩施入磷酸二铵5kg，硫酸钾4kg，硝酸钙2 kg。果实膨大期喷2次0.3%磷酸二氢钾+1%葡萄糖混合液，喷1次生物刺激素阔实，或平衡型膨大防裂和盖杰多羟基有机络合钙硼肥。第二茬瓜（孙蔓坐瓜）坐稳后，每亩施入磷酸二铵4 kg，硫酸钾7kg，硝酸钙3kg。结合灌水，冲施比秀等含氨基酸水溶性肥料，或孚乐美等含腐殖酸水溶性肥料、或蓝能量海藻精等含海藻酸肥料、根茂康等含甲壳素肥料，矿源黄腐酸肥料。

（2）温湿度管理

定植后密闭大棚，在定植垄上扣小拱棚，用无滴地膜覆盖，在棚膜下再加一层，二道膜保温，尽量减少进出大棚次数，减少温度损失。保持白天30~35℃，夜间18~20℃促进缓苗，缓苗后到结实花开放前白天28~32℃，夜间14~16℃。温度过高时适当放风，先从北头放风，然后两头放风。开花坐果期白天25~30℃，夜间15~18℃，果实膨大期白天30~33℃，夜间12~18℃。达到所需高温时要放风降温排湿，当温度降到所需温度低点时要关风口保温。随外界气温升高逐步加大放风量。夜间温度超过18℃也可放风，保持相对湿度60%~70%。若大棚内夜间温度高，放风口加大，放风时间延长。若大棚内夜间温度低则白天应缩小放风口，缩短放风时间。浇水当天和次日应当大放风量，降低大棚内湿度。

（3）光照管理

光照管理上要千方百计提高大棚内的光照强度，延长光照时间。只要温度状况允许，应尽量多地延长大棚的光照时间。为增加大棚内的光照，宜使用透光率好的薄膜,经常清扫擦拭薄膜以提高透光率,适当降低种植密度、加大行距减小株、及时整理植株等措施都有助于改善群体内部光照分布。定植垄或行间铺银灰色地膜,后墙内侧张挂反光幕,均可增加室内光照。生长后期,视大棚内温度情况及时撤掉草苫以增加光照。

7. 整枝

(1) 甜瓜结实花的着生方式及整枝原则

薄皮甜瓜结实花(两性花或单性雌花)着生在子蔓、孙蔓和玄孙蔓第一节或第二节,其他节位上多着生雄花。每条瓜蔓1节或2节无结实花或未坐果,以后再长多长,都很少结果,因此坐果前必须及时对瓜蔓进行整枝。子蔓伸长至果实迅速膨大期要及时整枝和理蔓。坐瓜蔓授粉后要及时摘心,促进坐瓜和果实生长,同时要注意摘除无瓜蔓。整枝要把瓜蔓方向摆布均匀,尽量不要相互重叠。整枝要保证果实膨大期和成熟期有较多的功能叶。叶片是制造营养的器官,甜瓜叶片在日龄30天左右时(成龄叶一半大以上的叶片)制造的营养物质最多,供给植株其他部分的营养物质也最多,这时的叶片为功能叶。果实膨大时,功能叶越多,则供给果实的养分越多。有些瓜蔓遗漏摘心,造成过长蔓,这种蔓留成龄叶,切除全部叶芽,可增加功能叶的数量。整枝以晴天中午为好,阴雨天或早晨整枝,由于湿度大,茎蔓伤口不易愈合,易造成感染发病,阴雨天整枝后要及时喷春雷霉素、百菌清和嘧菌酯等药剂防病。植株必须保留一定数量的生长点,以促进根系发育。如不保留生长点或侧蔓过早摘除,根系停止分生新根,虽然省工,但根系停滞生长,易早衰。地爬栽培,平均每个瓜要保留8片以上的功能叶,果实成熟时叶片必须遮住果实,以利甜瓜转色,防止整枝过重发生果实不转色或果皮被晒伤以及植株早衰等现象。地爬栽培,果实鹅蛋大以后应结合整枝、翻瓜或垫草,以防果实贴地处形成凹陷积水或湿度过大,引起果实底部烂瓜。

(2) 吊蔓种植单蔓整枝

采用单蔓整枝,瓜苗主蔓前期不摘心,当6~7叶片叶时用尼龙绳将主蔓吊好,瓜苗顺尼龙绳向上盘绕生长。留果节位依各地栽培习惯及品种特性而定。东北地区大棚种植璇'甜花姑娘''璇甜美人''璇点黄八里香'等品种,通常在主蔓7~10节发育的子蔓上留果。留果子蔓留1叶摘心,不留果的子蔓及早摘除,主蔓长至22片叶时摘心。第1茬瓜每株留果3个。第1茬瓜鸡蛋大,上部节位萌发的子蔓易坐果时,再处理3~4个瓜胎,留二茬瓜2~3个。

(3) 地爬栽培整枝

以子蔓结为主的薄皮甜瓜品种整枝方式:瓜苗5片真叶时留4片真叶摘心,摘除2片子叶腋间着生的子蔓,选留3~4条子蔓留3~4片叶摘心,孙蔓留1~2片叶摘心。在子蔓上留3个果,孙蔓不留果,只结一茬瓜;或在子蔓上留2~3个果,孙蔓上留2~3果,留二茬瓜。整枝不具体规定子蔓、孙蔓的数量和留几节摘心,要求以瓜蔓爬满地面,又不相互重叠为宜,如枝叶密集,可酌情疏除不结果的孙蔓,视具体情况灵活掌握。

栽培环境适宜子蔓结果、不适宜孙蔓结果的薄皮甜瓜品种整枝方式:在甜瓜苗2叶1心和3片真叶1心时各喷1次吉林市产增瓜灵。1袋(15g)增瓜灵兑水7kg喷淋瓜苗。在下午3点以后温度不太高时用药,喷湿叶片即可,浓度稍大或药液浓度稍高就会抑制瓜苗生长。喷增瓜灵发生药害或发现瓜苗长得慢时,可以喷碧护、芸苔素解除药害。瓜苗6片真叶时留5片真叶摘心,摘除主蔓基部萌发的子蔓,选留3条子蔓上有结实花的子蔓留4片叶摘心,孙蔓留1~3片叶摘心。整枝不具体规定子蔓、孙蔓的数量和留几节摘心,要求以瓜蔓爬满地面,又不相互重叠为宜。

8. 提高薄皮甜瓜坐瓜率的措施

使用熊蜂、蜜蜂授粉,用甜瓜美灵、防落素、2,4-D坐果灵喷花,用金鹏甜瓜坐果灵、0.1%氯吡脲(吡效隆)、0.1%噻苯隆喷瓜胎,可以提高薄皮甜瓜坐瓜率。东北地区大棚种植'璇瑞1号''璇甜花姑娘''璇点八里香'等薄皮甜瓜品种,用甜瓜美灵喷花,果实膨大期喷1次阔实,加速膨果,防裂,果皮转色期喷1次润色,促进转色,效果较好。

(1)用甜瓜美灵喷花

结实花即将或完全开放时,用甜瓜美灵兑水喷花,果柄不膨大,商品性较好。每支甜瓜美灵兑水量为:气温12~24℃,兑水0.5~0.75kg;气温29~33℃,兑水0.75~1kg。使用甜瓜美灵喷花,必须在开花当天或花瓣变成黄色时喷花。

(2)用金鹏甜瓜坐果灵喷瓜胎

在温度20~30℃条件下,用金鹏甜瓜坐果灵1瓶(20mL)+2.5%适乐时悬浮剂(咯菌腈)2mL+怀农特高效植物油助剂3mL+水2.5~3.5kg(温度时高多兑水,温度低时少兑水)配制坐果药液,1次同时喷3~5个瓜胎。

(3)薄皮甜瓜与厚皮甜瓜对坐果药剂的敏感程度不同

不同薄皮甜瓜品种对坐果药剂的敏感程度不同。按照金鹏甜瓜坐果灵,氯吡脲、噻苯隆等坐果药剂产品标签上推荐的兑水量喷或侵薄皮甜瓜的瓜胎,经常发生果实成熟时果皮仍很苦的现象。

9. 病虫害防治

田间悬挂黄板诱杀白粉虱和蚜虫,设置蓝色黏虫板诱杀蓟马。用艾美乐、阿克泰喷淋苗床或灌根预防蚜虫、蓟马、白粉虱。叶面喷艾绿士、阿克泰、艾美乐、稀啶吡蚜酮、螺虫乙酯、多杀霉素甲维盐等药剂防治蚜虫、蓟马、粉虱等药剂防治。用螺螨酯、哒螨灵等药剂防治红蜘蛛。

东北地区薄皮甜瓜大棚栽培多采用南瓜或抗病厚皮甜瓜嫁接栽培预防枯萎

病，常发生甜瓜靶斑病(黄点病)、霜霉病、白粉病、蔓枯病等真菌性病害，细菌性果斑病、细菌性软腐病、角斑病等细菌性病害。用枯草芽孢杆菌、恶霉灵和多菌灵、宝路灌根可以预防薄皮甜瓜枯萎病、根腐病、蔓枯病等根蔓部病害。细菌性病害用加瑞农、喹啉铜、噻唑锌、多抗霉素、中生菌素、四霉素等药剂防治。霜霉病用50%烯酰吗啉悬浮剂、66.5%霜霉威盐酸盐水剂、68%精甲霜灵锰锌水分散粒剂、银法力、增威赢绿、增威赢倍等药剂防治。白粉病用枯草芽孢杆菌、乙嘧酚、朵麦可、露娜森、绿妃等药剂防治。靶斑病用枯草芽孢杆菌、0.3%四霉素水剂、40%戊唑醇噻唑锌悬浮剂、35%苯甲咪鲜胺水乳剂、40%粉唑嘧菌酯悬浮剂、20%硅唑咪鲜胺水乳剂、80%甲硫福美双可湿性粉剂、露娜森等药剂防治。蔓枯病用25%嘧菌酯悬浮剂、22.5%啶氧菌酯悬浮剂（阿砣）、40%粉唑嘧菌酯悬浮剂、1%申嗪霉素悬浮剂等药剂防治。

（吴启菠，长春璇顺种业有限公司）

二十、山东省菏泽地区'博洋9号''博洋61号'优质高效栽培技术

1. 育苗定植时间

日光温室播种时间11月上旬，定植12月10日至次年1月25日。大棚定植时间2月20日至3月20日。

2. 整地施肥

定植前需先整地，栽培'博洋9'和'博洋61'甜瓜需增施一定量的长效有机肥，化肥和速效肥，才能保证整个生育期养分的供应。以腐熟鸡粪、黄豆、发酵豆饼为基肥，每亩施优质腐熟有机肥5000kg、腐熟黄豆150kg、二胺50kg、硫酸钾50kg、饼肥100kg，将基肥撒施深翻，并耕细整平，然后开沟。

在定植前10~15天定植棚浇1次透水。当棚内温度夜间达到15℃时，浇水定植。株距33~35cm左右，行距80cm。以吊蔓为主，每亩定植2500株左右。

3. 温度管理

定植后5~7天为缓苗期，此期需高温高湿，但温度不能超过35℃，缓苗期至开花期室内温度白天25~35℃，夜间15~18℃。茎蔓生长期白天25~30℃，夜间15~18℃，开花坐果期温度白天控制在28℃左右，夜间温度保持在18℃左右，果实膨大期白天30~35℃之间，夜间保持18~20℃左右。

4. 浇水与追肥

定植水需要晾晒过的温水，水量不宜过大，否则会降低地温，容易烂根。定植7天后浇一次透水。浇水时追施生根肥料，促进根系生长，利于缓苗。中期每10天左

右浇一次水，水量不易过大，到根部即可。膨瓜期浇水需增施大量元素水溶肥，促使果实膨大。果实采收前10天停止浇水以免出现裂瓜。

5. 整枝管理

植株6片叶以后开始吊蔓，10片叶以下及15~17节的子蔓全部去除，在10~14片叶开始留杈，预留4个子蔓，待结实花开放前一天用吡效隆或坐果灵浸沾瓜胎，每株一次浸沾3~5个大小均匀的瓜胎，同时把子蔓生长点打掉。瓜胎坐稳后把多余的子蔓全部打掉。主蔓继续生长，生长点到达吊蔓钢丝位置打尖。同时将18片叶以上的子蔓预留。

在头茬瓜开花授粉15~18天后，开始沾二茬瓜，与头茬瓜一样待结实花开放前一天沾2~3个瓜胎，同时把子蔓的生长点去掉，在主蔓的最上方留1~2个子蔓作结第三、四茬果用。剩余的子蔓全部去除。当头茬瓜和二茬瓜采收后，在预留的最上方子蔓上沾三茬瓜以此类推。第四茬，五茬瓜随意生长瓜前一片叶摘心。

头茬甜瓜成熟时，瓜的表面由绿变白果面出现蜡质状物质后，即表示果实已经成熟，可以采摘，采收后应及时浇水，促使二茬瓜生长。二茬瓜、三茬瓜的管理同上。

6. 病虫害防治

病害方面主要预防白粉病、细菌性角斑病和炭疽病。白粉病用氟菌脱菌酯1500~2000液倍细菌性角斑病用(可杀得3000或叶枯唑)、炭疽病用苯醚甲环唑等药剂防治。

虫害方面一般害虫有蚜虫、红蜘蛛。蚜虫用吡虫林防治，红蜘蛛用阿维菌素进行防治即可。

7. 注意事项

'博洋61'和'博洋9'甜瓜不同于其他类型甜瓜，皮薄，在沾花时吡效隆的浓度一定不要过量，否则会出现畸形瓜，商品性差。

（王同利，山东同利农业科技有限公司）

二十一、山东青岛地区越冬温室薄皮甜瓜优质高效栽培技术

1. 栽培方式

一般利用吊蔓栽培。可以提高土地利用率和经济效益，同时吊蔓栽培还具有病害轻、不易早衰、果实整齐、大小均匀一致、转色快、糖度高、品质好、商品率高、高产抗病等优点。

2. 品种选择

（1）品种选择

甜宝类是近几年胶东主要栽培类型，应选择抗病力强，坐瓜率高的'绿翡翠甜宝''金钻石甜宝'。绿皮绿肉选甜脆绿系列品种。

(2)砧木的品种选择

选择新一代抗病力强的'哥俩好''长生一号'黄白籽南瓜种，它能自动调节生殖生长与营养生长，坐瓜率提高20%，或'满园春''甜如蜜'白籽南瓜，但一定要选择耐低温抗病力强，亲和力及共生性强的杂交种。

3. 培育壮苗

适期播种。甜瓜冬春生产应在11月上中旬育苗，12月中下旬定植，翌年3月中下旬开始采收上市，7月中下旬拉秧，历经冬、春、夏3个季节，生育期长达8~9个月。

日历苗龄50~60天，生理苗龄为：株高8~10cm，下胚轴高3~4cm，节间短，叶片展开3~4片，叶片肥厚，叶色浓绿，已长出侧芽、根系发达，定植前子叶完好，植株无病虫害。

4. 嫁接技术

(1)接穗浸种催芽

先将甜瓜种子在太阳下晒12~16h，把种子用30℃水浸泡10min，然后用55~60℃水浸10~15min，不停搅拌降到30℃后用6000倍爱多收浸6h，以打破休眠实现芽齐芽壮，再消毒、晾干种皮。再用湿纱布包起，放在25~30℃处催芽，60%~70%种子露白时播种。

(2)砧木浸种

砧木比甜瓜晚播20~25天，先将砧木种子在太阳下晒12~16h，把种子用30℃水浸泡10min，将南瓜种子用清水淘洗，搓去种子表皮黏膜，放入55℃的温水中浸泡15min，并不断搅拌，使水温降至30℃，用5000倍果腐清再浸泡8h左右，防止种子携带病菌，沥干水分后用湿布包好，置于28℃的环境中催芽1~2天，待80%种子露白后，即可播种。

(3)播种

用客土7份、腐熟有机肥3份，或成品育苗土，每立方米育苗土添加1kg优质复合肥加100g50%中生，多菌拌匀，装于8cm×8cm育苗钵或育苗盘，压实浇足水后喷一遍600倍安保预防猝倒病，在每穴中央平摆一粒种子。甜瓜种可播在育苗床或育苗盘间隔3cm左右一粒，芽朝下，覆盖1.5~2cm营养土，喷施1000倍氟氯氰菊酯，防地下害虫，覆膜保湿增温。

(4)苗期管理

播后白天保持28~32℃，晚上20~22℃，出苗期地温不要超过30℃，以免烧芽、烧根。出苗后，白天控制在25~28℃，夜间16~18℃。白天超过25℃放风，降至20℃闭风，防止徒长。第一片真叶显露后，上午25~26℃，下午22~25℃，夜间15~16℃早晨揭苫前以不低于13℃为宜。

(5)适期嫁接

当砧木第1片真叶长到黄豆粒大小，甜瓜1叶1心时为嫁接适期。

嫁接前一天把砧木喷少水，注意水分千万不能过多，以免引起生理充水感染病害，后用安保加全能600倍加健壮素喷一次杀菌剂防病防徒长。注意：嫁接前一天最好喷一次绿叶神，可有效防止嫁接后各种原因引起的子叶发黄、干枯情况，且能加快伤口愈合，缩短缓苗时间。一般采用劈接或贴接法。

劈接法：先用竹签去掉南瓜生长点，沿南瓜子叶中间以胚轴1/2纵切1~1.5cm；再在甜瓜展开的子叶下1.5cm处向下呈30°~40°角度斜切下，插入南瓜切口用嫁接夹固定。

贴接法：先用竹签去掉南瓜生长点，从展开子叶心部向另一个子叶下方呈30°角切下另一子叶，斜面1cm再在甜瓜展开的子叶下1.5cm处向下呈30°度角斜切去掉根部，把两个斜面贴在一起用嫁接夹固定。盖上地膜，再用遮阳网或蛇皮袋进行遮阴保湿。

(6)嫁接后的管理

嫁接后3天内，白天温度应控制在25~29℃，最高不超过30℃，夜间22~23℃，湿度保持在90%以上，以利伤口愈合；5天后开始通风，风量要小，白天温度控制在24~28℃，夜间18~22℃；9~10天后，伤口已完全愈合，可加大通风量。嫁接后的前3天，一般每天9~15时遮阴，可用2~3层遮阳网遮光，发现秧苗萎蔫立即遮阴；3天后逐渐减少遮阴时间与遮光强度，注意观察接穗子叶颜色灵活掌握，10天后不再遮阴。嫁接苗前期一般不浇水，如发现苗床有干旱现象，可用喷壶喷水(注意上午喷为好，中午喷水温应接近棚温)，结合喷水可喷施安保或全能600~800倍液，防治苗期病害。嫁接后，若南瓜生长点长出真叶，应及时摘除，当接穗长出3~4叶1心时即可定植。定植前5天低温炼苗，白天温度降至18~25℃，夜温降至13~15℃左右，以提高植株抗逆性。

5. 定植

(1)整地施肥

前茬收获后，清除残枝败叶，及时深翻晒垡。定植前15~20天整地，结合整地每亩施入充分腐熟的鸡粪、猪粪6~8m³，充分腐熟的牛粪、羊粪3~4m³。优质三元复合肥50kg，硫酸钾30kg，硫酸锌1kg，硼砂1kg 硫酸亚铁5kg，硫酸镁10kg。每亩再撒入阿维菌素颗粒剂2~3kg防治地下害虫。酸性土壤增施50kg土壤活化剂。深翻30~40cm，平整土地，做内置式秸秆反应堆：对准棚室南北边水垄沟，从北向南，挖宽40~60cm、深20~25cm的土沟，长度与种植行等长，挖出的土放于土沟两侧，在沟内填入20cm厚的玉米秸秆(或小麦秸秆、稻草等)踩实，其上均匀撒有机物料腐熟剂及尿素5kg，填土25~30cm厚，作宽窄行种植垄，宽行距80cm、窄行距50cm、垄高20~25cm，垄上灌水用土找平。使用秸秆反应堆要注意及时在两株幼苗之间打孔，孔径2~4cm，以便释放二氧化碳和热量，增加根系含氧量。

(2) 棚室消毒

定植前10~15天，覆膜密闭棚室进行灭菌消毒。每亩用0.3kg敌敌畏，1kg硫磺、2kg锯末密闭熏蒸一昼夜后通风，充分排除棚内有毒气体，7天后棚内无味时方可定植。

(3) 定植前按每垄定植1行栽培、20cm株距打穴待植

于12月中下旬定植，每亩定植2000~2200株，注意不要栽植过深，放上苗后浇定植水，水量不能过大，缓苗后浇缓苗水，浅中耕2~3次，深5~10cm，保持8~10cm表土干爽，以利于促根系下扎，子蔓长30cm时再把地膜合上，操作行盖15cm厚的稻壳或碎麦秸、碎玉米秸，此项措施能使越冬甜瓜总产量提高20%以上。

6. 田间管理

(1) 温度管理

定植后3~5天内要闭棚增温，为促进缓苗，最好扣100~150cm地膜拱棚，加盖无纺布，白天温度控制在28~35℃，夜间18~22℃。缓苗后至结瓜前，以锻炼植株为主，白天温度控制在25~32℃，夜间15~18℃。使植株顺利转入结果期，此期调节植株营养生长与生殖生长平衡是管理的关键。注意：甜瓜整个生育期放风瞬间温差不能低于3℃。近几年因为放风闪苗引起严重减产的大棚屡见不鲜，瓜农与农药经销商普遍认为是病害，连续喷施农药，因而造成雪上加霜越喷越严重的情况，所以必须引起高度重视。

12月下旬至来年2月中旬，此期是越冬甜瓜管理最关键时期，这一时期随着气温的逐步下降，阴雨雪雾天气及灾害性天气时有发生，温度以保温增温为主。此时应根据天气变化情况合理利用风口控制棚室内的温度。早晨土壤温度在低于15℃的情况下应把白天温度提高到38℃，下午22~28℃，20~22℃盖毡，早晨不低于15℃。有条件的最好加盖套棚膜，苫外加盖防寒膜，能使棚温白天提高3~5℃，夜间提高2℃，棚门及风口下加缓冲膜，连阴天前的一个晴天一般不用放风（不超38℃），连阴天加开LED补光灯加浴霸灯（注意电缆线负载量，防止火灾）。久阴骤晴天揭帘后至叶片露水干前，用300倍红糖+3000倍活力素+钙添力均匀喷洒叶片，如打蔫严重可采用间断盖苫或盖遮阳网的方法，减轻急性萎蔫症。

进入2月中旬后，时常出现温度骤升或骤降现象，因此春季管理的关键是控制好光照和温度，晴天要早揭晚盖覆盖物，多见光；温度达到33℃时就要通风，中午不能超过35℃，下午降至22℃时关闭通风，傍晚降至20℃时放下覆盖物，到第2天早上揭苫前保持在15℃左右，昼夜温差为10~15℃有利于养分积累和产量提高，晚上当外界气温稳定在15℃昼夜通风，同时又能延长甜瓜正常生长期，增加糖度，又减轻病害。注意：进入成熟期25~28℃，严禁超过32℃，以防甜瓜塌瓢，降低商品性，减少收入。

(2)水肥管理

定植后浇底水，3~4天后浇1次缓苗水，水量要足。每亩随水冲施康地宝(重茬复壮剂)1.5~2kg+土壤膨松剂5kg，可有效解决土壤由次生盐引起板结、黑皮、绿皮、红皮情况，可根据土壤情况隔20~30天再冲一次。缓苗后中耕5~8cm，如干旱配合根倍多浇少水后中耕，保持8cm左右表土保持干燥，以利于根系深扎，培养深层根群，提高抗旱力。在幼苗期应适当浇水，但不可过湿，以防止植株徒长和病害发生。在开花坐果期要适当控水，直到坐住瓜。结瓜期植株营养生长和生殖生长量都很大，而且由于叶片面积大，光合作用和蒸腾作用都比较强，因此水分供应一定要充足。提倡膜下灌溉，严禁大水漫灌及阴天浇水，间隔7~10天一次，当瓜直径5cm后再浇催瓜水。结合浇水每亩施满多收5~8kg，盛瓜期冲施果美滋5~8kg。低温期一般每15~20天浇1次水，水量要少。进入2月中旬后，外界气温逐渐升高，每7~10天浇1次水，气温正常后随水冲施满多收、果美滋、硕丰优、5~8kg间隔使用，配合得金、墨金隔水施肥。采瓜前7天控制浇水。缓苗后隔7~10天叶面喷甜瓜早熟灵+膨大灵+活了澎果灵，缓苗后至成熟前喷4次，能使甜瓜早上市7天左右，糖度增加2度，低温期喷2~3次抗逆剂、瓜果高产素、绿神先锋，可调节分化优质花芽，为早熟丰产打基础。注意：化学生根剂一定要注意浓度，浓度过高容易引起茎叶扭曲、根多苗老的严重情况。

(3)光照

甜瓜是瓜类作物中不耐低温、弱光的作物，10~12h的日照条件有利于结实花分化与形成。夜温长时间低于12℃，能引起空节(雄结实花全无)及大脐瓜增多。早晨应适当早揭覆盖物，保证上午充足的光照以提高温度。下午在能保证夜温的情况下，适当晚盖覆盖物，这样有利于提高光合作用效率，对提高甜瓜产量十分有利。经常清扫棚膜上的杂草和尘土，在棚内后墙上张挂1~1.2m反光膜，均有利于改善棚内的光照条件。

(4)二氧化碳

可以适时补充棚内的二氧化碳气体，使其保持适宜蔬菜光合作用的浓度，增加植株干物质的积累，进而达到提高作物产量、改善品质、提高抗病性的目的。

(5)植株调整

植株3~4叶打心，留2个生长一致的子蔓，子蔓2~3叶期喷一次硕瓜累累，以提高前期产量。植株高度60cm左右喷一次坐果乐，开花前7天喷一次坐果乐，初花期再喷一次，可提高30%坐瓜率，盛花期如遇阴天加喷一次硕瓜累累二号。及时摘去老叶、侧枝、雄花及多余结实花，减少营养消耗。为解决生殖生长与营养生长的矛盾，25片叶摘心，10节以下14~20叶之间不留孙蔓和瓜，单瓜早摘，10节以上根据植株长相可选留3~4个孙蔓见瓜妞后2叶打头，(为了抢早也可在10~14节留大小一致子蔓瓜妞)，坐瓜后喷洒每根子蔓选留3个瓜，坐瓜后植物抗逆剂配合钙添力7~10天喷一次，连喷3~4次防止后期裂果。22~25节选留2茬瓜。如果叶片各种原因引起早衰,可在第一茬瓜收获后留4~5片叶平茬,出杈后20片叶打心,10节左右留3~4孙蔓瓜打头,多余杈抹去,此法必须在前期植株基部预留小杈反复摘心。疏瓜、打杈一般在中午前后操作,防止伤口感染。注意:甜瓜定瓜后如果整枝过度,容易引起光合产物分配紊乱,造成未熟死秧的严重情况。

(6)采收

采摘前5天左右朝下部坐瓜区喷施200倍增甜增色剂起到早熟、增甜、防裂增色的目的。及时采摘商品瓜。以后可根据植株生长发育情况灵活调节二茬留瓜,以达到优质、高产、高效。

7. 病虫害防治

合理控制棚室温湿度,以预防为主。

(1)物理防治

每亩悬挂30~40块黄粘板诱捕成虫,防治蚜虫、白粉虱、斑蝇等害虫,在棚室通风口处覆盖60目防虫网,阻止害虫迁入。

(2)化学防治

做好田间监测,采用高效低毒农药,预防病虫害的发生。

霜霉病、疫病:发病期喷洒72%霜脲锰锌600~800倍液或40%安保500~600倍液60%霜疫净600倍液,50%百克得600倍液,75%全能可湿性粉剂600倍液25%锐清等喷雾防治,7天喷1次,连喷3~4次。小斑形霜霉病发病迅速配合300尿素+抗病疫苗+红糖可达到标本兼治的目的。

细菌性角斑病、软腐、果腐、青枯、缘枯等细菌性病害:选用80%细菌通可湿性粉剂4000~5000倍液、90%果腐清、50%灭菌通、克腐灵或50%甲霜铜可湿性粉剂600倍液喷雾防治,每7天喷1次,交替用药。

灰霉病:发病初期,每亩用30%可湿粉600倍液防治,50%异菌脲1000倍液,50%啶酰菌胺、50%异菌脲。注意菌核净、嘧霉胺对小瓜胎有药害谨慎使用。每7天喷1次,连喷2~3次。

白粉病:发病初期可用50%粉必灵1000倍液,50%斑锈清1000~1200倍液,50%百克得600倍液,50%醚菌酯等每5~7天一次间隔使用2~3次。注意苗期、低温期忌用三唑酮、戊菌唑等抑制性强的三唑类杀菌剂。

炭疽病:发病初期用等70%甲基硫菌灵1000倍液,50%炭疽灵1000倍液50%嘧菌酯、60%红粉灵600倍液,50%百克得600倍液,7天一次,连喷3~4次。注意咪鲜胺类苗期、低温期禁用。

褐斑病:发病初期用60%全能600倍液,80%靶斑克800倍液、70%靶斑宁500倍液,50%百克得500~600倍液,50%斑锈清800倍液,配合抗病疫苗7天一次,连喷3~4次。

黑星病：发病初期用，50%百克得600倍液，80%喷克800倍液，锐清40%氟硅唑8000倍液(苗期慎用)等7天一次，交替使用。

蔓枯病：60%蔓枯清800~1000倍液，50%百克得600倍液，锐清等7天一次，交替使用。

病毒病：5%病毒快克300~500倍液，20%毒菌宁500~600倍液配合抗病毒疫苗7天一次。

8. 虫害

根结线虫：利用7~8月夏季高温闷棚，每亩用50kg氰氨化钙、1000kg碎草翻地后灌足水，然后将覆膜四周压严，膜下土层温度可达55℃以上，闷棚20~30天，可有效杀灭各种土传真菌、细菌性病害和根结线虫。种植前，每亩再用5%阿维菌素B_2颗粒1.5~2kg拌细土40~50kg，撒在定植沟内。

蚜虫：用10%吡虫啉1000~1500倍液，或25%噻虫嗪8000~12000倍液，或90%吡蚜酮可湿性粉剂3000~4000倍液喷雾防治，每7天喷1次，连喷2~3次。

白粉虱：初发期可用25%噻嗪酮可湿性粉剂1500倍液，5%醚菊酯1500倍或1.8%阿维菌素乳油1500倍液交替喷雾防治。

斑潜蝇：可用黄板诱杀成虫；叶面喷雾杀幼虫，掌握在幼虫2龄前用1.8%阿维菌素3000倍液、5%灭幼脲1500倍液喷雾防治。

(解文新、解丛丛，青岛莱西市新丰顺蔬菜研究所)

二十二、天津地区'花雷'薄皮甜瓜优质高效栽培技术

该品种为天津科润农业科技股份有限公司蔬菜研究所育成。在河北、山东设施栽培甜瓜面积中，一直稳居花皮瓜第一位，一般暖棚亩效益效益5万~6万/亩，冷棚1~2万元/亩植株长势旺盛，果实卵圆形，果皮成熟时黄色，覆暗绿色斑块。果肉绿色，折光糖含量15%以上，肉质脆，口感好，香味浓郁。子蔓、孙蔓均能结果，单株可留瓜4~5个，平均单瓜重500g，果实成熟期30天。综合抗性好。栽培技术要点如下。

1. 培育壮苗

培育壮苗是甜瓜优质丰产的首要环节，其中重要的为选择适宜播种期。

(1)播种期的选择

早春栽培以定植时栽培环境最低气温稳定15℃以上为标准，向前推25~35天为最佳播种期(其中穴盘育苗苗龄约25天，营养钵育苗苗龄30~35天)。天津地区暖棚于12月下旬播种，日光温室于1月中下旬播种，塑料大棚2月下旬播种。

(2)浸种催芽

将种子去杂去劣，进行晾晒，选择籽粒饱满的种子进行浸种催芽。浸种用水的适宜温度为50~55℃，水量为种子的5~6倍，搅拌至常温后浸泡4~6h，沥干种子表面

水分，用湿纱布包裹，置于30~32℃的恒温箱中催芽，一般20h左右、50%以上种子露白后即可播种。播种前提前装好营养钵或穴盘，浇透水，每穴1粒，播种后覆盖薄膜，再加盖小拱棚，使苗床温度保持30℃左右，保证出苗快、出苗全，从播种到出苗一般需3~4天。

(3) 苗期管理

出苗后揭去薄膜，但小拱棚膜要逐步揭开，适当降低温度，防止徒长，严禁一次性揭去小拱棚膜，防止闪苗。同时注意通风降湿，白天温度保持28℃左右，夜间维持在18℃左右。定植前逐渐降温到20℃左右，并逐渐加强通风，进行炼苗，目的是提高定植成活率。

2. 田间定植

早春栽培定植最佳时期为幼苗长到3叶1心时，同时应保证设施内最低气温12℃以上，15cm地温稳定在15℃以上。提前整地施肥，亩施优质农家肥4000kg，复合肥40kg，钾肥20kg。定植前挖好定植穴或开定植沟，深度一般比营养钵稍深，定植时轻拿轻放，防止散坨，以免造成大缓苗，影响生长。设施栽培单蔓整枝定植密度为2000株/亩，株距行距45cm×70cm，双蔓整枝定植密度为1300~1500株/亩，露地栽培定植密度为1500株/亩，株行距40cm×110cm。定植后立刻浇定植水，2天后铺塑料薄膜，目的是提高地温，防止杂草丛生。

3. 田间管理

(1) 肥水管理

浇水施肥原则为既要保证前期植株正常生长，又要防止水肥过多导致徒长而不易坐果。一般定植7~10天后浇一次缓苗水，此后至开花期间土壤墒情进行适当浇水。当果实长到鸡蛋大小时浇膨瓜水，施膨瓜肥，亩施磷酸二铵30kg、硫酸钾20kg。坐果到果实成熟期间仍可根据土壤墒情进行适当浇小水，严禁大水漫灌，引起裂瓜而影响商品性。

(2) 整枝打杈

'花雷'子蔓、孙蔓均可结果，因此可进行单蔓或双蔓整枝。单蔓整枝是将主蔓6~8节以下侧枝及时打掉，9节以上侧枝可连续留瓜4~5个，侧枝留2片叶摘心，主蔓25片叶时摘心。双蔓整枝是在幼苗4~5片叶时摘心，每节间长出侧枝后选留2条健壮、长势相当的子蔓，子蔓6节以下孙蔓及时打掉，7节以上的孙蔓作为结果枝，每条孙蔓留瓜2~3个。

(3) 辅助授粉

由于设施栽培环境中昆虫少，无外界媒体传粉，故不易坐果，需进行辅助授粉。人工辅助授粉的最佳时间是上午6:00~10:00，在本株或异株上选择当天开放的健壮雄花，剥去花冠，在结实花柱头上轻轻涂抹均匀。除此之外，还可使用放蜂、激素处理等方法促进坐果。

（4）采收

采收时期可根据果实成熟期来确定，此外还可根据品种的特征特性来适时采收，例如：果皮颜色、有无香气、坐果枝叶片颜色变化等。'花雷'成熟时果皮黄色，斑块浓绿，香气扑鼻，此时应及时采收。

4. 病虫害防治

（1）猝倒病

苗期常见病害，此病害在低温、高湿阴雨、幼苗纤弱的情况下易发生。发病初期呈黄色水浸状病斑，病部逐渐干枯缢缩，最终猝倒死亡，病株周围长出白色棉絮状菌丝。防治猝倒病可用64%杀毒矾M8可湿性粉剂500倍液、25%瑞毒霉可湿性粉剂600~800倍液、50%多菌灵可湿性粉剂500倍液等药剂。

（2）枯萎病

甜瓜易发性土传病害，一般坐瓜中期发病最为严重。发病时茎基部缢缩、纵裂并有黄褐色胶汁溢出，叶脉发黄，初期整株萎蔫早晚可恢复，后期全株死亡。枯萎病发病适温24~28℃，连作、黏质、排水不良等地块极易发生。田间一旦发现病株，可用70%甲基托布津可湿性粉剂1000~1500倍液、40%瓜枯宁1000倍液或60%百菌通可湿性粉剂400~500倍液等药剂灌根与喷洒结合来防治。

（3）霜霉病

俗称"跑马干""黑毛病"，为毁灭性叶部病害。发病初期叶片出现水浸状黄色斑点，后扩展为黄褐色不规则多角形斑块，潮湿时病斑背部有灰色霉层。霜霉病发病适温20~24℃，发病后要及时用25%瑞毒霉。

（彭冬秀，天津科润蔬菜研究所）

二十三、江苏东海黄川草莓间作甜瓜优质高效栽培技术

日光温室草莓采收末期，在草莓棚室间作套栽一茬甜瓜，甜瓜一般在6月中旬上市，实现草莓与甜瓜错季栽培，相得益彰。江苏东海黄川镇在草莓基地间作甜瓜'京玉268'，甜瓜于3月上旬播种，4月上旬定植，6月中旬采收，亩产量一般2000~3500kg，6月初市场均价3~4元/kg，收入6000~12000元左右，取得了显著经济效益。

1. 前茬草莓栽培技术要点

（1）育苗

草莓育苗一般采用建立育苗畦培育匍匐茎技术。于3月下旬至4月上旬选取优质壮苗作为母株，按株行距0.5m×1.2~1.5m定植。7月中下旬进行假植。将侧芽断根

按株行距 0.12m×0.15m 定植于原畦或新做畦上，定植后 5~7 天注意利用遮阳网遮阴降温，9 月上中旬将苗定植于日光温室。

（2）施肥、整地做畦

每公顷施腐熟有机肥 13~16t，过磷酸钙 600kg，硫酸钾复合肥 750kg。采用南北向小高畦或东西向小高畦均可。双行定植，畦距 1.4~1.6m，畦高 30~40cm，注意不要栽植过深，影响缓苗。以"深不埋心，浅不露根"为宜。

（3）肥水管理

草莓的肥水管理关键是铺膜前、果实膨大期、采收期分别随水追肥一次，收获高峰过后的发叶期及第二年的早春花芽分化及果实膨大期再施肥 3~4 次，肥料种类为三元复合肥或速效冲施专用肥。

2. 间作甜瓜栽培要点

（1）甜瓜育苗

于 3 月中在大棚内采用营养钵或育苗盘育苗。先将甜瓜种子在太阳下晒 12~16h，把种子用 30℃ 水浸泡 10min，然后用 55~60℃ 水浸 10~15min，不停搅拌降到 30℃ 后用 6000 倍爱多收浸 6h，以打破休眠芽齐芽壮，消毒后用清水投洗几遍，晾干种皮。再用湿纱布包起，放在 25~30℃ 处催芽，60%~70% 种子露白时播种。苗期温度管理一般掌握在播后白天保持 28~32℃，晚上 20~22℃，出苗期地温不要超过 30℃，以免烧芽、烧根。70% 出苗后至子叶展平阶段，白天控制在 25~28℃，夜间 16~18℃。白天超过 25℃ 放风，降至 20℃ 闭风，防止徒长。第一片真叶显露至定植前，上午 25~26℃，下午 22~25℃，夜间 15~16℃，早晨揭苦前以不低于 13℃ 为宜。定植前 3~5 天，炼苗至温度接近草莓棚室温。

（2）嫁接育苗

①薄皮甜瓜应采用嫁接育苗

一般采用小籽南瓜砧木，砧木比甜瓜晚播 1 天，先将砧木种子在太阳下晒 12~16h，用 30℃ 水浸泡种子 10min，后用清水淘洗，搓去种子表皮黏膜，放入 55℃ 的温水中浸种 15min，并不断搅拌，使水温降至 30℃，用 5000 倍果腐清再浸泡 8h 左右，防止种子携带病菌，沥干水分后用湿布包好，置于 28℃ 的环境中催芽 1~2 天，待 80% 种子露白后，即可播种。当砧木第 1 片真叶长到黄豆粒大小，甜瓜 1 叶 1 心时为嫁接适期。嫁接前一天把砧木喷少水，注意水分千万不能过多，以免引起生理吸水感染病害，用安保加全能 600 倍加健壮素喷一次杀菌剂防病防徒长。注意：嫁接前一天最好喷一次绿叶神，可有效防止嫁接后各种原因引起的子叶发黄、干枯情况，且能加快伤口愈合，缩短缓苗时间。一般采用劈接或贴接法。劈接法：先用竹签去掉南瓜生长点，沿南瓜子叶中间以胚轴 1/2 纵切 1~1.5cm；再在甜瓜展开的子叶下 1.5cm 处向下呈 30~40°度角斜切下，插入南瓜切口用嫁接夹固定。贴接法：先用竹签去掉南瓜生长点，从展开子叶心部向另一个子叶下方呈30°角切下另一子叶，斜面1cm再在甜瓜展开的子叶下1.5cm处向下呈30°度角斜切去掉根部，把两个斜面贴在一起用嫁接夹固定。盖上地膜，再用遮阳网进行遮阳保湿。

②嫁接后的管理

嫁接至第3天内，白天温度应控制在25~29℃，最高不超过30℃，夜间22~23℃，湿度保持在90%以上，以利伤口愈合；5天后开始通风，风量要小，白天温度控制在24~28℃，夜间18~22℃；9~10天后，伤口已完全愈合，可加大通风量。嫁接后的前3天，一般每天9~15时遮阴，可用2~3层遮阳网遮光，发现秧苗萎蔫立即遮阴；3天后逐渐减少遮阴时间与遮光强度，注意观察接穗子叶颜色灵活掌握，10天后不再遮阴。嫁接苗前期一般不浇水，如发现苗床有干旱现象，可用喷壶喷水（注意上午喷为好，中午喷水温应接近棚温）。结合喷水可喷施安保或全能600~800倍液，防治苗期病害。嫁接后，若南瓜生长点长出真叶，应及时摘除，当接穗长出3~4叶1心时即可定植。定植前5天低温炼苗，白天温度降至18~25℃，夜温降至13~15℃左右，以提高植株抗逆性。

(3) 甜瓜定植

4月中旬在草莓采收80%左右后定植甜瓜。甜瓜苗龄30天。定植于草莓畦中间，株距35~45cm，密度2000~2200株/亩。注意定植前适当去掉草莓基部老叶，增加垄间光照，促进甜瓜迅速缓苗生长。

(4) 甜瓜植株调整

厚皮甜瓜在主蔓20叶摘心，8~11叶的子蔓留果2个，结果子蔓留2叶摘心。其余子蔓及早摘除。薄皮甜瓜在主蔓18~20叶摘心，在8~12节的子蔓坐果3~4个，坐果的子蔓留一叶摘心，即瓜后不留叶。8节以下及12~16节子蔓及早摘除，17~20节子蔓留一叶摘心，以备二次坐果。

(5) 温度管理

缓苗后至坐瓜前，白天25~30℃，夜间15~20℃；坐瓜后至果实膨大结束，白天30~35℃，夜间20℃左右，不低于15℃；果实停止膨大到采收阶段，适当降温，白天25~30℃，夜间15~20℃。

(6) 水肥管理

掌握小水定植，大水喷瓜，N/P水促秧，K钾肥水增甜原则，在生长的关键时期，适时灌水追肥，采前10天停水保证品质。定植水宜小，以可缓苗为度。以免降低地温。伸蔓期追施一次氮肥，促进结果蔓生长，当果实长到鸡蛋大小时要大水大肥，一般间隔5~7天追肥一次，肥料种类以果菜专用冲施肥为佳。果实停止肥大时追施一次优质钾肥，硫酸钾为宜，施肥量为20~25kg/亩。此后采收前7~10天停止浇水施肥，以免降低甜瓜品质。

(7) 保花保果

甜瓜为虫媒花，但棚内因防虫网而没有昆虫，只能采用人工授粉或蜜蜂授粉或生长调节剂处理，方能保证良好坐果率。蜜蜂授粉可提高果实品质，且省工降低成本。

蜜蜂授粉技术首先需注意在蜜蜂进棚前做好棚室防治病虫害工作，授粉期间的7~10天内严禁喷洒农药，避免蜜蜂中毒。棚室放风口务必采用防虫网，以防蜜蜂飞出。选择蜂群强的新蜂王种群授粉。蜂箱放置在棚室中央距地面50~100cm的架子上，巢门向南或东南方向，不可随意移动，防止蜜蜂谜巢受损，一般在授粉前2天将蜂箱放入棚室，以适应棚室环境。

此外，做好棚室温、湿度度调控工作，使其尽量在甜瓜开花授粉受精所需的最适温、湿度，一般白天18~32℃，适宜温度22~28℃；相对湿度控制在50%~80%，温度过高过低均可导致甜瓜花泌蜜量降低，花粉活力减弱，影响蜜蜂访花积极性。蜂群用量一般为每亩放置一箱（2000~4000只/箱）。

目前甜瓜上使用效果较好的生长调节剂为氯吡脲，为人工合成的活性最高的细胞分裂素，生产上采用200~300倍0.1%氯吡脲，在开花前1天或当天上午喷洒瓜胎。需严格按说明书浓度配制，切忌浓度过大。此外，气温低时，浓度较高，高温时期，应采用较低浓度。浓度过高，可致果实畸形、裂果等副作用。

(8) 采收、包装、上市

根据甜瓜品种果实发育期，结合果实成熟状态，应及时采收，成熟标准一般采用结果枝叶片呈现缺镁失绿状，为采收适期。厚皮甜瓜一般将果柄剪成"丁"字形，薄皮甜瓜直接剪下即可。将甜瓜按不同大小、外观分级包装上市。

（张万清，北京市农林科学院蔬菜研究中心）

二十四、吉林省薄皮甜瓜小拱棚全程防雨栽培技术

薄皮甜瓜小拱棚全程防雨栽培技术是吉林省前郭县巴郎镇农民王占双发明的一种用棚膜覆盖的小拱棚薄皮甜瓜生产方式，相对于用地膜覆盖的小拱棚薄皮甜瓜栽培方式，具有防寒效果好，提早上市，防雨、防风、防除草剂药害、防小冰雹，甜瓜霜霉病、靶斑病等病菌危害轻等优点。

1. 品种选择

选择'璇瑞1号'等子蔓结果的早熟白瓤黄白皮甜瓜。

2. 播种育苗

(1) 播种时间

吉林省薄皮甜瓜小拱棚全程防雨栽培，一般采用大棚育苗，3月下旬播种，4月下旬定植。

(2) 装营养钵

采用8cm×12cm的营养钵培育大苗。用山皮土、林下土、未种植过瓜类作物的农田土6份，充分腐熟过夏的粪肥4份配制营养土。每立方米营养土加入草炭或筏子1编织袋、草木灰2kg、磷酸二铵1kg、过磷酸钙1kg，粉碎过筛混匀。装营养土时不要装满，营养土与钵沿之间要留有3cm，以利浇水或湿度大时撒干砂。摆营养钵时，育苗大棚内的土壤必须化透。在育苗棚地面铺垫打好眼的农膜，将装好营养土的营养钵整齐地摆放在苗床内，钵与钵之间不要留有空隙，以防营养钵下面的土壤失水。

(3) 种子消毒

播种前将甜瓜种子在阳光下晒7天，以提高种子生命力。用1%的双氧水浸泡10分钟，用清水冲洗干净催芽播种。

(4) 种子催芽

将甜瓜种子用干净纱布或毛巾包好，外面再套层塑料袋，置于20℃~30℃的地方催芽。每隔6h将种子上下翻一次，经过15~24h即可发芽，一半种子出芽时就可播种。如不直接播种，当幼芽钻出1mm时将纱布内温度降至15℃左右，以防幼芽徒长。

(5) 播种

播种前1周向营养钵内浇足水，每个营养钵的浇水量要一致。结合浇水，用苗苗乐喷淋营养钵，1袋250g苗苗乐喷淋喷2000个营养钵。结合浇水，用宝路(11%精甲咯嘧菌)750倍液均匀喷洒于营养钵内预防苗期病害。营养钵浇水后覆盖塑料薄膜烤苗床，当土温度白天达到25℃，夜间不低于16℃时，选择播种后有2个晴天的上午播种。每个营养钵或营养块播1粒发芽种子。播种干籽时，20%左右的营养钵播种2粒种子，以便将多余的瓜芽移植到未出苗的营养钵中。种子平放于钵内，覆用清水冲洗干净的砂子1cm，覆干净砂子可以显著降低苗期病害发生概率。播种在苗床(营养钵)上盖一层地膜。80%种子拱土时立即撤掉地膜，同时降低棚内温度，以防中午棚内温度过高烤伤甜瓜苗，或棚内温度过高造成甜瓜苗下胚轴快速生长，发育成下胚轴过长的高脚苗。

3. 苗床管理

(1) 苗床温度管理

播种到出苗前，高温管理促进出苗。白天30℃~35℃，夜间20℃以上。出苗至叶子展平，是幼苗下胚轴生长最快，最易徒长的时期，应降低温度，白天20℃~25℃，夜间12℃~13℃，以防发育成高脚苗。子叶展平、真叶出现以后，幼苗不易徒长，可以将棚温再次提高，白天25℃，夜间15℃左右。

(2) 苗床水肥管理

浇灌苗床的水要达到16℃~17℃，最好用大缸晒水。前期一般不浇水，以保水为主，防止湿度过大，造成沤根或死苗。瓜苗出土后，撒一层过筛细土，以弥合土壤缝隙，防止床土水分蒸发，如果发现秧苗徒长，视生长情况，可以再覆土1~2次。在中后期如果床面干，叶片浓绿，中午瓜苗萎蔫显旱时，可适当喷水，每次浇水要浇透，但不要太勤。如果苗期遇低温阴雨天气或化肥、农药使用不当，瓜苗发根慢或长势不好，可喷甲壳素或碧护和磷酸二氢钾等促进瓜苗生长。

(3) 苗床防病

苗期遇低温阴雨天气，苗床喷宝路(11%精甲咯菌腈)和春雷霉素等杀菌剂预防猝倒病、立枯病、根腐病等苗期病害，同时加强放风排湿，防止瓜苗徒长。瓜苗定植前1周喷一次春雷霉素或加瑞农，并加大放风量，加强炼苗，尽量不浇水，以使瓜苗适应定植后的环境，尽快缓苗。

(4) 注意事项

甜瓜苗2~4片真叶时是甜瓜花芽分化的关键时期，为确保子蔓发育结实花，2~3片真叶时期必须保持充足的光照和适当的温度及较大的昼夜温差。为促进根部生长，可在瓜苗期喷淋甲壳素促进生根。种植璇点八里香等栽培环境适宜子蔓发育结实花、不适宜孙蔓发育结实花的薄皮甜瓜品种，在甜瓜苗2叶1心和3片真叶1心时各喷1次吉林市产增瓜灵。1袋(15g)增瓜灵兑水7kg喷淋瓜苗。在下午3点以后温度不太高时用药，喷湿叶片即可，浓度稍大或药液浓度稍高就会抑制瓜苗生长。喷增瓜灵发生药害或发现瓜苗长得慢时，可以喷碧护、芸苔素解除药害。

4. 整地施肥

种植璇瑞1号等抗枯品种4~6年就可以种1次；水旱轮作田可适当减少轮作年限；不抗枯萎病的品种要8~12年轮作一次。秋翻或春天及早起垄。跑水地块施肥前1周灌1次水。根据本地肥力状况因地施肥，一般每亩施腐熟的粪肥2000kg或紫牛有机肥75kg，磷酸二铵25kg，硫酸钾35kg，硅钙镁肥20kg。煮熟的黄豆15kg和1000亿个/g枯草芽孢杆菌1kg。70%粪肥和40%化肥铺施后，用旋耕机旋耕入30cm深土壤中。30%粪肥、60%化肥、煮熟的黄豆和枯草芽孢杆菌混匀后集中沟施。化肥混匀后施入垄沟内，上面施粪肥，然后起垄，压磙子。压磙子后喷除草剂。甜瓜小拱棚栽培，使用具有挥发性的除草剂，瓜苗定植后要及时放风，以防产生除草剂药害。定植时每亩地穴施煮熟的黄豆10kg，每穴6~7粒，对增加甜瓜抗病能力，提早成熟，改善品质和外观有特效。

5. 定植扣棚

定植前要听天气预报，定植过早遇低温易受冻害，定植时须选在寒流刚过的晴天上午进行。定植前提前扣膜烤地。小垄用120cm宽地膜覆盖，大垄用130cm宽地膜覆盖。种两垄空一垄，株距43~50cm，亩保苗1700~2200株。在垄中央用刀将地膜划成"十字"口挖穴或用打孔器打孔栽苗，栽植深度在子叶以下，土坨必须与周围土壤接触紧实，浇足定植水，水渗后及时将地膜口封严。定植后及时插竹片，竹片长2.1m，宽2cm，削去毛刺，以防放风时刮破棚膜，竹片两头削成扁平形以利插入土中，竹片插入土中深7~8cm，做成拱形棚架，每隔1m插1个竹片做一个棚架。在棚架上覆盖0.1mm厚农用棚膜。覆盖棚膜后钉竹签子。竹签子长26cm。在竹片插入地点的外侧，紧靠棚架竹钉1个竹签子，每隔1个棚架钉1个竹签子。竹签子在地表留8cm左右。在拱棚另外一侧选择没有钉竹签子的棚架钉竹签子，也是每隔1个棚架钉一个竹签子。钉完竹签子后系压膜绳，压膜绳系在相邻的两个棚架竹签子上，压膜绳紧贴棚膜，系完压膜绳后将竹签子钉入土中。

6. 温度管理

采用拱棚栽培薄皮甜瓜要特别注意棚内温度的控制，以防裂果。一定要经常观察拱棚内温度，原则上白天温度超过25℃时放风，气温降到20℃时闭风。在吉林省中西部地区：一般早8点左右，棚内温度达到25~30℃时在背风一侧放风，下午3点以后封闭拱棚。5月中下旬随气温增高，开始在两侧放风，夜间和雨天封闭拱棚。6月1日以后，气温度达到25℃以上时，晴天夜间不封闭拱棚，但拱棚膜由始至终保留，雨天及时封闭拱棚，避免雨水直接接触瓜秧。玉米播种后下第2场透雨时，旱田区会爆发除草剂害。为预防2.4-D等除草剂漂移至甜瓜苗上发生除草剂药害，玉米播种后下第2场透雨时必须封闭拱棚。6月20日以后，棚内温度35℃时，可将棚膜向上卷曲成丝带，遇阴雨天再将棚膜放下，雨后要及时通风降温。

注意事项：要注意控制棚内温度，棚内温度忽高忽低容易裂果，温度过高不利于增糖转色。阴雨天突然放晴，或持续低温阴雨天气温突然升高，一定要及时通风降温，否则极易诱发裂果。

7. 整枝选果垫瓜

(1) 整枝

瓜苗5片真叶时留4片真叶摘心，摘除两片子叶腋间着生的子蔓。每株可以抽生4条子蔓。子蔓6~7片叶能看到子蔓1节或2节是否发育结实花时，选留3~4条子蔓1节或2节有结实花的子蔓留3~4片叶摘心。喷花后坐住瓜的子蔓，在坐瓜节位前方（从坐瓜节位至子蔓生长方向）选留2条孙蔓，坐瓜节位后面的孙蔓全部摘除。子蔓1节或2节没着生结实花或结实花畸形或结实花太小喷花也坐不住瓜的子蔓，直接摘除或留1~2叶摘心。喷花后未坐果的子蔓在子蔓基部选留2条孙蔓，多余孙蔓全部摘除。每条子蔓在子蔓1节或2节选留1个果，摘除畸形果或多余果。如果子蔓1节和2节同时坐果，选留子蔓2节发育的果实。每株留6~8条孙蔓。孙蔓视垄面空地情况摘心，孙蔓生长方向前面有空地的留2片摘心，孙蔓生长方向前面没有空地的留1片叶摘心。孙蔓腋间长出的玄孙蔓及早抹掉或留1叶摘心。整枝以瓜秧爬满地面，叶片能遮住瓜，又不相互重叠，每个瓜保留8片以上功能叶。每株在子蔓上留果3个果，孙蔓上留3~4个果，全株共留5~6个果。

(2) 注意事项

整枝操作宜选晴天进行，不要在灌水后进行，因为阴天湿度大，灌水后植株吸水量大，摘心后伤口处会分泌出大量体液容易发病。整枝操作完毕，适当喷洒加瑞农或春雷霉素，防止伤口感染。头茬瓜鹅蛋大时瓜底部常被压出1个土坑，土坑内湿度大，易诱发烂瓜，必须结合整枝提前用干土或稻草垫瓜，以防瓜底部腐烂。甜瓜整枝，每个瓜要保留8片叶以上功能叶，果实成熟时要保证叶片能遮盖住果实，以防果实成熟时果皮发绿不转色或果皮被灼伤。

8. 浇水追肥

定植时浇透水。跑水地块在瓜蔓长到6~7片叶时，选晴天浇灌1次水。不跑水地块坐瓜前不旱不浇水，也不追肥，特别是在花期不能浇水。当幼瓜长到鸡蛋大小时浇灌1次催瓜水，每亩冲入磷酸二铵5kg，硫酸钾2.5kg。鹅蛋时再浇灌1次膨瓜转色水，每亩地施入磷酸二铵5kg，硫酸钾7.5kg。第二茬瓜（孙蔓瓜）坐稳后，再浇灌1次水。每次浇水都是顺畦间沟灌，以缓慢渗入畦内。果实膨大期应均匀浇水，应避免久旱浇大水或果实成熟期灌大水。结合灌水，冲施比秀等含氨基酸水溶性肥料，或孚乐美等含腐殖酸水溶性肥料、或蓝能量海藻精等含海藻酸肥料、根茂康等含甲壳素肥料，矿源黄腐酸肥料。

叶面追肥：根外追肥对小棚甜瓜增产效果十分显著。开花前4~7天喷0.2%的硼酸水溶液可促进结果。坐果前植株生长偏弱，叶色淡黄，叶面喷施碧护和甲壳素，或0.3%磷酸二氢钾+0.3%尿素+1%葡萄糖混合液等补充营养。果实膨大期喷2次0.3%磷酸二氢钾+1%葡萄糖混合液，喷1次生物刺激素阔实，或平衡型膨大防裂和盖杰多羟基有机络合钙硼肥，在下午3点以后喷洒，可增强甜瓜抗逆能力，增加果皮厚度和果皮亮度，减少烂瓜，促进转色，改善品质，提高产量。

9. 喷花保果

用甜瓜美灵、防落素、2，4-D坐果灵喷花，用0.1%氯吡脲（吡效隆）、0.1%噻苯隆、金鹏甜瓜坐果灵喷瓜胎，使用熊蜂、蜜蜂授粉，可以提高薄皮甜瓜坐瓜率。使用坐果药剂处理结实花，浓度过低或药液不足或不均时，不坐果或发育畸形果或发育僵尸果，浓度过高时有些品种瓜胎开裂或果实成熟时皮仍苦。东北地区大小拱棚种植璇瑞1号等黄白皮薄皮甜瓜品种，用金鹏甜瓜坐果灵喷瓜胎或甜瓜美灵喷花，果实膨大期喷喷1次阔实，加速膨果，防裂，果实转色期喷1次润色，效果较好。

（1）用金鹏甜瓜坐果灵喷瓜胎

上午10点以前，下午3点以后，温度20℃~30℃条件下，用金鹏甜瓜坐果灵1瓶（20mL）+2.5%适乐时悬浮剂（咯菌腈）2mL+怀农特高效植物油助剂3mL+水2.5~3kg（温度时高多兑水，温度低时少兑水）配制坐果药液。开花前1~3天至当天开花的结实花均可，开1次可以喷3~5个瓜胎。

(2) 用甜瓜美灵喷花

结实花即将或完全开放时，用甜瓜美灵兑水喷花，果柄不膨大，商品性较好。每支甜瓜美灵兑水量为：气温 12℃~24℃，兑水 0.5~0.75kg；气温 29℃~33℃，兑水 0.75~1kg。使用甜瓜美灵、防落素、2,4-D 坐果灵喷花，必须在结实花开花当天或花瓣变黄时喷花。喷药后弹一下瓜蔓，以防药液在结实花上形成雾滴诱发果脐部过度膨大。花瓣没有变成黄色时喷花坐果率低，瓜胎膨大慢，容易产生僵果。

(3) 薄皮甜瓜与厚皮甜瓜对坐果药剂的敏感程度不同

不同薄皮甜瓜品种对坐果药剂的敏感程度不同。按照金鹏甜瓜坐果灵，氯吡脲、噻苯隆等坐果药剂产品标签上推荐的兑水量喷或侵薄皮甜瓜的瓜胎，经常发生果实成熟时果皮仍很苦的现象。

10. 病害防治

定植或浇水时用枯草芽孢杆菌或哈茨木霉菌、申嗪霉素、恶霉灵和多菌灵、先正达宝路灌根预防甜瓜枯萎病、根腐病、蔓枯病等根蔓部病害。坐果后至果实膨大期，用春雷霉素、四霉素、枯草芽孢杆菌、噻唑锌、噻霉酮、吡唑醚菌酯（或嘧菌酯）、甲硫福美双、精甲霜灵锰锌、霜霉威、烯酰吗啉等预防病害。果实膨大后期至果实成熟期遇雨天，每隔 7 天喷 1 次四霉素，或春雷霉素、多抗霉素、甲硫福美双或苯甲咪鲜胺、露娜森、露娜润等预防靶斑病（黄点病）和细菌性角斑病。每隔 7 天喷 1 次烯酰吗啉、霜霉威、银法利、增威赢绿、增威赢倍等预防霜霉病。发现白粉病及时用吡唑醚菌酯、朵麦可、露娜森、绿妃等药剂防治。高温干旱年份及时灌水，叶面喷盖杰多羟基有机络合钙硼肥，补充钙、硼，以防钙、硼不足诱发的生理病害，影响转色。

（吴啟菠，长春璇顺种业有限公司）

二十五、东北地区露地甜瓜死秧综合防控技术

东北地区露地种植薄皮甜瓜常发生除草剂药害、枯萎病、根腐病、蔓枯病等根部蔓部病害、靶斑病（黄点病）、霜霉病、白粉病、叶枯病、角斑病、果斑病等叶片果实病害死秧。

1. 除草剂药害诱发的甜瓜死秧及防控技术

东北地区玉米播种后下第二场大雨时（农民称为毒雨），空气中的 2,4-D 丁酯等除草剂会漂移降落到农田杀伤甜瓜、蔬菜等多种农作物甚至田间杂草的新叶和生长点，诱发东北地区爆发甜瓜、蔬菜等作物除草剂药害。甜瓜新叶和蔓尖死亡，仅保留少部分老叶，老叶上形成穿孔性病斑。对于东北地区除草剂药害诱发的甜瓜死秧，除呼吁农业农村部撤销 2,4-D 丁酯等漂移性除草剂的农药登记证外，没有好的解决办法。甜瓜栽培者可以通过采用拱棚全程防雨栽培、推迟露地甜瓜定植期、转移至水田

区、干旱地区露地种甜瓜、发生除草剂药害后喷碧护、芸苔素素、磷酸二氢钾等措施避开或减轻除草剂药害。

2. 根部蔓部病害诱发的甜瓜死秧防控技术

首先，用选用'璇瑞1号''璇甜白花姑娘''璇顺蜜点11'等兼抗枯萎病和蔓枯病的品种，用杀菌剂1号对甜瓜种子进行消毒或用适乐时包衣；第二，播种前用精甲咯嘧菌或精甲恶霉灵或先正达宝路喷洒苗床；第三，定植或浇水时用枯草芽孢杆菌、申嗪霉素、多菌灵和恶霉灵，或宝路灌根；第四，蔓枯病发病后及时用申嗪霉素、嘧菌酯、阿砣、阿米妙收、阿米多彩、粉唑嘧菌酯、苯甲咪鲜胺等药防治。

甜瓜伸蔓期至果实成熟期，每10天喷1次春雷霉素（或噻唑锌、加瑞农、喹啉铜、四霉素、中生菌素、多抗霉素、枯草芽孢杆菌、哈茨木霉菌）、百菌清（或甲基硫菌灵、丙森锌、甲硫福美双）、精甲霜灵锰锌（或霜霉威、烯酰吗啉）、吡唑醚菌酯（或嘧菌酯、阿米多彩），交替用药。用四霉素、甲硫福美双、噻唑锌戊唑醇、苯甲咪鲜胺、阿米妙收、露娜森等药剂防治靶斑病。用精甲霜灵锰锌、霜霉威、烯酰吗啉、吡唑醚菌酯、氰霜唑、银法力、增威赢绿等药剂防治霜霉病。用吡唑醚菌酯、乙嘧酚、晴菌唑、苯醚甲环唑、朵麦可、露娜森、绿妃等药剂防治白粉病。用四霉素、噻唑锌、噻唑酮、加瑞农、春雷霉素、中生菌素、多抗霉素等药剂防治角斑病、细菌性果斑病、软腐病等细菌性病害。

（吴啟菠，长春璇顺种业有限公司）

第六章　新技术在甜瓜栽培上的应用

第一节　新型肥料

一、微生物菌剂在甜瓜栽培上的应用与效果

在农业生产过程中，有些农民对其作物生产效益低的原因总是纠结于肥料施用不足，或者追肥用药不及时。其实不然，农业效益低的原因，主要是作物对自然界能源利用效率低。例如：太阳光的利用率，单位面积内的日光利用率在1%以下，即便是合理的密植作物在生长旺盛期，光照的利用率也只有6%~7%左右，有机肥的平均利用率在24%以下，化学肥料利用率在10%~30%左右，而对于空气中的氮的利用率仅仅只有1%上下。因此，盲目的增加肥料使用量，不仅造成浪费，增加投入成本，且引发严重土壤肥害，最终导致土壤自身修复净化能力降低的严重后果（彩图6-1、6-2）。

实践证明，农用微生物菌与有机质或氮素粪肥（秸秆、畜禽粪便，腐殖酸肥等）拌施或冲施，可改善土壤理化性状和酸碱平衡。即使在北方连续阴霾弱光条件下，也能促进植株生长新根，增加抗逆性，达到设施甜瓜优质高效生产目的。微生物菌肥因在植物生长发育中表现出诸多优势而被广大种植者所喜爱，一度风靡肥料市场。但由于盲目发展，一些伪劣产品充斥市场，致使作物生产效益降低，导致农民谈"菌"色变，因此，给微生物菌肥正名尤其必要。

1. 微生物肥种类

目前生产中运用较多的微生物产品如："菌肥""菌剂"等产品，由于执行标准不同分为以下几种类型：复合微生物肥料（798标准）；生物有机肥（884标准）；有机肥料（525标准）；有机物料腐熟剂（609标准）；农用微生物菌剂（20287标准）。按照接入所含作用菌种可分为：单一菌株和复合微生物菌株。就复合菌来说，最早莫过于日本琉球大学比嘉照夫教授所研发的EM菌群，它是由多种微生物复合培养而成的多功能菌剂，其中包括：光合、乳酸、酵母、放线等对人及动物有益的微生物菌，在20世纪90年代我国曾对引进的EM菌进行过相关科研攻关和改进，衍生出诸多实用的复合型EM菌群。按目前国内各大生产厂家所生产EM类产品囊括了：好氧型、厌氧型以及兼性厌氧等，广泛应用在农业种植、畜禽养殖，及水产养殖调水中。

单一菌株运用在农业上种类繁多，有细菌、真菌、放线菌、酵母类等，例：枯草

芽孢杆菌、巨大芽孢杆菌、胶冻样芽孢杆菌、解淀粉、多粘类等种类繁多，不再一一赘述其作用机理。

2. 微生物肥对甜瓜栽培中的优势

(1) 分解作用

有益微生物菌以及酶的施入，可分解土壤内有机物以及植物残体。以 EM 为例，施入土壤后，能够改变土壤性质，分泌出的有机酸、小分子肽、寡糖、抗生物质等，能后杀灭或抑制腐杂菌的生长繁殖。有益优势菌群在占领了主导后，能将腐杂菌分解的硫化氢、甲烷等有害物质中的氢分解出来，使其无害化，并固定合成为糖类、氨基酸、维生素、激素等物质，使分解菌繁殖加快，为植物生长提供丰富的营养。实现设施甜瓜节省成本、高效优质生产目的。

(2) 固氮作用

有益微生物施入土壤后可利用特有固氮、解磷释钾菌株吸收空气中的氮，减少氮、磷肥的投入量。有效缓解肥害，控病抑虫，平衡土壤营养且增加植物根系量70%左右。

(3) 促进甜瓜多发新根，增进吸收功能，提高植株抗逆性

能使有益菌群占领棚室土壤内的主导位置，改善土壤理化性状和酸碱平衡；增加土壤氧气含量，促进根系生长，促使植株旺盛生长。特别是在北方连续阴霾天及弱光等不利条件下，也能使植株增加抗逆性，抑制因肥害引起的根部类疾病。

(4) 增产增效

利用微生物菌的固氮解磷释钾功能和有机物的转换作用，可相对减少氮、磷肥的投入量50%~80%，达到低投入、高产出的效应。如在茄果类蔬菜生产中，用农用微生物菌剂500~1000g，与发酵腐熟的畜禽粪便2000kg(发酵期间可增加含有纤维素丰富的秸秆和稻壳类)施入土壤，在结果期追加45%的硫酸钾100kg，不施用其他肥料的前提下产量可以达到5000~10000kg左右。在有益微生物的作用下，只需要补充适量钾肥，其他多种营养元素基本都可保持平衡(彩图6-3、6-4、6-5、6-6)。

3. 用法用量

(1) 育苗施用

在工厂化育苗中使用，菌剂可通过与育苗基质混拌、稀释液喷洒等方式施入。通常在育苗后在500g微生物菌剂兑100kg水，加2kg红砂糖，浸泡3~6h以上，过滤喷洒幼苗即可。可使幼苗叶片饱满，根系健壮发达，达到苗齐、苗壮。

注意：微生物菌肥不能与杀菌剂同时使用，以防菌肥失效，安全间隔期为3~5天。

(2) 定植施用

定植前：用 500g 微生物菌剂兑 40~50kg 水，加 1kg 红砂糖浸泡 12h 以上，用穴盘沾根 3s 移出后定植，据青县试验证实，甜瓜折光糖含量比对照提高 3 个百分点。

(3) 定植后施用

将上述浓度配比的菌肥在甜瓜果实膨大中期、果实色期随水肥冲施或稀释后叶片喷洒 2~3 次，即可使甜瓜植株生长旺盛，株高增加 5~7cm 且根系发达，彩图 6-5 所示增加果实含糖量，并改善果实口感、风味品质（彩图 6-7、6-8）。

总结各试验对比具体使用方法。供试肥料：供试作物：羊角脆甜瓜。试验处理：处理 1：常规施肥；处理 2：常规施肥+供试肥料；处理 3：常规施肥+等量基质处理；4：空白对照施用方法：3 次使用量、定植前沾根，肥效特点：早开花结实 7~10 天，增产 10%以上改善果实品质，提高适口性，促根发育，增强抗逆、抗病能力。花期表现：株高平均高出 11.7%，叶片数平均增多 14.5%，花期提前 1 周左右。

成熟期果实表现：产量比对照高出 11.5%。收获期提前 1 周，甜瓜的口感甘甜且硬度适中。果实的蛋白质含量、可溶性固形物和可溶性糖含量比对照分别提高 7.41%，3.0%，36.0%。总体对比效果：防治土传病害，防治死苗、死秧，减少病害，促进早花早实 7~10 天，一般增产 10%以上，改善蔬菜营养品质，提高果实甜度和适口性，促进根系发育，增强抗旱、抗寒、抗病能力活化，利用土壤磷、钾养分，改良次生盐渍化。绿色环保，无毒副作用，显著降低施肥污染。

(张进，沧州旺发生物技术研究所有限公司)

二、多功能有机液体肥料在甜瓜上的应用

多功能有机液体肥料含有多种醇、酮、酚及衍生物的有机化合物及胺类；甲胺类、吡啶等少量碱类物质以及多种对作物生长有益成分和微量元素，如钙、钾、铁、镁等。木醋液具有促进植物生长、土壤消毒杀菌、防虫、防腐，可以降低农药化肥的用量。酵素，即酶，是指具有生物催化功能的高分子物质，又叫生物催化剂。生产酵素的原料全部来自农业生产的各种废弃物，系天然植物材料如尾菜、畸形果、病残果等有机原料，其营养是通过发酵有机质材料生产出生物有机肥和微生物菌剂来实现，可以促使作物根系发达，吸收、转化土壤中潜在的营养，微生物还可将植物根系分泌出的化感物质，解转化，克服次生盐渍化和作物自毒等连作障碍。

本试验把木醋液、酵素作为一种新型有机液体肥料原料，根据不同需要，设计不同配方，生产酵素、木醋液和微量元素添加到多功能有机液体肥料中，在甜瓜上进行应用，意在研究多功能有机液体肥料对促进植株生长健壮，抵抗病虫害、提高抗逆能力，改善产品的口味，减少化肥农药等方面的作用。

1. 材料与方法

试验地点：试验在北京市农林科学院联栋温室进行。试验于2017年3月9日定植，6月12日收获测产。品种为'京玉菇2号'。多功能有机液体肥料为营资所养分管理室提供。

2. 试验设计

试验设4个处理。第一，对照浇清水；第二，木醋液，稀释500倍灌根；第三，酵素。稀释500倍灌根；第四，木醋液与酵素相结合，稀释500倍灌根。甜瓜膨大期每7天灌根1次，连续4次。

3. 结果与分析

表6-1 不同多功能有机液体肥料处理对甜瓜长势产量和品质的影响

编号	单瓜重（Kg）	瓜茎粗（mm）	折亩产（Kg）	可溶性固形物（%）	根结线虫病情指数（%）
对照（清水）	1.235a	117.87a	2541	16.2a	42.95
木醋液	1.255a	118.44a	2583	17.8b	13.75
酵素	1.304ab	119.26ab	2753	17.3b	11.9
木醋液+酵素	1.378b	120.93b	2825	17.6b	17.61

从表6-1可知，多功能有机液体肥料对甜瓜长势和品质都有不同程度的影响。木醋液和酵素相结合处理与对照相比单瓜重达到显著性差异；酵素处理与木醋液和酵素相结合处理较对照产量分别增产7.7%和11.2%；可溶性固形物各处理与对照相比都达到显著性差异，甜度提高1度以上；根结线虫的病情指数较对照有明显的降低。试验表明用多功能有机液体肥料对甜瓜进行灌根，不仅能增加产量提高品质，还能有效抑制根结线虫的感染，大大提高了甜瓜的生长。

多功能有机液体肥料在抑制土壤退化，减少土壤根结线虫数量、重茬等连作障碍等方面起到了显著作用。可减少化肥、农药的使用量，不但保证了农产品安全，且可提高甜果实品质。

（刘焱鑫、张琳，北京市农林科学院植物营养与资源研究所）

第二节 甜瓜规范化新技术

一、北京地区早春大棚甜瓜蜜蜂授粉技术操作规范

第一，瓜苗定植时杜绝使用防蚜虫药片（如1株1片吡虫啉缓释剂等）或浇灌防虫药剂。蜜蜂授粉前15日内严禁使用杀虫剂、杀菌剂，如需药剂防治待蜜蜂授粉结束

后进行。在蜜蜂入棚前2天加大风口放风，减少棚内药物残留。

第二，甜瓜生长过程中必须及时整枝打岔（蜜蜂入棚后也应该进行必要的管理），将瓜秧梳理好，一旦瓜疯秧、跑秧会出现瓜胎少，花蕾少，影响坐果。

第三，甜瓜定植时要保证大小苗一致，以确保开花集中，有利于授粉。并在开花坐果前浇水，避免授粉过程中因干旱补水，影响坐果。

第四，甜瓜蜜蜂授粉最佳应用时间为4月中旬至4月底，建议在5月1日前结束蜜蜂授粉。5月份随着外界温度的提高，蚜虫危害日趋严重，将与蜜蜂授粉冲突。

第五，在坐果结实花开放前1~2天，放置授粉蜂箱。放置过早，会造成无效坐果，增加疏果的工作量。

第六，每亩地大棚放置一箱带蛹的蜜蜂（最好有蜂王），蜜蜂保持在2500~3000只。将蜂箱放置在西瓜棚中间位置，并保证蜂箱放置区域干燥避免受潮。在中间和与其对应的两边打开2m左右的顶风和边风口，并拴好带颜色的标记。

第七，授粉蜂傍晚入棚，进棚后静置半个小时，再打开蜂箱小门，开度在1/3大小，待蜜蜂熟悉路径后将蜂门全部打开。

第八，由蜂场给授粉蜂提前放入饲料。如授粉蜂未添加食物，用蜂户每天要向糖槽中添加白糖浆，确保蜜蜂进食。白糖浆的配制，用500g水加300g白糖，将糖水熬成稀糖浆，放凉后添加在糖槽中，剩余的糖浆放在冰箱中保存备用。注意：不能把白糖加水融化就喂蜜蜂，不能把变质的糖水喂蜜蜂。蜂箱旁放置一盛水容器，每天更换清水，水上浮一些小木条或其他飘浮物，以便蜜蜂饮水。

第九，蜜蜂授粉时大棚温度应保持在25~30℃，温度过高或过低影响西瓜授粉效果，甚至造成蜜蜂死亡。

第十，授粉结束后，待傍晚蜜蜂回箱后，关好蜂门，送回蜂场。

第十一，在幼瓜果实长到鸡蛋大小时，进行选果和疏果。

另外，在授粉蜂入棚后1~2天内如发现蜜蜂不出巢、不工作、撞棚等异样行为，应及时联系蜂场；授粉期间如遇连续阴雨天气，建议采用其他授粉方式。如棚内蚜虫危害严重，建议不再使用蜜蜂授粉。

（芦金生，北京市大兴区农业技术推广站）

二、双断根"两点一线"嫁接技术规范

双断根"两点一线"嫁接技术是山东伟丽种苗有限公司的一项专利技术。这项技术可以提高嫁接成活率，降低嫁接期间病害发生几率，有效控制徒长，更新根系，增强根系活力，变直根系为须根系，使根系发达、植株长势旺、抗逆性强、栽培产量高。下面对这项技术进行详细介绍：

1. 育苗

（1）砧木育苗

将南瓜砧木种子（干籽）播于常规50孔穴盘内，基质配比采用草炭：蛭石：珍珠岩为4∶2∶1（体积比），每穴三粒种子，覆土、浇水、覆膜，待60%左右种子拱出时去薄膜。砧木种子拱出后，降温降湿，预防常见病虫害。砧木生长至一叶一心、株高7~9cm时，准备嫁接。

（2）接穗育苗

将甜瓜种子（干籽）机械或手工播种于288孔穴盘中，覆土、浇水、盖膜，催芽室催芽，待60%左右种子拱出时去覆膜，转入育苗温室正常肥水管理。子叶平展，真叶萌出未展平，株高4~5cm时，准备嫁接。

2. 嫁接

（1）嫁接前准备

嫁接前，应先将50孔穴盘装好基质，浇水至基质相对含水量85%~90%，覆膜保湿。同时，对嫁接工具如嫁接台、嫁接签、刀片等用75%医用酒精消毒，对嫁接工、搬运工、回栽工、调度工等相关人员进行合理安排，一般2名嫁接工配备1名回栽工。

（2）嫁接方法

采用双断根两点一线嫁接法（山东伟丽种苗有限公司独创，专利号201810282104.4）。先将砧木从下胚轴处断根，然后采用两点一线嫁接法嫁接。嫁接具体步骤如下：

第一，将砧木苗真叶和生长点剔除；

第二，左手拿住砧木，子叶朝下、下胚轴朝上，用嫁接专用签紧贴砧木真叶叶柄基部外侧向另一侧子叶节基部斜刺一孔，嫁接签斜面朝上，稍刺破砧木表皮，插孔深约0.5~0.8cm（彩图6-9、6-10）。

第三，取接穗苗，在子叶下部0.5cm处用刀片斜切长0.5~0.8cm的楔形面，长度大致与砧木插孔的深度相同。

第四，从砧木上拔出嫁接签，迅速将接穗插入砧木的插孔中，稍露出接穗切削面的尖部。

第五，嫁接完成后，立即将嫁接苗断根（砧木子叶下方胚轴长7.0~8.0cm为宜），并插入装好基质的50孔穴盘内（也称回栽），扦插深度2.0~3.0cm为宜，及时覆膜进行保温保湿处理。

3. 回栽后秧苗管理

秧苗回栽后，有两个非常重要的生理过程：砧木与接穗切口愈合；砧木下胚轴不定根发生（一般48小时肉眼可见新根）。因此，秧苗回栽后管理对嫁接苗的成活及质量至关重要。

(1) 温度管理

白天(膜下)温度26~28℃，夜间20~22℃，第6天后夜温降到18~20℃，第8天后转入正常管理。

(2) 湿度管理

空气相对湿度(膜下)90%~95%，基质相对湿度85%~90%为宜，相对湿度低于75%时，要及时补水。第7天后可转入正常湿度管理。

(3) 光照管理

嫁接的后前3~4天，在空气温度不超过30℃，相对湿度达到90%，砧木和接穗不萎蔫时，可酌情增加光照时间和强度；第4天后，接穗和砧木初步愈合，也应视砧木萎蔫情况，适当采取遮阴措施，防止嫁接苗蒸腾作用过强而造成失水萎蔫。

4. 嫁接成活后秧苗管理

(1) 水肥管理

嫁接苗成活后，应及时补充营养和水分，但嫁接苗前期真叶较嫩，应在施肥上采取少量多次的原则，在保证幼苗营养充足的情况下，避免顶部灌溉施肥在成的叶片灼伤。

(2) 温光环境调控

嫁接苗成活后，应逐渐增加秧苗见光时间和光照强度，增大昼夜温差，降低温室内空气湿度，创造有利条件，培育壮苗。

(3) 病虫害防治

对甜瓜苗常见、易发病虫害，如白粉病、蚜虫、潜叶蝇等，应提前预防，同时采取增加光照、适时通风，降低湿度等环境调控措施，减少病虫害发生。

(4) 其他管理

对砧木萌发的顶芽、侧芽应及时剔除，防止砧木生长点与甜瓜接穗争夺养分，剔芽时切忌损伤子叶及扯动接穗，特别是嫁接愈合部位。

嫁接苗定植前5~7天开始炼苗，主要包括加大通风量、减少水分、增加光照时间和强度，降低夜温等措施。

秧苗售出或移栽前喷施一遍保护性药剂。

5. 壮苗标准

正常情况下，甜瓜双断根嫁接后19~23天可达定植标准，较普通顶插接可提早3~5天时间，一级壮苗率提高15%以上。

甜瓜嫁接苗壮苗标准：二至三叶一心，砧木和接穗子叶完整，接穗叶片肥厚、浓绿，茎粗 3.5~4.0mm，株高 8~10cm；接穗高 2~3cm，砧木高度 5~6cm；根系粗壮发达，根坨成型，无气生根；秧苗无病害，无虫口，特别是不携带检疫性病害。

第三节　甜瓜嫁接育苗技术要点

砧木和甜瓜接穗的选择。选择新土佐南瓜做甜瓜砧木，选择甜瓜种时，由于甜瓜种子粒型小，选种时尽量选择粒型较小的南瓜砧木。甜瓜接穗的选择，需适合当地适销对路的优良甜瓜品种。

嫁接技术要点如下。

1. 育苗

由于薄皮甜瓜种子粒型小，做砧木的南瓜种子粒型大，为使嫁接时甜瓜和砧木的茎粗相吻合，育苗时须先育甜瓜苗，后育南瓜砧木苗。甜瓜一般比南瓜砧木先播 7 天，为使甜瓜苗大小均匀一致，甜瓜可播在 70 孔的穴盘中，每穴播 5 粒种芽，甜瓜苗白天棚温 25~30℃，夜温 15~18℃，待甜瓜苗两子叶展平，第一片真叶开始出现时，播南瓜砧木。由于南瓜苗耐低温，南瓜砧木出苗后，温度白天 25~30℃，前 7 天夜温一定要控制 12℃ 以下，南瓜刚出，夜温高于 12℃ 以上，南瓜宜形成高脚苗，胚轴细长，不利于嫁接。

2. 适时嫁接

当南瓜砧木出苗 10~12 天，第一片真叶直径 2.0~3.0cm 时，甜瓜即可进行带真叶插接。这样甜瓜苗和南瓜砧木的下胚轴茎粗相吻合，接口创面大，易育出壮苗。

3. 嫁接后的管理

可以用八个节点概括，即：遮阳、保湿、保温、除萌。

(1) 遮阳

嫁接后，嫁接苗棚，在砧木和甜瓜愈合前，白天通过遮阳网遮阳，避免阳光直射，减少叶片水分蒸发，嫁接苗随着嫁接苗伤口愈合。白天逐步减少遮阳时间，12 天后，只在中午强光时间段遮阳网，避免棚内阳光直射，同时阳光直射会使育苗棚温度过高，嫁接苗会因萎蔫，影响成活。

(2) 保湿

嫁接苗前 3~4 天棚内相对湿度保持 90% 以上，3~4 天后可通过通风，适当降低温度，减少病害发生。

（3）保温

应该是嫁接苗管理的重点，甜瓜嫁接苗的温度管理不同于西瓜嫁接苗的管理，甜瓜带真叶嫁接，刚嫁接后棚温超过30℃以上，甜瓜叶片水分蒸发量大，会出现甜瓜接穗萎蔫，不利于伤口愈合。嫁接后前7天，白天温度要求保持在25~28℃，夜晚18~20℃，7天后嫁接伤口愈合，甜瓜开始长出新叶后，夜晚温度15~16℃，更利于培育壮苗。

（4）除萌

嫁接苗成活后，南瓜砧木子叶叶腋会生长出萌芽，直接影响甜瓜接穗生长。

4. 防病

嫁接工作之前做好接穗、砧木、苗床的杀菌处理。嫁接工作中，嫁接工具、操作台面要杀菌消毒。嫁接结束后，苗床要通风换气，每隔3~5天进行药剂处理，真菌与细菌性药剂交替使用，预防苗期病害。

（刘廷理，河南省漯河市召陵区老窝兴农蔬菜良种繁育家庭农场）

第七章 甜瓜主要病虫害及最新防治方法

第一节 真菌性病害

一、甜瓜猝倒病

1. 简介

甜瓜猝倒病是甜瓜苗期常见病害，除危害甜瓜外还危害其他瓜类、茄果类、豆类、葱类、芹菜、十字花科等蔬菜，随着保护地不断发展及连作，近几年呈严重发展趋势。

2. 危害症状

种子在萌发出土前受侵染，可造成烂种、烂芽。苗期露出土表的茎基部呈水浸状，病部缢缩为线状，病势发展迅速，常常子叶完好，幼苗在接近表土的茎基部产生黄色水渍状病斑，缢缩软腐倒伏。该病扩展迅速，子叶尚未凋萎，幼苗即猝倒，发病初期苗间点状发病，逐渐向附近植株快速蔓延，湿度大时，病株附近长出白色棉絮状菌丝，即病原菌丝体。瓜苗出土至子叶展平期间，遇阴雨天或苗床温度过大极易发病（彩图7-1）。

3. 病原物

猝倒病病原菌是真菌鞭毛亚门的瓜果腐霉 *P. aphanidermatum* 和德巴利腐霉 *Phthium debaryanum*，菌丝发达，有分枝无隔膜，生长旺盛时呈白色棉絮状菌丝体，菌丝无隔多核，孢子囊丝状或分枝裂瓣状，或呈不规则膨大。泡囊球形，内含6~26个游动孢子。藏卵器球形，雄器袋状至宽棍状，同丝或异丝生，多为1个。卵孢子球形，平滑。潮湿环境下生长旺盛，产生孢子囊和游动孢子。

4. 发生规律

病原菌在病残体及土壤中越冬。土温低温、高湿利于发病。在高湿20~24℃适宜条件下侵入植株，并在病残体上产生孢子囊及游动孢子，借雨水或灌溉水传播。病原主要分布在表土层，雨后或湿度大，病原菌迅速增加。

5. 防治方法

（1）农业防治

选择地势高、地下水位低、排水良好的地块做苗床。用无病的新土，有条件可用无菌专用育苗土。播种前，苗床灌足底水，出苗后尽量不浇水，必须浇水时一定要选择晴天进行。可用30%恶甲水剂或30%多福拌育苗土，下铺上盖，每包加干细土20~30kg，混匀成药土，播种时先用1/3药土垫底，在用2/3药土覆盖种子上。每包药可消毒2~3m²苗床，处理后苗床要保持湿润，以防发生药害，也可播种后在种子上面均匀喷洒600倍的霜脲百菌后覆土。甜瓜定植浇水，缓苗后浇足水，以减轻发病。

(2) 生物防治

复合生物菌剂药效持久稳定，无残留，对人畜和生态环境无害。

(3) 化学防治

甜瓜在育苗时进行土壤处理。若田间发现中心病株应立即拔除，控制浇水，用下列杀菌剂进行防治：69%烯酰·锰锌可湿性粉剂800~1000倍液；53%精甲霜·锰锌水分散粒剂600~800倍液；72%霜脲·锰锌可湿性粉剂600~800倍液；40%霜脲·百菌悬浮剂600倍液；68.75%恶唑菌酮·锰锌水分散粒剂800~1000倍液。7天一次连喷2~3次。

(4) 注意事项

发现中心病株最好灌根，控制病菌扩散。甜瓜幼苗期对杀菌剂敏感，容易引起烧心，请在喷药后把心叶上的药抖掉，以免发生药害。

二、甜瓜立枯病

1. 简介

甜瓜立枯病为甜瓜苗期害病，寄主范围广能危害200多种植物，个别年份危害严重。病情较轻时，多在温度较高的苗棚零星发生，造成局部死苗。

2. 危害症状

苗期染病后茎基部病斑椭圆形至不规则形褐色凹陷斑，绕茎基一周后，病部缢缩呈湿腐状，引起瓜苗死亡。成株期染病主要危害果实，初在靠近土面处果实上发病，产生不规则形褐斑，湿度大时病部长出白色菌丝(彩图7-2)。

3. 病原物

病原为半知菌亚门真菌，丝核菌属，立枯丝核菌 *Rhizoctonia solani* Kühn。菌丝有隔膜，初期无色，老熟时浅褐色，菌丝多呈直角分枝，分枝基部略缢缩，菌丝细胞内有多个细胞核，菌核内外均为褐色，不规则形，表面粗糙，菌核间常有菌丝相连。

4. 发生规律

侵染病原在病残体或土壤中越冬，腐生性较强。此菌生长适温17~28℃，适宜环境下病菌直接侵幼茎引起发病。还可侵染果实，果实与土壤接触面，遇有浇水或降雨，即可引起发病。久旱突然遇雨易发病。

5. 防治方法

(1) 农业防治

选择地势高、地下水位低、排水良好的地块做苗床。用无病的新土，不要用带菌的旧苗床土、菜园土，有条件可用无菌专用育苗土。

种子处理：播种前用55℃热水浸种15min，或用2%漂白粉浸种20min。播种前，苗床要灌足底水，出苗后尽量不浇水。必须浇水时一定要选择晴天进行。可用30%恶·甲水剂或30%多福拌育苗土下铺上盖，每包加干细土20~30kg，混匀成药土，播种时先用1/3药土铺底，在用2/3药土覆盖种子上。每包药可消毒2~3m^2苗床，处理后苗床要保持湿润，以防发生药害，也可在播种后在种子上面均匀喷洒600倍的霜脲百菌后覆土。甜瓜定植后，先少浇水，缓苗后浇足水，以减轻发病。

(2) 生物防治

复合生物菌剂药效持久稳定，无残留，对人畜和生态环境无害。

(3) 化学防治

甜瓜在育苗时进行土壤处理。若发现田间植株发病中心后，应立即拔除病株，控制浇水，用下列杀菌剂或配方进行防治：50%异菌脲悬浮剂1000~1500倍液；69%烯酰·锰锌可湿性粉剂800~1000倍液；53%精甲霜·锰锌水分散粒剂600~800倍液；70%甲基硫菌灵可湿性粉剂1000~1200倍液；40%霜脲·百菌悬浮剂600倍液；68.75%恶唑菌酮·锰锌水分散粒剂800~1000倍液。7天一次连喷2~3次。

三、甜瓜灰霉病

1. 简介

灰霉病是甜瓜的一种重要病害。70%~80%的保护地中均有发生，发病轻时减产10%，一般减产20%~30%。严重时植株下部腐烂，茎蔓折断，整株死亡（彩图7-3、7-4）。

2. 危害症状

主要危害甜瓜的花、果实、叶、茎。叶片发病一般是由脱落的残花、烂瓜或病卷须附着在茎上、叶片上，引起茎、叶片发病，叶部病斑初为水渍状，后为淡灰褐色。叶片上可明显见到由残花落在叶片，后形成大型病斑，近圆形或不规则形，病斑中间有时生有灰色霉层，边缘明显。茎部发病后常造成茎节腐烂，严重时瓜蔓腐烂植株枯死，被害部位着生灰褐色霉状物。随着病情的发展，逐步向幼瓜扩展，多从开败的结实花侵入，致花瓣腐烂，并长出灰褐色霉层。被害花和幼瓜的蒂部初呈水渍状，褪色，病部逐渐变软、萎缩、腐烂，表面密生灰褐色霉状物，幼果感病组织先变黄并生有灰霉，随着病情的发展霉层逐渐变为淡灰色，被害瓜停止生长，从脐部或果柄处，引起瓜腐烂或脱落。

3. 病原物

病原为灰葡萄孢菌 *Botrytis cinerea*，属半知菌亚门真菌。有性世代为富克尔核盘菌 *Sclerotinia fuckeliana*，属子囊菌亚门真菌。

(1) 形态

孢子梗数根褐色，丛生，顶端有分枝 1~2 轮，分枝顶端的小柄上生大量分生孢子。分生孢子单细胞，近无色，椭圆形，大小 $5.5 \sim 16 \mu m \times 5.0 \sim 9.25 \mu m$。

(2) 寄主

病原还可以侵染黄瓜、番茄、茄子、菜豆、莴笋、辣椒等多种蔬菜。

4. 发生规律

病原以菌丝、分生孢子或菌核随病残体在土壤中越冬。病原分生孢子在适温和有水滴的条件下萌发，从寄主伤口、衰败和枯死的组织侵入，萎蔫花瓣和较老的叶片边缘坏死部分容易引起发病。病原随气流、雨水及农事操作进行传播蔓延。苗期和花期较易发病，开花至结瓜期是该病侵染期。温度 18~23℃，相对湿度 90% 以上，连阴天多，光照不足，易发病。春季阴雨天气较多，气温偏低，棚内温度在 20℃ 以下，湿度大，结露时间长，密闭，是灰霉病发生蔓延的重要条件。气温高于 32℃ 或低于 4℃，相对湿度在 80% 以下，病害停止侵染蔓延。

5. 防治方法

(1) 农业防治

收获后彻底清除病残体。出现病花病瓜及时摘除，带出田外深埋。棚室要通风透光，降低湿度，注意保温增温，防止冷空气侵袭。生长前期及发病后，适当控制浇水，适时放风，把棚温提高到 32℃ 后再放风，抑制孢子萌发，降低湿度，减少棚顶及叶面结露时间。采用垄作地膜覆盖，膜下滴灌，防止湿度过高。

(2) 化学防治

50% 腐霉利可湿粉剂 1000~1500 倍液；50% 嘧菌环胺水分散粒剂 1000~1500 倍液；21% 过氧乙酸水剂 1000 倍液；50% 异菌脲悬浮剂 1000~1500 倍液；50% 啶酰菌胺 1500~2000 倍液；2.5% 咯菌腈 1000 倍液；65% 甲硫·霉威 800~1000 倍液。7 天一次。

(3) 注意事项

菌核净、乙烯菌核利、嘧霉胺有不同程度药害，请谨慎使用。

四、甜瓜菌核病

1. 简介

是一种寄主范围很广的低温病害，以春保护地甜瓜受害为主。有时和蔓枯病混合发生造成严重损失。

2. 危害症状

主要危害叶、茎、蔓及果实。在近地面的茎蔓发病时出现淡绿色水浸状小斑点，后变为淡褐色病斑，高湿条件下病茎软腐，长出白色棉毛状菌丝。病茎缢缩腐烂。

叶柄、叶、幼果发病，病初呈水浸状并迅速软腐，后长出大量白色菌丝，菌丝密集形成黑色鼠粪状菌核。

果实多在残花部，先呈水浸状腐烂，并长出白色菌丝，后菌丝纠结成黑色菌核（彩图7-5、7-6）。

3. 病原物

病原为核盘菌 Sclerotinia sclerotiorum，属子囊菌亚门真菌。菌核初为白色，老熟后变黑色鼠粪状。子囊盘柄长3~15mm，伸出土面为乳白色，渐展开呈杯状。子囊棍棒状，无色，内生子囊孢子8个。子囊孢子单胞，无色，椭圆形，大小 $10~15\mu m \times 5~10\mu m$。菌丝生长及菌核形成最适温度20℃，最高35℃。

4. 发生规律

病原以菌核遗留在土中，或混杂在种子中越冬或越夏。混在种子中的菌核，随播种进入田间，或遗留在土中的菌核，遇有适宜温湿度条件，即萌发产出子囊盘，散出子囊孢子随气流传播蔓延，侵染衰老花瓣或叶片，长出白色菌丝，开始危害残花或幼瓜。0~35℃菌丝均能生长。相对湿度高于85%，温度在15~20℃利于发病。在田间带菌雄花落在叶片或茎上经菌丝接触，易引起发病。

5. 防治方法

(1) 种子消毒

50℃温水浸种10min，1500倍过氧乙酸浸种10min，即可杀死菌核。实行轮作，增施生物菌肥，高畦覆膜栽培可以抑制子囊出土。

(2) 棚室栽培

上午提温到32℃时，再慢慢放风。下午放风排湿。发病后可适当提高夜温，以减少结露。早春日均温控制在29~32℃高温，相对湿度低于65%，防止浇水过量。提倡膜下滴灌，降湿防病，也是最有效防病措施。

（3）化学防治

50%腐霉利可湿粉剂1000~1500倍液；50%嘧菌环胺水分散粒剂1000~1500倍液；21%过氧乙酸水剂1000倍液；50%异菌脲悬浮剂1000~1500倍液；50%啶酰菌胺1500~2000倍液；2.5%咯菌腈1000倍液；65%甲硫·乙霉威800~1000倍液。7天1次。

（4）注意事项

菌核净、乙烯菌核利、嘧霉胺有不同程度药害，请谨慎使用。

五、甜瓜炭疽病

1. 简介

甜瓜炭疽病为甜瓜的普通病害，分布较广，病株率10%~30%，严重时达80%以上，严重影响甜瓜生产。

2. 危害症状

潮湿时叶面病斑上生出粉红色黏稠物。果实发病出现水渍状凹陷褐色病斑，后病斑龟裂，高湿时病斑中部产粉红色黏稠物。严重时病斑连片，腐烂。幼瓜染病呈水渍状淡绿色圆形病斑，瓜畸形或脱落。

生育期均可发病，叶片、茎蔓、叶柄及果实均可染病。幼苗发病子叶上产生半圆形黄褐色病斑，边缘有晕圈，幼茎感病出现水浸状病斑，茎基缢缩，引起倒伏。叶片染病，初现圆形至纺锤形或不规则黄褐色斑点，后为黑褐色水渍状斑点，有时现出轮纹。干燥时病斑易破碎穿孔。潮湿时产生粉红色黏液，严重时叶片枯死。茎和叶柄感病，病斑长圆形，稍凹陷。果实发病果实病部凹陷开裂，湿度大时溢出粉红色黏稠物。幼瓜畸形或脱落（彩图7-7、7-8、7-9、7-10）。

3. 病原物

病原为葫芦科刺盘孢 *Colletotrichum orbiculare*，属半知菌亚门真菌。分生孢子盘初为聚生，后为埋生，红褐色，后突破表皮。呈黑褐色。分生孢子梗圆筒状，无色，单胞，大小20~25μm×2.5~3.0μm 分生孢子单胞，无色，长圆形，大小14~20μm×5.0~6.0μm。

4. 发生规律

病菌随病残体在土壤内越冬，第2年产生大量分生孢子，借雨水或地面流水传播，条件适宜时病原从植株伤口和表皮进入体内，引起发病。发病最适温度23℃左右，湿度90%左右。氮肥过量，植株过密，保护地不及时放风，露地遇阴雨天，都会促进发病。

5. 防治方法

(1) 种子处理

播种前用50℃温水浸种20min，25%吡唑醚菌酯1500倍浸种20min，晾干直播或催芽播种。

(2) 农业防治

实行3年轮作，并用无菌土进行营养钵育苗。施足底肥，增施磷钾肥。露地盖膜栽培，保护地适时放风。注意平整土地，防止积水，雨后及时排水，合理密植，及时清除田间杂草。

(3) 药剂防治

在发病初期用25%嘧菌酯悬浮剂1500~2000倍液；25%吡唑醚菌酯干悬浮剂2000~3000倍液；25%溴菌腈水乳剂500倍液；10%苯醚甲环唑水分散粒剂1000倍液；50%咪鲜胺锰盐1500倍液；80%络合代森锰锌600倍液；40%百菌清悬浮剂500倍液，间隔7天，连喷2~3次。

(4) 注意事项

咪鲜胺类、三唑类对瓜类敏感，苗期及生育前期慎用，以免发生药害。

六、甜瓜霜霉病

1. 简介

甜瓜霜霉病是甜瓜的主要病害，在各地普遍发生，薄皮甜瓜露地地膜栽培危害最重的是叶部病害，多雨年份常造成甜瓜大面积绝收。甜瓜露地栽培，果实膨大后期至成熟期，特别是接近成熟期，遇连雨天或大雨或雨后下雾，极易发生霜霉病。保护地中后期发病重，夏秋露地栽培发病较重，轻者严重减产，重者绝收。寄主：黄瓜、南瓜、佛手瓜、西瓜、甜瓜、香瓜、西葫芦、葫芦、丝瓜和苦瓜等（彩图7-11、7-12）。

2. 危害症状

主要危害叶片，自下而上发病。甜瓜叶面上先产生浅黄色小斑点，清晨叶面上有结露时，病斑呈水浸状，病斑扩大后，受叶脉限制呈不规则多角形、黄褐色，病斑多时叶片向上卷曲，并很快干枯破碎。湿度大时叶面背面长出灰褐色霉层，几天内病斑扩大变成黄褐色大病斑，叶片焦枯。病情由植株基部向上蔓延，发病后期病斑连成片，全株叶片黄褐色，干枯卷缩，叶易破，仅蔓稍保留少量新叶，田间一片枯黄。甜瓜熟期遇雨防病不及时，从发病到全部叶片枯黄仅需5天。果实发育期，进入雨季病势扩展迅速。

3. 病原物

病原为古巴假霜霉病菌 *Pseudoperonospora cubensis*，属鞭毛菌亚门真菌。孢囊梗 1~2 枝或 3~4 枝从气孔伸出，长 165~420μm，多为 240~340μm，主轴长 105~290μm，占全长的 2/3~9/10，粗 56.5μm，个别 3.3μm，基部稍膨大，上部呈双状分枝 3~6 次；末枝稍弯曲或直，长 1.7~15μm，多为 5~11.5μm。孢子囊淡褐色，椭圆形至卵圆形，具乳突，大小 15~31.5μm×11.5~14.5μm，长宽比为 1.2~1.7；以游动孢子萌发；卵孢子生在叶片的组织中，球形，淡黄色，壁膜平滑，直径 28~43μm。

4. 发生规律

病菌以卵孢子在种子或土壤中越冬，保护地内在瓜类上越冬，翌春传播。夏季可通过气流、雨水传播。在北方，甜瓜霜霉病是从温室传到大棚，又传到露地瓜类，再传到秋季露地瓜类上，最后又传回到温室，病害在田间发生的气温为16℃，适宜流行的气温为20~24℃。高于30℃或低于15℃发病受到抑制。孢子囊萌发要求有水滴，当日平均气温在16℃时，病害开始发生，日平均气温在18~24℃，相对湿度在80%以上时，病害迅速扩展。在多雨、多雾、多露的情况下，病害极易流行。甜瓜品种间发病有差异。一般较晚熟、耐热性强的品种相对较抗病，熟性较早、耐低温的品种较为迅速感染发病。在空气相对湿度达80%以上时，病斑上可产生大量病原孢子，传播到健叶上，3~4天就可出现新的病斑。

5. 防治方法

(1) 农业防治

避免与瓜类作物邻作或连作，尤其是不要与黄瓜、菜瓜等连作、邻作或混作。7~8月要注意雨前不能浇水，雨后及时清沟排水。合理施肥，以有机肥为主，适当配施氮、磷、钾化肥。合理密植，并及时整枝打杈，防止生长过旺，影响通风透光。

(2) 化学防治

可选用以下杀菌剂：

50%烯酰吗啉可湿性粉剂 1000~1500 倍液+70%丙森锌可湿性粉剂 600 倍液；69%锰锌·氟吗啉可湿性粉剂 1000~2000 倍液；72%霜脲氰·代森锰锌可湿性粉剂 500~700 倍液；68%精甲霜·锰锌水分散粒剂 800~1000 倍液；60%唑醚·代森联水分散粒剂 1500~2000 倍液；44%精甲·百菌清悬浮剂 800~1500 倍液；10%氰霜唑悬浮剂 1500~2500 倍液+70%代森联干悬浮剂 600 倍液；20%氟吗啉可湿性粉剂 800~1000 倍液+75%百菌清可湿性粉剂 600 倍液；72.2%霜霉威盐酸盐水剂 600~800 倍液+50%克菌丹可湿性粉剂 500~700 倍液；20%霜脲百菌清 600 倍液连喷 2~3 次，5~7 天一次。

七、疑似甜瓜壳格茎枯病

1. 简介

为甜瓜的一种新型病害，目前为止国内文献没有查到相关报道。病菌主要危害嫁接甜瓜，苗期发病，隐蔽性强，不容易被发现，病株率10%～30%，严重时达80%以上，严重影响甜瓜生产。

2. 危害症状

主要危害叶片、叶柄及茎。叶片感病出现褐色不规则斑，有灰黑色霉层。嫁接口部位至子叶基部出现皲裂纹，后产生不明显黑灰色霉斑，茎上有梭形霉斑，严重时绕茎布满黑灰色霉层，先引起子叶干枯，发病严重时引起茎缢缩干腐，无水浸状，无流胶状现象，区别于蔓枯病，后干腐缢缩枯死。此病发展较慢，容易被忽视，当发现有枯死苗，才引起重视，但为时已晚（彩图7-13、7-14、7-15）。

3. 病原物

该病原菌的科、属、种分类上有待专业人士进一步鉴定。笔者在显微镜检观察到病原疑似为壳格孢属（*Camarosporium*）。其分生孢子单生近球形，深褐色至黑色直径100～336μm，具乳突及孔口。无分生孢子梗。产孢细胞桶形、葫芦形或圆筒形。分生孢子褐色近圆形，2～5个横膈膜、1～4个纵膈膜，隔膜处有缢缩10～24μm×8～12μm。

4. 发生规律

（1）菌源

病原主要随病残体在土壤中越冬，也可在种子上越冬。

（2）侵染

第2年产生大量分生孢子，借雨水或地面流水传播，条件适宜时病原从甜瓜植株的伤口和表皮进入体内，引起发病。发病最适温度23℃左右，湿度90%左右。氮肥过量，植株过密，保护地不及时放风，露地遇阴雨天，都会促进发病。

5. 防治方法

（1）种子处理

播种前用50℃温水浸种20min，25%吡唑醚菌酯1500倍浸种20min，晾干直播或催芽播种。

（2）农业防治

实行3年轮作，并用无菌土进行营养钵育苗。施足底肥，增施磷钾肥。露地盖膜栽培，保护地适时放风。注意平整土地，防止积水，雨后及时排水，合理密植，及时清除田间杂草。

(3) 药剂防治

在发病初期用 25% 嘧菌酯悬浮剂 1500~2000 倍液；25% 吡唑醚菌酯干悬浮剂 2000~3000 倍液；25% 溴菌腈水乳剂 500 倍液；10% 苯醚甲环唑水分散粒剂 1000 倍液；70% 甲基硫菌灵 1500 倍液；80% 络合代森锰锌 600 倍液；50% 异菌脲悬浮剂 1000 倍液；40% 百菌清悬浮剂 500 倍液，7 天一次，连喷 2~3 次。

(4) 注意事项

瓜类对三唑类敏感，苗期及生育前期慎用，以免发生药害。

八、甜瓜红粉病

1. 简介

甜瓜红粉病为甜瓜的普通病害，分布较广。通常零星发生，严重时病瓜率可达 10% 左右，明显影响甜瓜生产。

2. 危害症状

主要危害叶片和果实。

叶片由下向上发生，在叶片上产生圆形、椭圆形或者不规则形的浅黄褐色病斑，病健部界限明显，病斑直径 2~50mm，病斑处变薄，后期容易破裂。从单株发病情况看，下部叶片病斑大，呈椭圆形或不规则形，病斑边缘呈浅黄褐色，中部灰白色，易破裂，常常两个或几个病斑连在一起；中部叶片病斑较小，病斑数量较多，病斑呈圆形或椭圆形，浅黄褐色；上部叶片病斑呈圆形，小且少。高湿时间长时，病斑部出现浅橙色霉状物。发生严重时，可造成叶片大量枯死，引起化瓜。病斑上不产生黑色小颗粒，可与炭疽病和蔓枯病相区别。

果实初现褐色大型水浸状斑，湿度大时长出茂密的白色棉絮状霉，后变为浅粉红色绒状霉，病果腐烂，无法食用（彩图 7-16、7-17）。

3. 病原物

病原 *Trichothecium roseum* 称粉红单端孢，属半知菌亚门真菌。菌落初白色，后渐变粉红色。分生孢子梗直立不分枝，无色，顶端有时稍大；分生孢子顶生，单独形成，多可聚集成头状，呈浅橙红色，分生孢子倒洋梨形，无色或半透明。

4. 发生规律

病原以菌丝体随病残体留在土壤中越冬。当条件适宜时，以分生孢子传播到叶片上，由伤口侵入。病菌借风雨或灌溉水传播蔓延。翌春条件适宜时产生分生孢子，传播到叶片上，由伤口侵入。发病后，病部又产生大量分生孢子，借风雨或灌溉水传播蔓延，进行再侵染。病菌发育适温 25~30℃，相对湿度高于 85% 易发病。该病易于春季在温度高、光照不足、通风不良的大棚或温室里易发生。

5. 防治方法

(1) 农业防治

合理密植，及时整枝、绑蔓，注意通风透光。适当控制浇水，及时放风，降低棚室湿度，抑制发病。晾干直播或催芽播种。实行 3 年轮作，并用无菌土进行营养钵育苗。施足底肥，增施磷钾肥。保护地适时放风。注意平整土地，防止积水，雨后及时排水，合理密植，及时清除田间杂草。

(2) 种子处理

播种前用 50℃ 温水浸种 20min，25% 吡唑醚菌酯 1500 倍浸种 20min。

(3) 化学防治

在发病初期用 25% 嘧菌酯悬浮剂 1500~2000 倍液；25% 吡唑醚菌酯干悬浮剂 2000~3000 倍液；25% 溴菌腈水乳剂 500 倍液；10% 苯醚甲环唑水分散粒剂 1000 倍液；50% 咪鲜胺锰盐 1500 倍液；80% 络合代森锰锌 600 倍液；40% 百菌清悬浮剂 500 倍液；20% 红粉灵 500 倍液 7 天一次连喷 2~3 次。

(4) 注意事项

瓜类尤其薄皮甜瓜对咪鲜胺类、三唑类敏感，苗期及生育前期慎用，以免发生药害。

九、甜瓜丝核菌果腐病

1. 症状成株期发病

主要危害果实和近成熟果实，初在靠近土面处果实上发病，产生不规则形褐色病斑，湿度大时病部长出白色菌丝（彩图 7-18、7-19）。

2. 病原物

病原为半知菌亚门真菌，丝核菌属，立枯丝核菌 *Rhizoctonia solani* Kühn。菌丝有隔膜，初期无色，老熟时浅褐色，菌丝多呈直角分枝，分枝基部略缢缩，菌丝细胞内有多个细胞核，菌核内外均为褐色，不规则形，表面粗糙，菌核间畅游菌丝相连。

3. 发生规律

病原在土壤中越冬。第 2 年种植甜瓜后，甜瓜果实与土壤接触，遇有浇水或降雨,即可引起。久旱后突然遇雨,植株特别容易发病。

4. 防治方法

(1) 农业防治

发病重地区或田块增施有机复合菌剂,改善土壤环境提高抗病性。大棚提倡吊瓜栽培,铺地膜,低洼地把瓜垫高。

(2) 化学防治

25%吡唑嘧菌酯1500~2000倍液;50%异菌脲悬浮剂1000倍液;10%苯醚甲环唑水分散粒剂800~1000倍液;70%甲基硫菌灵1000~1500倍液;7269%烯酰·锰锌可湿性粉剂800~1000倍液;53%霜脲·锰锌可湿性粉剂600~800倍液;40%霜脲·百菌悬浮剂600倍液;68.75%恶唑菌酮·锰锌水分散粒剂800~1000倍液。7天一次连喷2~3次。

十、甜瓜枯萎病

1. 简介

甜瓜枯萎病是甜瓜的重要病害,各地均有分布,保护地中发生严重,连茬种植棚室中发生普遍。发病率3%~5%,严重时发病株可达到30%以上,严重影响产量。

2. 危害症状

此病在甜瓜全生育期都可发生。苗期染病,病苗叶色变浅,逐步萎蔫,最后枯死,剖茎可见维管束变色。成株期发病,植株叶片由下向上萎蔫下垂,部分叶片叶缘变褐或产生褐色坏死斑,最后全株枯死。有时病茎上还出现凹陷坏死条斑,空气潮湿时病部表面产生白色至粉红色霉层,最后病茎基部腐烂纵裂,维管束变褐(彩图7-20、7-21)。

露地栽培发病初期,叶片不黄化,植株表现为叶片从基部向顶端逐渐萎蔫,中午尤其明显,早晚尚可恢复,数日后植株全部叶片萎蔫下垂,不再恢复常态,茎蔓基部稍缢缩,表皮粗糙,常有纵裂,维管束变黑(这是区别蔓枯病的重要特征),一旦发病很难治愈。棚室栽培与露地栽培症状明显不同,发病先表现为叶片似水浸状半边黄,表现为上部或部分叶片、侧蔓或叶片半边黄化,既"亮叶"枯萎病;或发病植株较正常植株矮化黄化,后期中午萎蔫,最后全株枯死。

3. 病原物

Fusarium oxysporum f. sp. *cucurmerinum* 称尖镰孢菌黄瓜转化型,属半知菌亚门真菌。病菌产生大小两种类型分生孢子,大型分生孢子纺锤形或镰刀形,无色透明,顶细胞圆锥形,有的微呈钩状,基部倒圆锥截形或足细胞,具隔膜1~3个。小型分生孢

子多生于气生菌丝中，椭圆形或腊肠形，无色透明，无隔膜。厚垣孢子表面光滑，黄褐色。病菌主要以菌丝体和厚垣孢子或菌核在未腐熟的有机肥或土壤中越冬。从根毛顶端细胞间或根部伤口侵入。

4. 发生规律

主要以厚垣孢子和菌丝体随寄主病残体在土壤中或以菌丝体潜伏在种子内越冬。远距离传播主要借助带菌种子和带菌有机肥，田间近距离传播主要借助灌溉水、流水、风雨、小昆虫及农事操作等，从伤口或不定根侵入。

(1) 环境因素

日照少、连阴雨天、降雨量大、发病较重；土壤黏重、地势低、排水不良、管理粗放发病较重；氮肥过量、磷钾肥不足、施用未腐熟的带菌有机肥，或土壤中含钙量高，黄守瓜及地下害虫危害重，易诱发此病。

5. 防治方法

(1) 选择抗病品种

利用抗性好的专用砧木嫁接，是苗期防病高产的最有效方法。

(2) 种子消毒

用50%甲基托布津浸种30~40min。2%漂白粉浸种30min捞出后用清水冲洗干净再催芽播种。

(3) 轮作

与非瓜类作物进行5年以上轮作。施用充分腐熟的堆肥。酸性土壤施用钙镁磷肥，把土壤pH调到中性。

(4) 土壤药剂防治

可用30%恶·甲水剂或30%多福拌育苗土下铺上盖，每包加干细土20~30kg，混匀成药土。播种时先用1/3药土垫底，再用2/3药土覆盖种子上。每包药可消毒2~3m^2苗床，处理后苗床要保持湿润，以防发生药害。定植前每亩用5kg铜土氨合剂处理，可用50%多菌灵可湿性粉剂2kg或70%甲基托布可湿粉剂2kg+50%福美双2kg翻入土壤。

(5) 灌根

发病后可用以下药剂灌根液1.8%辛菌胺300~500倍液；70%恶霉灵2000倍液；10%苯醚甲环唑1000倍液；10%嘧菌酯1500倍液；2%硫酸铜·三十烷醇500倍液；每株灌对好的药液100mL，隔7~10天灌根1次，连续3~4次。

(6) 注意事项

有抑制作用的三唑类药剂，清谨慎使用以免引起僵苗。

十一、甜瓜白粉病

1. 简介

甜瓜白粉病是甜瓜生产的最重要的病害,各地均发生,全生育期均可发生,少雨地区种植甜瓜易发生白粉病,尤以生长后期遇高温干旱天气受害严重。生长后期受害严重,发病率30%~100%,产量损失达20%~30%,而且严重影响产品质量。

2. 危害症状

主要侵染子叶、叶片、其次侵染茎蔓、叶柄。发病初期,叶片上出现细小圆形白色小粉点,后扩大为白色粉斑,条件适宜时,病斑连成片,使叶片、茎蔓上布满白粉,以后白粉变为灰白色,后期有黑色小点,严重时叶片枯萎卷缩,但不脱落,茎蔓发病与叶片相似,初期产生白色粉斑,严重时布满整个茎蔓,后期出现皲裂(彩图7-22、7-23)。

3. 病原物

病原为单丝壳白粉菌 *Sphaerotheca fuliginea*(Scll.),属子囊菌亚门真菌。分生孢子梗圆柱形,无色,无分枝,圆柱形,顶端着生分孢子。分生孢子单胞,无色,椭圆形串生。闭囊壳褐色球形,壳内有子囊,子囊内有子囊孢子。

4. 发生规律

病原以菌丝体或闭囊壳在寄主上或在病残体上越冬。以子囊孢子进行初侵染,后病部产生分生孢子进行再侵染,病害漫延扩展。分生孢子萌发和侵入适宜湿度90%~95%,温度范围较宽,在干燥低湿度情况下,仍然严重发生。通常温暖湿闷的天气,施用氮肥过多或肥料不足,植株生长过旺或不良发病重。

5. 防治方法

(1)农业防治

选择抗病品种。合理密植,及时整枝打杈,保持田间通风透光。控制氮肥增施磷、钾肥。开花坐果前保持适中的土壤湿度,结果前期、中期保持土壤中有充足的水分。收获后注意清洁田园,将病残体集中烧毁。

(2)化学防治

定植前棚室熏烟,将硫黄粉和锯末混合均匀,分放各处,晚上密闭温室,点燃熏蒸一夜,也可以利用硫黄蒸发器防治。发病初期及时喷药,可选用药剂如下:25%乙嘧酚悬浮剂1500倍液;30%醚菌酯悬浮剂2000倍液;25%吡唑醚菌酯2000倍液;5%

已唑醇悬浮剂1500倍液;30%氟菌唑悬浮剂2000倍液等;30%粉必灵悬浮剂2000倍液。

(3) 注意事项

薄皮甜瓜对三唑类农药敏感,苗期及生育前期慎用。白粉病原易产生抗性,最好在1个生长季节内用2~3种作用机制不同的药剂,交替使用,甜瓜对硫黄敏感忌用。

十二、根腐病

1. 简介

甜瓜根腐病是近几年薄皮甜瓜常见病害,主要危害根部和靠近地面的茎部。幼苗感病,茎基部呈水浸状,很快猝倒死亡;植株生长中期感病后,茎基部皮层组织被破坏,叶片中午萎蔫,早晚恢复正常,反复几天后,植株青枯死亡,成株发病,茎基部近地面处呈水渍状,后变浅褐色至黄褐色腐烂。地上部晴天中午叶片萎蔫下垂,早、晚恢复。几天后,叶片不能恢复正常,呈青枯状死亡。死亡后,根部完全腐烂,只剩下丝状维管束。茎基部发生萎缩,但不明显,病部腐烂处的维管束变褐,不向上发展,这是与枯萎病区别之处(彩图7-24、7-25)。

2. 病原物

病原菌为甜瓜根腐病真菌半知菌亚门 *Cucurbitae* 称瓜类腐皮镰孢菌,属半知菌亚门真菌。大型分生孢子梭形或肾形,无色,透明,两端较钝,具隔膜2~4个,以3个居多,大小14.0~16.0μm×2.5~3.0μm。小型分生孢子椭圆至卵形,具隔0~1个,大小6~11μm×2.5~3μm。

3. 发病条件

病菌以厚恒孢子在土壤及病残体上越冬,其厚垣孢子可在土壤中存活5~6年。含病原菌的土壤和带菌种子是初侵染源,灌水及农事操作可使病原菌传播进行重复侵染。病菌从根部的伤处侵入。高温湿时利于发病,连作、低洼地、土质黏重利于发病,发病的适宜温度为30℃。病原为拟茎点霉菌,随病残体在土壤中越冬,0℃~30℃均可发病,25℃~30℃发病重[19]。土壤黏重、通透性差、植株生长衰弱易发病。

4. 防治方法

(1) 选择抗病品种

利用抗性好的专用砧木嫁接,是防病高产的最有效方法。

(2) 种子消毒

用50%甲基托布津浸种30~40min。2%漂白粉浸种30min捞出后用清水冲洗干净再催芽播种。与非瓜类作物进行5年以上轮作。施用充分腐熟的堆肥。酸性土壤施用钙镁磷肥，把土壤pH调到中性。

（3）土壤药剂防治

可用30%恶·甲水剂或30%多福拌育苗土，下铺上盖，每包加干细土20~30kg，混匀成药土，播种时先用1/3药土垫底，在用2/3药土覆盖种子上每包药可消毒苗床2~3m²，处理后苗床要保持湿润，以防发生药害，定植前：每亩用5kg铜土氨合剂处理，可用50%多菌灵可湿性粉剂2kg或70%。甲基托布可湿粉剂2kg+50%福美双2kg翻入土壤。

（4）灌根

发病后可用以下药剂灌根：1.8%辛菌胺300~500倍；70%恶霉灵2000倍液；10%苯醚甲环唑1000倍液；10%嘧菌酯1500倍液；2%硫酸铜·三十烷醇500倍液；每株灌对好的药液100mL，隔7~10天灌1次，连续3~4次。

（5）注意事项

有抑制作用的三唑类药剂，请谨慎使用以免引起僵苗。

十三、甜瓜黑斑病

1. 简介

甜瓜黑斑病多发生在甜瓜生长的中、后期，果实膨大期极易发病。随着保护地甜瓜种植面积的增加，黑斑病也逐年加重，严重影响甜瓜品质和产量。

2. 危害症状

主要危害叶片，偶尔也危害叶柄（彩图7-26、7-27）。

（1）叶片

发病初期叶片上产生小黄点，褪绿色，后扩展成圆形至椭圆形病斑，病斑褐色，中央灰白色，边缘深褐色至紫褐色，微微隆起，外缘油渍状。后期中部有稀疏霉层。病斑大小约0.1~0.2mm，病叶上斑点数目很多。严重时叶片卷曲、枯死，病株呈红褐色。此病在坐瓜后期开始出现，通常在中上部叶片发生。

（2）茎蔓

产生菱形或椭圆形稍有凹陷的病斑。

（3）果实

病斑圆形，褐色，凹陷，常有裂纹，病原可逐渐侵入果肉，造成果实腐烂。

3. 病原物

病原为瓜链格孢 *Alternaria cucumerina* 属半知菌亚门真菌。分生孢子梗单生或3~5

根束生，褐色或顶端色浅，基部细胞稍大，具隔膜1~7个；分生孢子倒棒状或卵形至椭圆形，褐色，孢身具横隔膜2~9个，纵隔膜0~3个链生，常分枝，隔膜处缢缩。该菌5~40℃均可萌发，25~32℃萌发率最高，菌丝生长最快。

4. 发病规律

病原主要以休眠菌丝体、分生孢子在种子和病残体及其他寄主上越冬，成为第2年初侵染源。生长期间病部产生的分生孢子，通过风雨、气流、昆虫及农事操作等进行传播，形成反复侵染。发病最适温度为25~32℃，但温度在10~36℃、相对湿度在80%以上时均有利于病害的发生和蔓延。尤其遇高湿闷热天气，此病最易发生，并造成流行。土壤瘠薄、生长弱的瓜田发病重。

5. 防治方法

(1) 种子消毒

先用55℃温水浸种15min，然后用2%漂白粉浸种15~20min，捞出后用清水洗净，再催芽播种。30%多福拌育苗土，下铺上盖。

(2) 农业防治

轮作倒茬，深翻改土。采用无土育苗或无菌土育苗方式，培育壮苗。采取高畦宽垄栽培，合理密植，科学整枝，以利通风透光。加强温湿度调控，既要注意保温防寒，又要注意通风降湿，以减轻病害的发生。加强肥水管理。合理施用腐熟有机肥，增施磷、钾肥及微肥。生长期或收获后应及时清理田园，病残体不能堆放在棚边，要集中深埋或焚烧，以减少病原侵染来源。

(3) 药剂防治

发病初期可用以下药剂防治：70%甲基硫菌灵可湿性粉剂1000倍液+75%百菌清可湿性粉剂500倍液；25%吡唑醚菌酯干悬浮剂2000~3000倍液，25%溴菌腈水乳剂500倍液，10%苯醚甲环唑水分散粒剂1000倍液；50%咪鲜胺锰盐1500倍液，80%络合代森锰锌600倍液，40%百菌清悬浮剂500倍液，7天一次连喷2~3次等，隔7~10天喷1次，连续2~3次。

(4) 注意事项

瓜类对咪鲜胺类、三唑类敏感，苗期及生育前期慎用，以免发生药害。

十四．甜瓜黑根霉病

1. 简介

甜瓜黑根霉病危害症状主要危害叶及果实。甜瓜染病后，患病组织呈水渍状软化，病部变褐色，长出灰白色毛状物，上有黑色小粒。即病原菌的菌丝和孢囊梗（彩图7-27）。

2. 病原物

匍枝根霉（黑根霉）（*Rhizopus nigricans*），属接合菌亚门真菌。孢子囊球形至椭圆形，褐色至黑色，直径65~350μm，囊轴球形至椭圆形，膜薄平滑，直径70μm，高90μm，具中轴基，直径25~214μm；孢子形状不对称，近球形至多角形，表面具线纹，似蜜枣状，大小5.5~13.5μm×7.5~8μm，褐色至蓝灰色；接合孢子球形或卵形，直径160~220μm，黑色，具瘤状突起，配囊柄膨大，两个柄大小不一，拟接合孢子，无厚垣孢子。病菌寄生性不强。传播途径病菌为弱寄生菌，分布较普遍。由伤口或从生活力衰弱部位侵入，能分泌大量果胶酶，破坏力大，能引起多种蔬菜、瓜果及薯类腐烂。病菌在腐烂部产生孢子囊，散放出孢囊孢子，借气流传播漫延。在田间气温22~28℃，相对湿度高于80%适于发病，降雨多或大水漫灌，湿度大易发病（彩图7-28）。

3. 防治方法

（1）物理防治

加强肥水管理，严防大水漫灌，雨后及时排水，保护地要注意放风降湿。

（2）化学防治

发病后及时喷洒30%绿得保悬浮剂300~400倍液，50%异菌脲悬浮剂1000~1500倍液；36%甲基硫菌灵悬浮剂500倍液，50%多菌灵可湿性粉剂600倍液；2.5%咯菌腈1000倍液，21%过氧乙酸1000倍液；50%苯菌灵可湿性粉剂1500倍液。7~10天一次。

十五、甜瓜蔓枯病

1. 简介

甜瓜蔓枯病是甜瓜的主要病害，分布广泛，各地都有发生，露地、保护地都发病，病株率5%~8%，部分地区发生普遍，重病地块病株达25%以上，显著影响甜瓜生产。

2. 危害症状

此病主要危害茎蔓，也危害叶片和果实（彩图7-29、7-30、7-31）。

（1）茎蔓

茎蔓受害多在茎节处形成，初为水浸状深绿色斑，迅速向各方向发展造成茎折或死秧。病蔓开始在近节部呈淡黄色。油浸状斑，稍凹陷，病斑椭圆形至梭形，病部龟裂，并分泌黄褐色胶状物，干燥后呈红褐色或黑色块状。生产后期病部逐渐干枯，凹陷，呈灰白色，表面散生黑色小点，即分生孢子器及子囊壳。

(2) 叶片

叶片发病多从靠近叶柄附近或从叶缘开始侵染，形成不规则形红褐色坏死大斑。叶片上病斑黑褐色，圆形或不规则形，其上有不明显的同心轮纹，叶缘病斑上有小黑点，病叶干枯呈星状破裂。

(3) 果实

果实上初期生水渍状病斑，后期病斑中央变褐枯死，呈星状开裂，引起瓜腐烂。

3. 病原物

瓜类球腔菌 *Mycosphaerella melonis*，属半知菌亚门真菌。分生孢子器叶面生，多为聚生，初埋生后突破表皮外露，球形至扁球形，器壁淡褐色，顶部呈乳状突起，器孔口明显；分生孢子短圆形至圆柱形，无色透明，两端较圆，正直。初为单胞，后生 1 隔膜。子囊壳细颈瓶状或球形，单生在叶正面，突出表皮，黑褐色；子囊多棍棒形，无色透明，正直或稍弯；子囊孢子无色透明，短棒状或梭形，一个分隔。上面细胞较宽，顶端较钝，下面的孢子较窄，顶端稍尖，隔膜处缢缩明显。寄主：甜瓜、西葫芦、西瓜、籽西瓜等葫芦科植物。

4. 发生规律

(1) 菌源

病原菌以分生孢子及子囊壳随病残体在土壤中越冬。

(2) 侵染

第 2 年经风雨传播，病原菌由茎蔓的节间，叶片和叶缘的水孔及伤口侵入。病原菌生长温度 5~35℃，适宜温度 20~30℃，当棚内相对湿度高于 85%，温度在 18~25℃时适宜发病。高温、高湿、通风不良的情况下，容易发生蔓枯病。在厚皮甜瓜开花至膨大期发生，可使植株早衰，严重影响瓜的品质和产量。阴天潮湿或整枝过迟造成伤口，往往引起蔓枯病流行。

5. 防治方法

(1) 种子消毒

可用 52~55℃温水浸种 20~30min 后催芽播种。或用 2% 漂白粉浸种 30min，捞出后用清水冲洗干净再催芽播种。或用 50% 甲基托布津可湿性粉剂浸种 30~40min。或用种子重量 0.2%~0.3% 的 50% 多菌灵可湿性粉剂拌种。或用 50% 多菌灵 500 倍液 (1g

多菌灵加入 500g 水）或 75%甲基托布津 800 倍液（1g 甲基托布津加 750g 水）浸种 90min，可杀灭甜瓜种子所携带的枯萎病、蔓枯病等真菌性病原菌。

（2）农业防治

合理轮作倒茬，有条件的地区实行 2～3 年与非瓜类作物轮作。深翻改土增施复合菌剂，培育壮苗。收获后应彻底清理田园，集中焚烧。采取高畦宽垄栽培，合理密植与科学整枝，以利通风透光，并且要严格掌握晴天整枝，避免伤口侵染。最大限度地降低棚内空气湿度，缩短茎叶表面结露时间。把握好科学浇水，做到小水勤灌，切忌大水漫灌，浇后加强通风换气，减少棚内湿度，避免病害流行。施用充分腐熟的有机肥，适当增施磷肥和钾肥，生长中后期注意适时追肥，避免脱肥。

（3）药剂防治

发病初期用以下药剂：75%百菌清可湿性粉剂；600 倍液 40%蔓枯清 800～1000 倍液；70%甲基硫菌灵可湿性粉剂 1000 倍液加 75%百菌清可湿性粉剂 500 倍液；25%吡唑醚菌酯干悬浮剂 2000～3000 倍液；25%溴菌腈水乳剂 500 倍液 10%苯醚甲环唑水分散粒剂 1000 倍液；50%咪鲜胺锰盐 1500 倍液；80%络合代森锰锌 600 倍液，40%百菌清悬浮剂 500 倍液。7 天一次连喷 2～3 次。

（4）注意事项

瓜类对咪鲜胺类、三唑类敏感，苗期及生育前期慎用，以免发生药害。

十六、甜瓜黑星病

1. 简介

甜瓜黑星病危害黄瓜、甜瓜、南瓜、西葫芦等。近年来有扩大蔓延之势，对此应引起重视。目前国内甜瓜主栽区都有发生。已是苗期主要病害。

2. 危害症状

整个生长期中均可发病。以嫩叶、嫩茎及幼果等幼嫩部分受害最重（彩图 7-32、7-33）。

（1）叶片

发病初期出现褪绿的小点，后扩展为 1～2mm 的圆形病斑，淡黄色，病斑穿孔后呈星状开裂，因叶脉受害后坏死，周围健康组织继续生长，致使病斑周围叶组织扭曲（彩图 7-32、7-33）。

（2）茎蔓

初为淡黄褐色水渍状条斑，后变为暗褐色，凹陷龟裂。病部溢出分泌物，初期呈白色，后为琥珀色胶状分泌物，潮湿时病斑上密生灰黑色霉层。严重的植株心叶腐烂，卷须变褐腐烂，茎蔓萎蔫。果实上初呈暗绿色圆形至椭圆形病斑，直径 2～4mm，溢出白色至琥珀色胶状物，凹陷，龟裂呈疮痂状，病组织停止生长，造成果实畸形，病瓜在潮湿时可见灰黑色霉层。

3. 病原物

瓜疮痂枝孢霉 *Cladosporium cucumerinum*，属半知菌亚门真菌。

菌丝白色，有分隔。分生孢子梗丛生、细长、淡褐色，大小 160~520μm×4~5.5μm。分生孢子串生，长梭形、淡褐色、单胞，有 0~2 个隔膜。

病菌的生长发育温限为 2~35℃，适温为 20~22℃。病原菌以菌丝体或分生孢子丛在种子或病残体上越冬。春天分生孢子萌发进行初侵染和再侵染，借气流和雨水传播蔓延。

4. 发生规律

病菌以菌丝体在病残体内于田间土壤中或附着于架材、大棚支架上越冬，成为翌年初侵染源；也可以分生孢子附着在种子表面，或以菌丝潜伏在种皮内越冬，病菌可直接侵害幼苗。发病的最适温度为 17℃，相对湿度为 90%，但温度 9~30℃，相对湿度 85%以上都可发生。病菌主要从叶片、果实、茎蔓的表皮气孔侵入，春季湿度高、结露时间长，最易发病。植株郁闭，阴雨寡照，病势发展快。加温温室往往是在停止加温后迅速蔓延。露地栽培春秋气温较低，常有雨或多雾，此时也易发病。甜瓜重茬、浇水多、通风不良发病较重。大棚栽培温度低、湿度大加重病害发展。

5. 防治方法

选用抗病品种。用无病种子、无菌育苗土育苗，地膜覆盖栽培，定植后至结瓜期控制浇水。种子消毒用 55~60℃温水浸种 15min。25%吡唑醚菌酯 2000 倍液浸种 20min。土壤药剂处理，苗床土用 50%多菌灵 8g/m² 处理土壤后播种。生态防治，棚室栽培尽可能采用生态防治，尤其要注意温湿度管理，采用放风排湿，控制灌水等措施降低棚内湿度，减少叶片结露，白天控温 28~30℃，夜间 15℃，相对湿度低于 90%。

收获后彻底清除病残体，并深埋或烧毁。发病初期使用杀菌剂喷施。75%百菌清可湿性粉剂 600 倍液 40%蔓枯清 800~1000 倍液，70%甲基硫菌灵可湿性粉剂 1000 倍液加 75%百菌清可湿性粉剂 500 倍液；25%吡唑醚菌酯干悬浮剂 2000~3000 倍液，25%溴菌腈水乳剂 500 倍，10%苯醚甲环唑水分散粒剂 1000 倍液；40%氟硅唑 8000 倍液，80%络合代森锰锌 600 倍液，40%百菌清悬浮剂 500 倍液 7 天一次连喷 2~3 次。

6. 注意事项

瓜类对三唑类敏感，苗期及生育前期慎用，不要随意提高浓度，以免发生药害。

十七、镰刀菌果腐病

1. 简介

甜瓜镰刀菌果腐病是甜瓜的普通病害，局部地区零星发生，夏秋露地种植较常发生，保护地偶有发生，对甜瓜品质有一定的影响，严重影响甜瓜正常贮存。

2. 危害症状

多在甜瓜生长后期发生。主要危害半成熟和成熟果实，严重时亦危害茎蔓和叶柄。瓜果发病初期出现褐色至深褐色水浸状病斑，病斑的大小 1.5~3cm，深约 1.5cm，病情扩展后内部开始腐烂，病组织是白色或玫瑰色，以后变褐坏死，组织腐烂，湿度大或贮运中，病部长出白色至粉红色霉。茎蔓和叶柄染病亦呈水渍状坏死腐烂，病部产生粉红色霉层（彩图7-34、7-35）。

3. 病原物

病原为粉红镰孢 Fusarium roseum Link.，属半知菌亚门真菌。分生孢子梗单生或集成分生孢子座；大型分生孢子两边弯曲度不同，中部近圆筒形，伸长成线形或镰刀状，两端渐细，分生孢子多为橙红色。菌丝及子座具多种颜色：苍白色或玫瑰色至紫色。

4. 发生规律病原

病原随病残体在土壤中越冬，翌年果实与土壤接触，遇有适宜发病条件即可引起发病，一般高温多雨季节发病较重。在土壤中越冬。一般夏季多雨或保护地内浇水过多易发病。植株下部或近地面受侵染，尤其具有生理裂口或生长势极度衰弱的植株最易发病。

5. 防治方法

增施有机生物菌肥，改善土壤条件，提高抗病性。采用地膜覆盖和高畦栽培。注意雨后及时排水，适当控制浇水，地表湿度大时把果实垫起，避免与土壤直接接触。

(1) 农业防治

施用充分腐熟的有机肥，采用地膜覆盖和高畦栽培。要注意雨后及时排水。加强田间管理，防止果实产生人为或机械伤口，发现病果及时采摘深埋。

(2) 化学防治

发病初期喷施杀菌剂，7~10天一次连喷2~3次。主要药剂有：50%甲基硫菌灵1000倍液；1.8%辛菌胺300~500倍；70%恶霉灵2000倍液；10%苯醚甲环唑1000倍液；10%嘧菌酯1500倍液；50%氯溴异氰尿酸1000倍液；25%吡唑醚菌酯2000倍液。

十八、甜瓜叶斑病

1. 简介

甜瓜叶斑病多发生在甜瓜生长的中、后期，果实膨大期极易发病。随着甜瓜种植面积的增加，叶枯病也逐年加重，严重影响了甜瓜品质和产量。

2. 危害症状

主要危害叶片，偶尔也危害叶柄。叶片染病初见褐色小点，后病斑逐渐扩大，后扩展成圆形至椭圆形褐色病斑，中央灰白色，边缘深褐色至紫褐色，边缘稍隆起，外缘油渍状。病部界限明显，但轮纹不明显，边缘呈水渍状，几个病斑汇合成大斑，致叶片干枯（彩图7-36、7-37）。

感染叶枯病的叶片初期发生小黄圆斑点，比感染霜霉病的叶片黄斑点小且多，背面没有霉层。病斑大小约0.1~0.2mm，病叶上斑点数目很多，一张叶片常有病斑300个以上。严重时叶片卷曲、枯死，病株呈红褐色。此病在坐瓜后期开始出现，糖分积累时达发病高峰，通常在中上部叶片发生。茎蔓发病，产生菱形或椭圆形稍有凹陷的病斑。果实受害，果面上出现圆形褐色的凹陷斑，常有裂纹，病原可逐渐侵入果肉，造成果实腐烂。

3. 病原物

病原为瓜链格孢 *Alternaria cucumerina*，属半知菌亚门真菌。分生孢子梗单生或3~5根束生，褐色或顶端色浅，基部细胞稍大，具隔膜1~7个；分生孢子倒棒状或卵形至椭圆形，褐色，孢身具横隔膜8~9个，纵隔膜0~3个链生，常分枝，隔膜处缢缩。该菌5~40℃均可萌发，25~32℃萌发率最高，菌丝生长最快。

4. 发生规律

病原主要以休眠菌丝体、分生孢子在种子和病残体及其他寄主上越冬，成为第2年初侵染源。生长期间病部产生分生孢子，通过风雨、气流、昆虫及农事操作等进行传播，反复侵染。发病最适温度为25~32℃，但温度在10~36℃，相对湿度在80%以上时均有利于病害的发生和蔓延。尤其遇高湿闷热天气，此病最易发生，并造成流行。土壤瘠薄，生长弱的瓜田发病重。

5. 防治方法

(1) 农业防治

选用抗病品种，合理轮作倒茬，深翻改土。采用无土育苗或无菌土育苗方式，培育壮苗。采取高畦宽垄栽培，合理密植，科学整枝，以利通风透光。加强温湿度调控，既要注意保温防寒，又要注意通风降温，以减轻病害的发生。加强肥水管理。合理施用生物菌肥，增施磷、钾肥、微量元素肥。生长期或收获后应及时清理田园，病残体不能堆放在棚边，要集中深埋或焚烧。

6. 化学防治

(1) 种子、苗床药剂处理

先用 55℃温水浸种 15min，50% 氯溴异氰尿酸 1500 倍浸种 15~20min，捞出后用清水洗净，再催芽播种。苗床用 30% 多·福可湿性粉剂每包与 30kg 细干土混合均匀，取 1/3 撒入苗床或播种沟内，剩余的 2/3 撒于播后的种子上。注意苗床表土要保持湿润，以免发生药害。

(2) 药剂防治

发病后及时喷药防护，药剂选用：75% 百菌清可湿性粉剂 600 倍液，40% 蔓枯清 800~1000 倍液，70% 甲基硫菌灵可湿性粉剂 1000 倍液加 75% 百菌清可湿性粉剂 600 倍液，25% 吡唑醚菌酯干悬浮剂 2000~3000 倍液，25% 溴菌腈水乳剂 500 倍液 10% 苯醚甲环唑水分散粒剂 1000 倍液；40% 氟硅唑 8000 倍液，80% 络合代森锰锌 600 倍液，40% 百菌清悬浮剂 500 倍液 7 天一次连喷 2~3 次。

(3) 注意事项

瓜类对三唑类敏感，苗期及生育前期慎用，不要随意提高浓度，以免发生药害。

十九、甜瓜疫病

1. 简介

甜瓜疫病是生产上的重要病害。高温、高湿容易发病，特别是在雨后，病害来势凶猛，短短几天内瓜秧全部萎蔫、死亡，一旦发病就难以控制。

2. 危害症状

苗期至成株期均可发病，以茎蔓基部和幼嫩节部发病最重。

幼苗被害嫩尖初呈暗绿色水浸状软腐，病部缢缩，后干枯萎蔫。成株发病，先从近地面茎基部开始，初呈水渍状暗绿色，病部软化缢缩，上部叶片萎蔫下垂，全株枯死。叶片发病，初呈圆形或不规则形暗绿色水浸状病斑，边缘不明显。湿度大时，病斑扩展很快，病叶迅速腐烂。干燥时，病斑发展较慢，边缘为暗绿色，中部淡褐色，常干枯脆裂。叶柄和茎部发病，初呈水浸状，后缢缩导致病部以上枯死。果实发病，先从花蒂部发生，出现水渍状暗绿色近圆形凹陷的病斑，后果实皱缩软腐，表面生有白色稀疏霉状物（彩图 7-38、7-39、7-40）。

3. 病原物

病原为疫霉 *Phytophthora melonis* Katsura.，属鞭毛菌亚门真菌。辣椒疫病 *P. capsici leonian* 和寄生疫霉 *P. parasitica dastur*。孢子囊下部圆形，大、小 43~69μm×19~36μm。藏卵器近球形，无色，直径 18~31μm；卵孢子淡黄色，球形，直径 16~28μm。生育适温 28~32℃，最高 37℃，最低 9℃。危害甜瓜、苦瓜、甜菜、马铃薯、番茄、西瓜、黄瓜、葫芦、南瓜等葫芦科及茄科作物。

4. 发生规律

(1) 菌源

病原以菌丝体、卵孢子等随病残体在土壤或粪肥中越冬，成为第 2 年主要初次侵染源，种子也能带菌，但带菌率较低。

(2) 侵染

翌年条件适宜孢子萌发长出芽管，直接穿透表皮侵入体内。在田间靠风雨、灌溉水及肥料、农具等传播。

(3) 环境因素

病菌发病适温为 28~30℃，当旬平均气温达 23℃时开始发病，在适温范围内，高湿(相对湿度 85%以上)是本病流行的决定因素。气温高的年份病害重。进入雨季开始发病，遇有大暴雨迅速扩展延。

5. 防治方法

(1) 种子消毒

播种前种子用 10%氰霜唑 1000 倍液浸种 20min。

(2) 农业防治

实行水旱轮作，或进行 3 年以上轮作，或选用 5 年未种过葫芦科、茄科作物的土壤，以砂壤土新荒地为好。高畦栽培，清沟排水，降低田间水位；采用地膜覆盖，也有较好的防病效果，发病初期要严格控制灌水，中午高温时不要浇水，严禁串灌，防止田间积水。使用生物有机肥，增施磷钾肥，适当控制氮肥，改善土壤环境，提高抗病性。尽量使瓜坐在垄上或高畦的畦面上。发现病株立即拔除，并撒生石灰消毒，收获完毕后要及时清除田间残留物。

(3) 化学防治

出现中心病株后及时喷药，药剂选择：

50%烯酰吗啉可湿性粉剂 1000~1500 倍液+70%丙森锌可湿性粉剂 600 倍液；69%锰锌·氟吗啉可湿性粉剂 1000~2000 倍液；72%霜脲氰·代森锰锌可湿性粉剂 500~

700倍液；

68%精甲霜·锰锌水分散粒剂800~1000倍液；60%唑醚·代森联水分散粒剂1500~2000倍液；440g/L精甲·百菌清悬浮剂800~1500倍液；

800~1500倍液+75%百菌清可湿性粉剂600倍液；20%氟吗啉可湿性粉剂800~1000倍液+75%百菌清可湿性粉剂600倍液；10%氰霜唑悬浮剂1500~2500倍液+70%代森联干悬浮剂600倍液；

72.2%霜霉威盐酸盐水剂600~800倍液+50%克菌丹可湿性粉剂500~700倍液；20%霜脲·百菌清600倍液。7~10天喷一次，严重时3~4天一次。

二十、甜瓜绵腐病

1. 简介

甜瓜绵腐病是甜瓜中后期常见病害，除危害甜瓜且还危害其他各种瓜类、茄果类、豆类、葱类、芹菜、十字花科等蔬菜，随着保护地及连作不断发展，近几年呈严重发展趋势。

2. 危害症状

幼苗期引起猝倒，成株期危害果实。多近地面果实易发病，裂果的成熟果实发病重。发病果实出现水浸状黄褐色或褐色大斑，并迅速扩软化、发酵，使整个果实腐烂，密生白色霉层。病果多脱落，很快烂光(彩图7-41、7-42)。

3. 病原菌

绵腐病病原菌是真菌鞭毛亚门的瓜果腐霉 *P. aphanidermatum* 和德巴利腐霉 *Phthium debaryanum*，菌丝发达，有分枝无隔膜，生长旺盛时呈白色棉絮状菌丝体，菌丝无隔多核，孢子囊丝状或分枝裂瓣状，或呈不规则膨大。泡囊球形，内含6~26个游动孢子。藏卵器球形，雄器袋状至宽棍状，同丝或异丝生，多为1个。卵孢子球形，平滑。潮湿环境下生长旺盛，产生孢子囊和游动孢子。

4. 发生规律

病原在病株残余组织及土壤中越冬。土壤低，高湿利于发病。在高湿20~24℃适宜条件下侵入植株，并在病残体上产生孢子囊及游动孢子，借雨水或灌溉水传播，侵害果实。病原主要分布在表土层内，雨后或湿度大，病原迅速增加。

5. 防治方法

(1)农业防治

选择地势高、地下水位低、排水良好的地块做苗床。用无病的新土，不要用带菌的旧苗床土、菜园土，有条件可用无菌专用育苗土。播种前，苗床要灌足底水，出苗后尽量不浇水。必须浇水时一定要选择晴天进行。可用30%恶·甲水剂或30%多福拌育苗土下铺上盖，每包加干细土40~30kg，混匀成药土，播种时先用1/3药土垫底，再用2/3药土覆盖种子上。每包药可消毒2~3m² 苗床，处理后苗床要保持湿润，以防发生药害，也可在播种后在种子上面均匀喷洒600倍的霜脲百菌后覆土。甜瓜定植后，先少浇水，缓苗后浇足水，以减轻发病。

(2) 生物防治

增施复合生物菌剂，改善土壤环境，提高抗病性。

(3) 化学防治

甜瓜在育苗时进行土壤处理。若发现田间植株发病中心后，应立即拔除病株，控制浇水，用下列杀菌剂或配方进行防治：69%烯酰·锰锌可湿性粉剂800~1000倍液；53%精甲霜·锰锌水分散粒剂600~800倍液；72%霜脲·锰锌可湿性粉剂600~800倍液；

40%霜脲·百菌悬浮剂600倍液；68.75%恶唑菌酮·锰锌水分散粒剂800~1000倍液。7天一次连喷2~3次。

(4) 注意事项

发现中心病株后应灌根，控制病菌扩散。甜瓜幼苗期对杀菌剂敏感，容易引起烧心，请在喷药后把心叶上的药抖掉，以免发生药害。

二十一、甜瓜大斑病

1. 简介

甜瓜大斑病是甜瓜的常见病，发生普遍，重病田叶片焦枯、发紫，提前枯死，严重影响糖分积累，商品性大大降低。

2. 危害症状

危害叶片、茎蔓和果实。下部老叶先发病，叶片上的病斑近圆形，褐色，有不明显的轮纹，病斑上有稀疏霉层。多在果实日灼或其他病斑上，被危害的瓜果形成褐色、稍凹陷的圆斑，直径2~16mm，外有淡褐色的晕环，有时内有轮纹，渐扩大变黑，病斑上有一层黑色霉状物，形成果腐（彩图7-43、7-44）。

3. 病原物

病原为多格链格孢菌 *Alternaria peponicola*，属半知菌亚门真菌。

(1) 形态

分生孢子椭圆形，单生大小26~53μm×4.5~7.5μm。

(2)特性

菌丝最适生长温度25~31℃。寄主：甜瓜、黄瓜、丝瓜。人工接种侵染黄瓜、西瓜、籽瓜、番瓜、金瓜、葫芦、苦瓜等植物。

4. 发生规律

病原以菌丝及分生孢子在病叶组织上越冬，成为第2年的初侵染源。主要发生在甜瓜生长中后期。病害发生程度与湿度密切相关。开花前浇第1水时发病重，而坐瓜后再浇水时则发病轻。

5. 防治方法

(1)种子消毒

用55℃温水浸种15min或10%苯醚甲环唑1500倍液浸种20min，冲洗干净后催芽播种。

(2)农业防治

推迟瓜田浇第1水的时间。清除病残组织，减少初侵发病原。种植抗性较强的品种。与棉花或麦类作物轮作。棚室栽培甜瓜，应重点调整好棚内温湿度，避免结露，尤其是定植初期，闷棚时间不宜过长，防止棚内湿度过大，温度过高，减缓该病发生蔓延。

(3)化学防治

发病前或发病后药剂选择：75%百菌清可湿性粉剂600倍液，40%蔓枯清800~1000倍液，70%甲基硫菌灵可湿性粉剂1000倍液加75%百菌清可湿性粉剂600倍液；25%吡唑醚菌酯干悬浮剂2000~3000倍液，25%溴菌腈水乳剂500倍液，10%苯醚甲环唑水分散粒剂1000倍液；40%氟硅唑8000倍液，80%络合代森锰锌600倍液，40%百菌清悬浮剂500倍液。隔7~10天喷1次，连喷2~3次。

第二节 甜瓜细菌、病毒性病害

细菌性病害是近年危害比较严重的一类病害，甜瓜生长期多雨，持续降雨时间长，保护地栽培高湿管理，叶片长时间结露，病害发生严重。由于植物医院、农药商店和瓜农多不能识别甜瓜细菌性果腐病等细菌性病害，多按疫病、叶枯病、炭疽病、霜霉病等真菌性病害进行防治，失去最佳防病时机，造成重大损失。防治甜瓜细菌性病害与甜瓜真菌性病害用药明显不同，甜瓜细菌性病害主要用春雷霉素、加瑞农和铜制剂防治。甜瓜细菌性病害感病叶片或果实常溢出菌脓有臭味，而真菌性病害感病叶片、茎蔓或果实常生有霉状物，无臭味。

一、甜瓜细菌性叶斑病

果实染病，病斑呈油渍状污点，圆形或近圆，绿褐色，有的数个病斑融合成大斑，变为褐色至黑褐色，严重时龟裂或形成溃疡，溢出菌液。干燥天气，病菌瓜面上形成污斑点，不再继续侵染瓜体内部。湿度大时病斑溢出白色至浅黄褐色菌脓，干燥时病部易穿孔，果实病斑呈油渍状污点是区别霜霉病的主要特征（彩图7-45、7-46、7-47）。

1. 简介

细菌性叶斑病是甜瓜重要病害之一，分布较广，各地都有发生，一般在春、秋两季发生较重。发病率10%~60%，严重地块或棚室达100%，可减产10%~30%，特别严重时可减产60%以上。此病还可危害黄瓜、冬瓜、丝瓜、苦瓜等蔬菜。

2. 危害症状

此病危害叶、茎、瓜，以叶受害较严重。在甜瓜各生育期均可发生。子叶受害呈水浸状近圆形凹陷斑，后变成黄褐色。真叶受害，起初叶背面出现一些水浸状的小点，以后病斑扩大，初期呈油浸状，由于受叶脉的限制病斑呈多角形至近圆形斑，灰白色至灰褐色，在病斑的周围有黄色的油浸状晕圈。干燥时病斑破裂，形成一层硬的白色表皮或脱落穿孔，空气潮湿时，病斑溢出白色菌脓。最后呈半透明状，干燥时破裂。空气潮湿时，病斑溢出浅黄褐色菌脓。果实和茎蔓染病，病斑呈油浸状，深绿色，严重时龟裂或形成溃疡，溢出菌液。果实发病，病菌可向内一直扩展到种子，使种子带菌。

3. 病原物

Pseudomonas syringae pv. *lachrymans.* 属假单胞杆菌，丁香假单胞菌黄瓜致病变种细菌。病菌菌体短杆状，可链生，大小为 $0.7 \sim 0.9 \mu m \times 1.4 \sim 2.0 \mu m$，极生1~5根鞭毛，有荚膜，无芽孢。温度1~35℃，发育适宜温度20~28℃，39℃停止生长，49~50℃致死。空气湿度高或多雨，或夜间结露有利于发病。

4. 发病规律

病菌在种子内或随病残体在土壤内越冬。通过伤口或气孔、水孔侵入，发病后通过雨水、浇水、昆虫和结露传播。此病危害叶、茎、瓜，以叶受害较严重。在甜瓜各生育期均可发生。子叶受害呈水浸状近圆形凹陷斑，后变成黄褐色。真叶受害，初呈油浸状，逐渐变成淡褐色多角形至近圆形斑，边缘常有一锈黄色油浸状环，最后呈半透明状，干燥时破裂。空气潮湿时，病斑溢出浅黄褐色菌脓。果实和茎蔓染病，病斑呈油浸状，深绿色，严重时龟裂或形成溃疡，溢出菌液。果实发病，病菌可向内一直扩展到种子，使种子带菌。

5. 防治方法

种子处理：选用无病种子，播前用 50~52℃温水浸种 30min，或选用 0.2%的漂白粉浸种，30min 后催芽播种或将甜瓜种子用 40%甲醛 150 倍液浸种 90min，可杀灭种子所携带的病原菌。

农业防治：用无病土育苗，拉秧后彻底清除病残落叶与非瓜类作物，进行 2 年以上轮作。合理浇水，防止大水漫灌，注意通风降湿，缩短植株表面结露时间，在露水干后进行农事操作，及时防治田间害虫。

化学防治：甜瓜子叶期及坐瓜后几天对有些杀菌剂敏感，容易引起药害，请选择比较安全的杀菌剂使用。

2%春雷霉素水剂 500 倍液；3%中生菌素可湿性粉剂 600~800 倍液 20%果腐清可湿性粉剂 3000~5000 倍液。90%链霉素·土可溶性粉剂 3500 倍液；50%氯溴异氰尿酸可溶性粉剂 1000~1500 倍液；45%代森铵水剂 400~600 倍液；86.2%氧化亚铜可湿性粉剂 2000~2500 倍液；20%新生霉素 4000~5000 倍液，14%络氨铜水剂 500~800 倍液；

兑水喷雾防治，视病情隔 5~7 天喷 1 次。连续用药 2~3 次。

二、甜瓜细菌性叶枯病

1. 简介

甜瓜细菌性叶枯病是甜瓜的重要病害。分布较广，为零星发生，近几年呈严重发展趋势甜瓜生产影响很大，部分地区发生较重，严重影响甜瓜的产量和品质，主要寄主甜瓜、西瓜、黄瓜等瓜类作物。

2. 危害症状

全生育期均会发生，主要侵染叶片，有时也危害茎和叶柄。叶片上初现圆形小斑，水浸状褪绿斑，叶背病斑为小水渍状小点，扩大呈近圆形或多角形的褐色斑，直径 1~2mm，周围具褪绿晕圈，以后坏死，呈黄色至黄褐色，有的很薄。病斑中央半透明，病叶背面不易见到菌脓，别于细菌性角斑病。果实发病初期产生水浸状小斑点，病斑周围有水浸状晕圈（彩图 7-48、7-49、7-50）。

3. 病原物

病原为油菜黄单胞菌黄瓜叶斑病致病变种 *Xanthomonas campestris* pv. *cucurbitae*，菌体形态为两端钝圆杆状，大小 0.5μm×1.5μm，极生单鞭毛，单生、双生或链生。革兰氏染色阴性。

4. 发生规律

病原主要通过种子带菌传播蔓延，在土壤中存活非常有限。发育适温25~28℃，40℃以上不能生长。保护地内平畦沟灌、无地膜覆盖发病较重。

5. 防治方法

(1) 种子处理

选用无病种子，播前用50~52℃温水浸种30min，或选用0.2%的漂白粉浸种30min后催芽播种。

(2) 农业防治

用无病土育苗，拉秧后彻底清除病残落叶与非瓜类作物进行2年以上轮作。合理浇水，防止大水漫灌，保护地应注意通风降湿，缩短植株表面结露时间，注意在露水干后进行农事操作，及时防治田间害虫。

(3) 化学防治

甜瓜子叶期及坐瓜后几天对有些杀菌剂敏感，容易引起药害，请选择比较安全的杀菌剂使用。

2%春雷霉素水剂500倍液；3%中生菌素可湿性粉剂600~800倍液；20%果腐清可湿性粉剂3000~5000倍液。90%链霉素·土可溶性粉剂3500倍液；50%氯溴异氰尿酸可溶性粉剂1000~1500倍液；45%代森铵水剂400~600倍液；86.2%氧化亚铜可湿性粉剂2000~2500倍液；20%新生霉素4000~5000倍液；14%络氨铜水剂500~800倍液；20%细菌通3000~4000倍液

兑水喷雾防治，视病情隔5~7天喷1次。连续2~3次。

三、甜瓜性软腐病

1. 简介

甜瓜软腐病是一种普遍发生的病害，棚室和露地内都有发生。为零星发生，发病重时病瓜可达10%左右，明显影响甜瓜生产。各地均有分布。

2. 危害症状

茎蔓和果实均可受害。感病果实初为水渍状病斑，渐扩大，稍凹陷，病部发软，色泽变深，病斑周围有水渍状晕圈，从病部向内腐烂，有臭味。整株或一枝蔓的叶迅速枯萎死亡是其典型特征。受害株蔓出现暗绿色水浸状病斑，并形成软腐，维管束变褐色(彩图7-51、7-52、7-53)。

3. 病原物

病原菌为胡萝卜软腐欧氏菌胡萝卜软腐致病变种 *Erwinia carotovora* subsp. *carotovora*。菌体形态为菌体短杆状，周生鞭毛 2~8 根，不产生芽孢，无荚膜。病原菌两端圆，短杆状，周边有 5~10 根鞭毛，大小为 $0.5~1.0\mu m \times 1.7~2.5\mu m$。革兰氏染色阴性。生育最适温度 25~30℃，最高 40℃，最低 2℃，致死温度 50℃经 10min，适宜 pH5.3~9.3，最适 pH7.3。寄主有茄科蔬菜、十字花科蔬菜及葱类、芹菜、胡萝卜、莴苣等。

4. 发生规律

病原随病残体在土壤中越冬。第 2 年借雨水、灌溉水以及昆虫传播，由伤口侵入。病原菌侵入后分泌果胶酶溶解中胶层，导引起细胞分崩离析，

引起细胞内水分外溢，引起腐烂。阴雨天或露水未落干时整枝打杈，或虫伤发病重。

5. 防治方法

(1) 农业防治

实行与非葫芦科，茄科及十字花科蔬菜进行 2 年以上轮作。间作要注意避免造成伤口，还要注意把虫害消灭在蛀食以前，防止害虫传播细菌；加强田间管理，注意通风透光，降低田间湿度，增施底肥，及时追肥，促进植株生长健壮，自然伤口少，减少病菌侵入机会；及时清除病株，减少菌源。

(2) 种子消毒

可用 52~55℃温水浸种 20~30min 后催芽播种。或用 2%漂白粉浸种 30min，捞出后用清水冲洗干净再催芽播种。

(3) 化学防治

清除掉病叶、病茎及病果。发病初期喷施：20%噻菌铜悬浮剂 1000~1500 倍液；3%中生菌素 600~800 倍液；2%春雷霉素水剂 500 倍液；3%中生菌素可湿性粉剂 600~800 倍液；20%果腐清可湿性粉剂 3000~5000 倍液；90%链霉素·土可溶性粉剂 3500 倍液；50%氯溴异氰尿酸可溶性粉剂 1000~1500 倍液；45%代森铵水剂 400~600 倍液；86.2%氧化亚铜可湿性粉剂 2000~2500 倍液；20%新生霉素 4000~5000 倍液，7 天喷 1 次，连续 1~2 次。

(4) 注意事项

授粉期对铜制剂及叶枯唑敏感，请谨慎使用

四、甜瓜细菌性缘枯病

1. 简介

细菌性缘枯病是大棚甜瓜的重要病害。

2. 危害症状

主要位于叶片、叶柄、茎蔓、卷须，果实也可受害。

叶片。叶片染病，初期在叶缘小孔附近产生水渍状小斑点，扩大成为淡黄褐色不规则坏死斑，严重时在叶片上产生大型水渍状坏死斑，随病害发展沿叶缘干枯，最后整个叶片枯死；或由叶缘向叶片内呈"V"字形水浸状坏死大斑，由叶缘向叶中央发展，病斑周围常具有黄绿色晕圈。

叶柄、茎、卷须。病斑呈褐色水浸状。

果实发病多由果柄处侵染，造成病斑，黄化凋萎，脱水后僵硬，空气湿度大时，病部溢出菌脓（彩图7-54、7-55）。

3. 病原物

病原为边缘假单胞菌边缘假单胞致病型 *P. seudomonas marginalis* pv. *marginalis* 属细菌。菌落黄褐色，表面平滑，边缘波状。革兰氏染色阴性，短杆状，无芽孢，极生鞭毛1~6根。这种病原可以侵染黄瓜、南瓜、西葫芦等瓜类。

4. 发生规律

越冬与初侵染源。病原在种子上或随病残体越冬，成为第2年初侵染源。病原从叶缘水孔等自然孔口侵入。

传播特点。病原菌随风雨、田间操作传播、蔓延和重复侵染。叶面结露时间越长，缘枯细菌病的水浸状病斑出现越多，严重时在病部可见菌脓，叶缘吐水是引起该病流行的重要水湿条件。

5. 防治方法

（1）种子消毒

2%漂白粉浸种20min。50℃温水浸种20min，或2%春雷霉素500倍液浸种2h，冲洗干净后催芽播种。

（2）农业防治

加强制种基地的无菌生产，选无病瓜留种。培育壮苗，注意适时放风，降低棚室湿度，增加光照。增施生物有机肥，发病后控制灌水，促进根系发育。推广使用高垄、覆膜、滴灌的栽培技术。注意适当轮作，清除病残体，及时翻晒土壤，利用夏天高温闷棚。

(3) 化学防治

药剂选用：2%春雷霉素水剂 500 倍液；3%中生菌素可湿性粉剂 600~800 倍液，20%果腐清可湿性粉剂 3000~5000 倍液；50%氯溴异氰尿酸可溶性粉剂 1000~1500 倍液；45%代森铵水剂 400~600 倍液；86.2%氧化亚铜可湿性粉剂 2000~2500 倍液；20%新生霉素 4000~5000 倍液 14%络氨铜水剂 500~800 倍液；20%细菌通 3000~4000 倍液；

对水喷雾防治，视病情隔 5~7 天喷 1 次。连续 2~3 次。

(4) 注意事项

甜瓜子叶期及坐瓜后几天对有些杀菌剂敏感，容易引起药害，请选择比较安全的杀菌剂使用。

五、甜瓜细菌性角斑病

1. 简介

甜瓜细菌性角斑病是甜瓜的重要病害。春、秋两季均可发生。发病率 10%~60%，严重时达 100%，严重影响甜瓜产量。各地均有分布。

2. 危害症状

危害叶片、叶柄、茎、卷须和果实，苗期至成株期均可发生（彩图 7-56、7-57、7-58）。

叶片：叶片发病初期呈水浸状斑，渐变淡褐色，病斑受叶脉限制呈多角形，灰褐或黄褐色，湿度大时病部叶背溢有乳白灰浑浊水珠状菌脓，干后有白痕，病斑质脆，易穿孔。

茎、叶柄、卷须：发病时出现水浸状小斑点，沿茎沟纵向扩展，呈短条状，湿度大时也可见菌脓，严重时纵向开裂，呈水浸状腐烂，变褐干枯，表层残留白痕。

果实：发病时出现水浸状小斑点，扩展后不规则或连片，病部溢出大量污白色菌脓，受害果实常伴有软腐病原侵染，呈黄褐色水渍状腐烂。

3. 病原物

病原为丁香假单胞杆菌流泪致病变种 *Pseudomonas syringae* pv. *lachrymans*。菌体短杆状相互连接，具端生鞭毛 1~5 根，有荚膜，无芽孢，革兰氏染色阴性，生长适温 23~28℃。48~50℃经 10min 致死。

4. 发生规律

病原经种子或随病残体在土壤中越冬，成为第 2 年初侵染源。借风雨、昆虫及人为传播，病原菌生长温度为24~28℃，适宜相对湿度70%以上。病原随气流传播。从寄主的气孔、水孔、伤口侵入。低洼地、大水漫灌发病重。发病条件主要是湿度，尤其是下雨，随雨季到来和田间浇水开始发病，如饱和湿度在6h以上病斑大且典型。

5. 防治方法

种子消毒：可用50℃温水浸种20min，捞出晾干催芽播种。

与非瓜类实行2年以上的轮作，生长后期及收获后清除病残体。

药剂防治：发病初期喷20%噻菌铜悬浮剂1000~1500倍液；3%中生菌素600~800倍液；2%春雷霉素水剂500倍液；20%果腐清可湿性粉剂3000~5000倍液；50%氯溴异氰尿酸可溶性粉剂1000~1500倍液；45%代森铵水剂400~600倍液；86.2%氧化亚铜可湿性粉剂2000~2500倍液；20%新生霉素4000~5000倍液。

6. 注意事项

授粉期对铜制剂及叶枯唑敏感，请谨慎使用。

六、甜瓜细菌性果斑病

1. 简介

甜瓜细菌性斑果病是近年发现的一种危险检疫性病害，曾在海南山东、湖北等地造成甜瓜大面积绝收。

2. 危害症状

子叶。首先子叶背面叶脉中间出现水浸状黄色小斑点，并沿主脉逐渐发展为黑褐色坏死病斑。有时在下胚轴也会出现，严重时幼苗会塌陷、死亡。

叶片。第1~2片真叶上的症状是在近叶脉处出现水浸状，然后变黄进而变成褐色病斑，病斑沿叶脉扩展。遇上长期阴雨天或管理不善，幼苗叶片水浸状病斑不断扩大，直至幼苗死亡。植株生长的中期，湿度大时叶片上的病斑逐渐蔓延至整张叶片，后期分泌石灰样菌脓，滴至下部叶片导致持续感染发病。

果实。典型的病症是在甜瓜果实朝上的表皮，首先出现水渍状小斑点，随后扩大成为不规则的大型橄榄色水渍状斑块。

发病初期病变只局限在果皮，瓜面出现水浸状小点，空气湿度较大时，果实表面病斑并无太大变化，只是透过果皮发现果肉发暗、黑，切开果实沿果实表面向内腐烂。

发病中期以后，病原可单独或随同腐生菌蔓延到果肉，使果肉变成水渍状。发病后期受感染的果皮经常会龟裂，并因杂菌感染而向内部腐烂。有些品种果实受感染后，在果实上仅出现龟裂小褐斑，而无明显的橄榄色水渍状斑块，但病原已侵入果肉组织，造成严重的水渍状病症。病斑上常有黏稠、白色的菌脓溢出（彩图7-59、7-60、7-61）。

3. 病原物

病原为类产碱假单胞菌西瓜亚种 *Pseuomonas pseudoalcaligenes* subsp. *citrulli*，1992年改名为燕麦食酸菌西瓜亚种 *Acidovorax avenae* subsp. *citrulli* 属 rRNA 组。不产生荧光和其他色素，单根极生鞭毛，严格好氧。不产生精氨酸水解酶，能在41℃以下生活。这种病原可以侵染西瓜。人工接种也可以感染其他葫芦科及番茄、胡椒、茄子等。

4. 发病规律

（1）越冬与初侵染源

病原附着在种子或病残体上越冬，种子带菌是第2年主要初侵染源。病原在病残体上能存活2年。带病原的种子散落田间后，长出的瓜株、残留在田间的染病瓜皮，以及田间可能带菌的葫芦科杂草，都是感染下茬甜瓜的重要菌源。

（2）传播特点

在田间借风雨及灌溉水传播，从伤口或气孔侵入，果实发病后病原在病部大量繁殖，通过雨水或灌溉水向四周扩展，多次重复侵染。多雨，高湿，大水漫灌，甜瓜容易发病。在炎热、强光照及雷雨过后，叶片和果实上的病斑迅速扩展。

5. 防治方法

（1）检疫

加强检疫，不用病区的种子，杜绝带菌种子传播，发现病种应在当地销毁，严禁外销。

（2）种子消毒

以1%次氯酸钙浸渍15min后，用清水冲净浸泡6~8h，再催芽播种；或用1%的过氧化氢（3%过氧化氢100mL兑200mL水）浸泡15min。

（3）农业防治

合理的灌溉方式是预防本病的关键。由于喷灌会传播病原菌且造成果实上积水，有利于病原菌侵入感染。因此，应尽量改用滴灌或降低水压，让灌溉水仅喷及根围。随时清除病苗和病果，以免遗留田间成为二次感染源。另外，彻底清除田间杂草，也是减少该病发生的重要措施。注意轮作倒茬，在常发病区，至少3年内不得在同一田块或相近田块种植甜瓜或其他葫芦科作物。

（4）化学防治

20%噻菌铜悬浮剂1000~1500倍液；2%春雷霉素水剂500倍液；3%中生菌素

600~800倍液；20%克腐灵300~5000倍液；20%果腐清可湿性粉剂3000~5000倍液；50%氯溴异氰尿酸可溶性粉剂1000~1500倍液；45%代森铵水剂400~600倍液；86.2%氧化亚铜可湿性粉剂2000~2500倍液；20%新生霉素4000~5000倍液；20%克腐灵3000~4000倍液。

(5) 注意事项

果实旺盛发育期对铜制剂及叶枯唑敏感，请谨慎使用。

七、甜瓜病毒病

1. 简介

病毒病是甜瓜主要病害，各地均有分布，发生普遍，发病率5%~10%，严重时发病率可达20%以上，对甜瓜产量和质量有明显影响。根据危害症状不同又分为花叶、黄化、坏死、畸形等多种类型（彩图7-62、7-63、7-64）。

2. 危害症状

主要有花叶、黄化皱缩及复合侵染型。发病初期叶片出现黄绿或浓绿花斑，叶片变小，叶面皱缩，凹凸不平，卷曲。瓜蔓扭曲萎缩，植株矮化

(1) 花叶型

新叶产生褪绿斑点，叶片上出现黄绿镶嵌花斑，叶面凹凸不平。新叶畸形、变小，植株端节间缩短，植株矮化，发病愈早，对产量和品质影响愈大。

(2) 坏死型

新叶狭长，皱缩扭曲，花器不发育，难于坐果，即使坐果也发育不良，易形成畸形果。果实受害时，果实表面形成浓绿色与淡绿色相间的斑驳，并有不规则突起。

3. 病原物

主要有黄瓜花叶病毒（CMV）、黄瓜绿斑驳花叶病毒（CGMMV）、烟草环斑病毒（TRSV）、西瓜花叶病毒2号（WMV2）、南瓜花叶病毒（SgMV）、哈密瓜病毒（HMV）、哈密瓜坏死病毒（HmVNV）。

4. 发生规律

病毒主要通过种子、蚜虫、接触等方式传染。汁液摩擦也可传染。发病适温20~25℃，气温高于25℃多表现隐症。甜瓜花叶病毒种子可带毒，带毒率16%~18%；烟草花叶病毒通过汁液摩擦传染，主要随病残体在田间越冬，通过汁液传播，从伤口侵入，进行多次再侵染；南瓜花叶病毒可由种子带毒越冬，通过种子、汁液摩擦或传毒媒介昆虫传染。环境条件与瓜类病毒病发生关系密切，高温、干旱、强光照条件下，

蚜虫多，也有利于病毒繁殖，且降低了植株的抗病能力；此外，在杂草多、气温高、缺水、缺肥、管理粗放、蚜虫多时发病亦重。

5. 防治方法

（1）农业防治

发现病苗及时拔除，及时防治蚜虫、蓟马。配合使用水杨酸、硫酸锌、芸苔素更能发挥治疗效果。选抗病品种，秋播易发生病毒病地区，播种前用清水将甜瓜种子浸泡 4h 后，用 10% 磷酸三钠溶液中浸 25min，然后用清水洗净，晾种 8h 后播种，可钝化带毒种子。减少毒源。打杈摘顶时要注意防止人为传毒。

（2）化学防治

发病发病前与发病初期开始。

氨基寡糖素 500 倍液；2% 宁南霉素 200~400 倍液；20% 盐酸吗啉胍 500~600 倍液，5% 毒菌宁 500~600 倍液；1.8% 辛菌胺 300~500 倍液；30% 三氮核苷·吗啉胍 300~500 倍液等药剂隔 7~10 天喷 1 次。配合使用水杨酸、硫酸锌、芸苔素更能发挥提高治疗效果。

八、甜瓜根结线虫

1. 症状

主要发生在根部，须根或侧根染病后产生瘤状大小不等的根结。解剖根结，病部组织里可见许多细小的乳白色线虫。根结之上一般可长出细弱的新根，致寄主再度染病，形成根结，轻度发病株症状不明显，重度病株生长不良，叶片中午萎蔫，植株矮小，严重影响产量。发病严重时，全园枯死（彩图 7-65）。

2. 病原

Meloidogyne incognita 称南方根结线虫。雌雄异形，幼虫呈细长蠕虫状。雄成虫线状，尾端稍圆，无色透明。雌成虫梨形。

3. 发生规律

根结线虫多以 2 龄幼虫或卵随病残体遗留在 5~30cm 土层中生存 1~3 年，条件适宜时，越冬卵孵化为幼虫，继续发育后侵入根部，刺激根部细胞增生，产生新的根结或肿瘤。根结线虫发育到 4 龄时交尾产卵，雄线虫离开寄主钻入土中后很快死亡。产在根结里的卵孵化后发育至 2 龄脱离卵壳，进入土壤中进行再侵染或越冬。在温室或塑料大棚中，单一种植几年作物后，根结线虫可逐渐成为优势种。田间发病的初始虫源主要是病土或病苗。南方根结线虫生存最适温度 25~30℃，高于 40℃、低于 5℃ 都很少活动，55℃ 经 10min 致死。田间土壤湿度是影响孵化和繁殖的重要条件。土壤湿度适合蔬菜生长，也适于根结线虫活动，雨季有利于孵化和侵染，但在干燥或过湿土壤中，其活动受到抑制。其危害砂土较重。

4. 防治方法

根结线虫发生严重田块，实行2年或5年轮作，大葱、韭菜、辣椒是抗、耐病菜类，病田种植抗、耐病蔬菜可减少损失，增施生物菌肥，降低土壤中线虫量，减轻下茬受害。提倡采用高温闷棚防治保护地根结线虫和土传病害。在7月或8月采用高温闷棚进行土壤消毒，地表温度最高可达70℃，地温49℃以上，也可杀死土壤中的根结线虫。也可在定植前10~15天结合整地，每亩用5%阿维菌水分散粒剂3~4kg，或10%噻唑磷颗粒剂2kg与20kg细土充分拌匀，撒在畦面混入20~30cm耕作层，注意混匀。生产过程中如果发现根结线虫，可用5%阿维菌素2000~3000倍液灌根，或随水冲施5%阿维菌素水分散粒剂3~5kg。

5. 注意事项

毒死蜱对瓜类根系有毒害，生长期不建议使用，噻唑膦一定要注意浓度，以免发生药害，引起植株萎蔫，影响产量。

第三节　甜瓜主要虫害

一、甜瓜蓟马虫

1. 分布

瓜蓟马（*Thrips palmi*）属缨翅目蓟马科。我国20世纪80年代中期广东、广西、湖南等省地发生，目前湖北、浙江、江苏、上海、山东、河北、河南等地已有分布，并有北上发展的趋势。是蔬菜生产中的潜在危险。

2. 危害特点

主要是成虫和若虫锉吸瓜类嫩梢、嫩叶、花和幼瓜的汁液，被害嫩叶嫩梢变硬缩小，出现丛生现象，叶片受害后在叶脉间留下灰色斑，并可联成片，叶片上卷，心叶不能展开，植株矮小，发育不良，或形成"无头苗"，似病毒病，茸毛呈灰褐色或黑褐色，植株生长缓慢，节间缩短；幼瓜受害后出现畸形，严重时造成落瓜，影响产量和品质（彩图7-66、7-67）。

3. 形态特征

成虫体细长，体长1mm，淡黄色至金黄色。头近方形，复眼稍突出，单眼3只，红色，排成三角形，单眼间鬃位于单眼三角形连线外缘，触角 7 节，第 1~3 节黄色，末端色较浓，第 4~7 节褐色，但 4、5 节基部有时带有黄色。4 翅狭长，周缘具长毛。前翅前脉基半部有 7 根鬃，端半部有 3 根鬃，前胸盾片后缘角上有 2 对长鬃。后胸盾片上有 1 对钟状感觉器，盾片上的刻纹为纵向线条纹。腹部第 8 节背片的后缘，雌雄两性均有发达的栉齿状突起。雄虫腹部第 3~7 节腹片上各有 1 个腹腺域，呈横条斑状。卵长椭圆形，长约 0.2mm 黄色，在被害叶上针点状白色卵痕内，卵孵化后卵痕为黄褐色。若虫 3 龄，初孵幼虫极微细，体白色，1、2 龄若虫无翅芽和单眼，体色逐渐由白转黄；3 龄若虫翅芽伸达第 3、4 腹节；4 龄若虫称伪蛹，体色金黄，不取食，触角折于头背上，胸比腹长，翅芽伸达腹部末端。

4. 发生规律

在广西 1 年发生 17~18 代，在广东、广西、海南 1 年发生 20 多代。世代重叠，终年繁殖，多以成虫在茄科、豆科蔬菜或杂草上、土块下、土缝中、枯枝落叶间越冬，少数以若虫越冬。3~10 月危害瓜类和茄子，冬季取食马铃薯等植物。在广东 5 月下旬至 6 月中旬、7 月中旬至 8 月上旬和 9 月为发生高峰期，以秋季严重。在广西甜瓜上 4 月中旬、5 月中旬及 6 月中下旬有 3 次虫口高峰期，以 6 月中下旬最多。成虫具迁飞性和喜嫩绿习性，有趋蓝色特性，活跃、善飞、怕光，多在甜瓜嫩梢或幼瓜的毛丛中取食，少数在叶背危害。雌虫主要行孤雌生殖，偶有两性生殖。卵散产于叶肉组织内，每头雌虫产卵约 50~200 粒。若虫怕光，到龄末期停止取食，落入表土"化蛹"。当日均温达到 21.3℃、24.6℃和 28.3℃时，幼虫发育日龄分别为 18 天、16 天和 13 天。在温度 24℃时，卵期 5~6 天，1~2 龄若虫期 5~6 天，前蛹加伪蛹期 4~6 天。此虫较耐高温，在 15~32℃条件下均可正常发育，土壤含水量 8%~18% 最适宜，夏秋两季发生较严重。

5. 防治方法

(1) 农业防治

清除田间残株落叶、杂草，消灭虫源，调整播种期，春季适期早播、早育苗，避开危害高峰期；采用营养钵育苗，加强水肥管理，促进植株生长，采用地膜覆盖，可减少出土成虫危害和幼虫落地入土化蛹。

(2) 物理防治

蓝板诱杀成虫，每 10m 左右挂一块蓝板，略高于蔬菜 10~30cm，以减少成虫产卵危害。

(3) 化学防治

当夏秋瓜苗 2~3 片叶时开始田间查虫，当每苗有虫 2~3 头时可采用以下杀虫剂进行防治。

10%吡虫啉可湿性粉剂1500倍液；25%噻虫嗪水分散性粒剂2000~3000倍液；25%噻嗪酮可湿性粉剂1000~2000倍液；5%吡·丁乳油1500倍液；5%丁烯氟虫腈乳油2000~3000倍液；0.3%印楝素乳油1000~2000倍液；10%烯啶虫胺水剂3000~5000倍液；0.36%苦参碱水剂1000~2000倍液；22%螺虫乙酯悬浮剂4000~5000倍液；20%氰戊菊酯乳油1000~2000倍液；2.5%溴氰菊酯乳油1500~2500倍液；对水喷雾防治，视虫情隔7~10天喷1次。

二、白粉虱

1. 分布

温室白粉虱（*Trialeurodes vaporariorum*）属同翅目粉虱科。是保护地栽培中极为普遍的害虫，几乎危害所有蔬菜。

2. 危害特点

成虫和若虫吸食植物汁液，被害叶片褪绿、变黄、萎蔫，甚至全株死亡。此外，尚能分泌大量蜜露，污染叶片和果实，导致煤污病的发生，造成减产并降低蔬菜商品价值。白粉虱亦可传播病毒病（彩图7-68）。

3. 发生规律

在温室条件下每年可发生10余代，以各虫态在温室越冬并继续危害。成虫喜欢黄瓜、茄子、番茄、菜豆等蔬菜，群居于嫩叶叶背产卵，成虫总是随着植株的生长不断追逐顶部嫩叶，因此白粉虱在植株上的生存形态自上而下为新产绿卵、变黑卵、幼龄若虫、老龄若虫、伪蛹。新羽化成虫产的卵以卵柄从气孔插入叶片组织中，与寄主植物保持水分平衡，极不易脱落。若虫孵化后3天内在叶背可做短距离游走，当口器插入叶组织后就失去了爬行的机能，开始营固着生活。

温室白粉虱在我国北方冬季野外条件下不能存活，通常要在温室作物上继续繁殖。第二年通过菜苗定植移栽传入大棚或露地，或温室开窗通风时迁飞至露地。因此，白粉虱在发生地区的蔓延，人为因素起着重要作用。白粉虱的种群数量，由春至秋持续发展，夏季的高温多雨抑制作用不明显，到秋季数量达到高峰，集中危害瓜类、豆类和茄果类蔬菜。在北方，由于温室和露地蔬菜生产紧密衔接和相互交替，可使白粉虱周年发生。7、8月间虫口密度较大，8、9月间危害严重。10月下旬后，气温下降，虫口数量逐渐减少，并开始向温室内迁移危害或越冬。

4. 防治方法

白粉虱的防治应以农业防治为基础，加强栽培管理，培育出"无虫苗"为主要措施，合理使用化学农药，积极开展生物防治和物理防治，及必要的化学防治。

(1) 清洁田园

提倡第一茬种植白粉虱不喜食的芹菜、蒜黄等较耐低温的蔬菜。育苗前彻底熏杀残余的白粉虱，清理杂草和残株，以及在通风口增设防虫网等，控制外来虫源，培育"无虫苗"。避免甜瓜、番茄、菜豆混栽，以免为白粉虱创造良好的生活环境，加重危害。

(2) 生物防治

可人工繁殖释放丽蚜小蜂，当温室白粉虱成虫在0.5头/株以下时，按15头/株的量释放丽蚜小蜂成蜂，每隔2周1次，共3次，寄生蜂可在温室内建立种群并能有效地控制白粉虱危害。

(3) 物理防治

黄色对白粉虱成虫有强烈诱集作用，在温室内设置黄板（1m×0.17m纤维板或硬纸板，涂成橙黄色，再涂上一层黏油，每亩32~34张）诱杀成虫效果显著。黄板设置于行间与植株高度相平，黏油（一般使用10号机油加少许黄油调匀）7~10天重涂一次，要防止油滴在作物上造成烧伤。作为综防措施之一，可与释放丽蚜小蜂等协调运用。

(4) 化学药剂防治

可用下列杀虫剂进行防治：

10%吡丙·吡虫啉悬浮剂1500倍液；10%吡虫啉可湿性粉剂1500倍液；10%烯啶虫胺水剂3000~5000倍液；3%啶虫脒乳油1000~2000倍液；10%吡丙·醚乳油1000~2000倍液；25%吡蚜酮可湿性粉剂2000~3000倍液；25%噻虫嗪水分散粒剂2000~3000倍液；50%噻虫胺水分散粒剂2000~3000倍液；10%氯噻啉可湿性粉剂2000倍液；20%高氯·噻嗪酮乳油1500~3000倍液；2.5%联苯菊酯乳油3000倍；3.5%溴氰菊酯乳油1000~2000倍液；

兑水喷雾防治，因其世代重叠，要持续防治，隔7天左右1次。

(5) 注意事项

瓜类对敌敌畏敏感，使用时千万要注意，前期一般不提倡使用，以免发生药害。

三、斑潜蝇

又分为美洲斑潜蝇和南美斑潜蝇。

1. 分布

美洲斑潜蝇（*Liriomyza sativae*）属双翅目潜蝇科，俗称蔬菜斑潜蝇。美洲斑潜蝇分布世界30多个国家，近年已传播入我国。

2. 危害特点

以幼虫钻叶危害,在叶片上形成由细变宽的蛇形弯曲隧道,开始为白色,后变成铁锈色,有的在白色隧道内还带有湿黑色细线。严重时叶片在短时间内就被钻食干死(彩图7-69、7-70)。

3. 发生规律

发生期为4~11月,发生盛期有2个,5月中旬~6月和9~10月中旬。美洲斑潜蝇为杂食性,危害大。

4. 防治方法

(1) 农业防治

彻底清除菜田内外杂草、残株、败叶,并集中烧毁,减少虫源。种植前深翻菜地,活埋地面上的蛹。最好再施3%米尔乐颗粒剂1.5~2.0kg/亩毒杀蛹。发生盛期,中耕松土灭蝇。黄板诱杀,在田间悬挂黄色诱虫板,进行诱杀,15~20张/亩。

(2) 化学药剂防治

防治幼虫,要抓住子叶期和第一片真叶期,以及幼虫食叶初期、叶上虫体长约1mm时打药。防治成虫,宜在早上或傍晚成虫大量出现时喷药。重点喷田边植株和中下部叶片。成虫大量出现时,喷施25%灭幼脲1000倍液杀卵灭幼虫。准确掌握发生期。一般在成虫发生高峰期4~7天开始药剂防治,或叶片受害率达10%~20%时防治。在甜瓜生育期从苗期开始,晨露干后至上午10:00最佳。

施用下列杀虫剂:0.5%甲氨基阿维菌素苯甲酸盐微乳剂2000~3000倍液+4.5%高效氯氰菊酯乳油2000倍液;50%灭蝇胺可湿性粉剂2000~3000倍液;20%阿维·杀虫单微乳剂1500倍液;50%灭蝇·杀单可湿性粉剂2000~3000倍液;

25%灭幼脲1000倍液,0.8%阿维·印楝素乳油1500~2000倍液;15%阿维·毒乳油1500~3000倍液;

3.3%阿维·联苯菊乳油1500~3000倍液;16%高氯·杀虫单微乳剂1000~3000倍液;

对水喷雾防治,因其世代重叠,要连续防治,视虫情隔7天喷1次。

在保护地内选用10%氰戊菊酯烟剂,15%吡·敌畏烟剂200~400g/亩。

(3) 注意事项

瓜类对敌敌畏敏感,使用时千万要注意,前期一般不提倡使用,以免发生药害。

四、蚜虫

1. 分布

甜瓜瓜蚜主要是棉蚜（*Aphis gosspii*）属同翅目蚜科。全国各地均有分布，是葫芦科蔬菜的重要害虫。

2. 危害特点

瓜蚜主要以成虫和若虫在叶片背面和嫩梢、嫩茎、花蕾和嫩尖上吸食汁液，分泌蜜露。嫩叶及生长点被害后，叶片卷缩，生长停滞，甚至全株萎蔫死亡。成株叶片受害，提前枯黄、落叶，缩短结瓜期，造成减产。此外，还能传播病毒病（彩图7-71）。

3. 形态特征

无翅孤雌蚜体夏季多为黄色，春秋为墨绿色至蓝黑色。有翅雌蚜，体长1.2~1.9mm，胸黑色。无翅孤雌胎生蚜，阔卵圆形，多为暗绿色，体长1.5~1.9mm，夏季黄绿色，春、秋季深绿色，腹管黑色或青色，圆筒形，基部稍宽。有翅胎生雌蚜体黄色、浅绿色或深绿色，前胸背板及胸部黑色。性母为有翅蚜，体黑色，腹部腹面略带绿色。

4. 发生规律

华北地区每年发生10多代，长江流域20~30代。在具备瓜蚜繁殖的温度条件下，南方北方均可周年发生。一般以卵在木槿、花椒、石榴等木本植物枝条和夏枯草、紫花地丁等植物的茎基部越冬，来年春天3、4月间，平均气温稳定在6℃以上时，越冬卵孵化为干母，干母胎生干雌，干雌在越冬寄主上孤雌胎生繁殖2~3代，约在4~5月间干雌产生有翅蚜迁往夏寄主瓜类蔬菜等植物上，在夏寄主上不断繁殖、扩散危害。秋末冬初，又产生有翅蚜迁入保护地。越冬寄主上，产生两性蚜，交尾产卵，以卵越冬。也能以成蚜和若蚜在温室、大棚中繁殖危害越冬。瓜蚜对黄色有较强的趋性，对银灰色有忌避习性。

5. 防治方法

防治应以农业防治为基础，加强栽培管理，培育出"无虫苗"为主要措施，合理使用化学农药，积极开展物理防治。

（1）农业防治

育苗前彻底熏杀残余蚜虫，清除杂草和残株，以及在通风口增设防虫网等，控制外来虫源。避免与甜瓜、番茄、菜豆混栽，以免为蚜虫创造良好的生活环境，加重危害。

(2)物理防治

蚜虫对黄色有强烈诱集作用,在温室内设置黄板(1m×0.17m 纤维板或硬纸板,涂成橙黄色,再涂上一层黏油,每亩32~34块)诱杀成虫效果显著。黄板设置于行间与植株高度相平。

(3)化学防治

蚜虫发生盛期可采用以下杀虫剂进行防治。

0.5%甲氨基阿维菌素苯甲酸盐微乳剂 2000~3000 倍液;10%烯啶虫胺水剂 3000~5000 倍液;10%吡虫啉可湿性粉剂 1500~2000 倍液;3%啶虫脒乳油 2000~3000 倍液;50%抗蚜威可湿性粉剂 1000~2000 倍液;10%氯噻啉可湿性粉剂 2000 倍液;25%噻虫嗪呵湿性粉剂 2000~3000 倍液;3.2%苦·氯乳油 1000~2000 倍液;20%高氯·噻嗪酮乳油 1500~3000 倍液;10%吡丙·吡虫啉悬浮剂 1500 倍液;5%氯氟·苯脲乳油 1000~2000 倍液;2.5%氟氯氰菊酯乳油 3000~4000 倍液;20%甲氰菊酯乳油 1000~2000 倍液;20%氰戊菊酯乳油 1000~2000 倍液;2.5%联苯菊酯乳油 3000 倍;10%氯氰菊酯乳油 2500~3000 倍液;0.36%苦参碱水剂 1000~2000 倍液;视虫情隔 7 天左右 1 次。

(4)注意事项

瓜类对敌敌畏敏感,使用时千万要注意,前期一般不提倡使用,以免发生药害。

五、跳虫(烟袋灰虫)

1. 简介

属于弹尾目紫跳科。分布广,保护地发生严重。主要危害瓜类、白菜、菜心、蕹菜、菠菜、苋菜、生菜、豇豆、甜玉米及作物幼苗。此外可危害栽培的平菇、草菇、香菇等。

2. 病原物

蔬菜跳虫 *Hypogastura armata*,*Nicolect* 接节肢动物门 *Arthropod* 纲昆虫纲 *Insecta* 目弹尾目科紫跳科,蔬菜地跳虫体短粗,灰紫色至深紫色。

3. 发生规律及危害症状

以成虫土缝或土壤有机肥、腐殖质内越冬。当翌年春季土表温度达到9℃时开始活动,18℃时活动频繁,尤其在适宜的高温、高湿条件下,跳虫繁殖迅速,危害严重。发生 6~7 代,世代重叠,3月中、下旬进入第一代产卵盛期,4月上、中旬为卵孵化盛期,以 4~6 月(即 1~3 代)发生量最大。跳虫喜潮湿环境,以腐烂物质、菌类为主要食物,主要取食子叶及幼嫩新叶。低龄若虫活泼,活动分散。成虫喜群集活动，善跳跃，像弹落的烟灰。若虫、成虫都畏光，喜阴暗聚集，一旦受惊或见阳光，即跳离躲入黑暗角落。成虫喜有水环境，常浮于水面，并弹跳自如。近距离扩散靠自身爬行或跳跃，远距离借风力、雨水和人为携带传播（彩图 7-72、7-73）。

4. 危害习性

主要为出苗缓慢，不整齐，子叶及新叶不完整，无心。严重时，形成黄矮僵苗，造成茎叶生长细弱，抗逆性差。

性喜湿润土壤，雌虫把卵（10~30 粒）产在土缝中，孵化若虫漂浮于水面或借此爬到植株上危害，密度大或虫口多时，菜田水面覆上一层紫红色虫体随水漂浮，气温 10~25℃的多雨季节发生量大，危害严重，在冬春雨季育苗期，及定植缓苗期危害重。喜在清晨和傍晚出来活动或危害，太阳出来后迅速潜入土中，少数躲在心叶里及底部靠地叶继续危害，阴雨天受害重。

5. 防治方法

（1）农业防治

菜地翻耕后每亩撒施石灰 25~30kg，并晒土 5~7 天，可抑制该虫活动和繁殖；利用夏闲高温闷棚的方法，明显得到控制。

（2）化学防治

喷洒 10%高效氯氰菊酯乳油 2000 倍液，3%啶虫脒乳油 2000~3000 倍液；0.8%阿维·印楝素悬浮剂 1500~2000 倍。

（3）注意事项

虫体具蜡质，防水性强，应添加有机硅类渗透剂提高防效，采收前 7 天停止。

六、根螨

根螨，*Rhizoglyphus*，粉螨科根螨属的一类螨虫。取食植物的块根、球根和鳞茎的螨类称为根螨。花卉上的根螨类害虫主要危害百合、郁金香。近几年胶东地区开始，危害瓜类、大蒜、大葱、圆葱根部，较为严重。

1. 危害症状

根螨由植物的移植而散播，随有机肥料的施用、浇水传播。根螨个体小又生活于土中有不易被发现的特性，在低密度时不易察觉，待其大量发生造成危害状出现后，植株的根系已被取食殆尽，因此如何早期发现，适时适法处置是田间防治的关键。当植株受根螨危害后，出现萎凋徵状，与真菌性萎凋病十分相似，常被误认为病害或地下线虫或害虫危害（彩图 7-74）。

2. 防治方法

利用夏闲，密闭大棚，高温闷棚20天，农药防止利用威百亩、辣根素熏蒸土壤，可在定植前撒施，5%阿维菌素颗粒剂5kg/亩，生长期发现虫害，可用2000倍阿维·螺螨酯；2000阿维·唑螨酯，1500倍阿维·哒螨灵灌根。

七、朱砂叶螨与二斑叶螨

1. 病原

属于真螨目叶螨科，别名红蜘蛛。分布在北京、天津、河北、陕西、山西、山东、辽宁、河南、江苏、安徽。主要危害葫芦科瓜类作物及草莓、人参、食用玫瑰、紫苏、番木瓜、甜玉米等。

2. 发病规律

年发生10~20代，由北方向南方逐渐递增，越冬虫态及场所随地区而不同：在华北以雌成虫在杂草、枯枝落叶及土缝中越冬；在四川以雌成虫在杂草或豌豆、蚕豆等作物上越冬。翌春气温达10℃以上时，即开始大量繁殖。3~4月先在杂草或其他寄主上取食，4月下旬至5月上、中旬迁入瓜田，先是点片发生，而后扩散全田。成螨羽化后即交配，第二天即可产卵，每雌能产50~110粒，多产于叶背。卵期在15℃时为13天，20℃为6天，22℃为4天，24℃为3~4天，29℃为2~3天。由卵孵化出的1龄幼虫仅具3对足，2龄及3龄（分别称前期若虫和后期若虫）均具4对足（雄性仅2龄）。在四川简阳，幼虫和若虫的发育历期4月为9天，5月为8~9天，6月为5~6天，7月为5天，8月为6~7天，9~10月为7~8天，11月为10~11天。成虫寿命在6月平均22天，7月约19天，9~10月平均29天。先羽化的雄螨有主动帮助雌螨蜕皮的行为，蜕出后即交配，交配是雄体在下方，锥形腹端翻转向上与雌体交配，交配时间在2min以上。雌雄一生可多次交配，交配能刺激雌螨产卵，并使雌性比增加。朱砂叶螨亦可孤雌生殖，其后代多为雄性。幼虫和前期若虫不甚活动。后期若虫则活泼贪食，有向上爬的习性。在甜瓜及架豆植株上，先危害下部叶片，而后向上蔓延。繁殖数量过多时，常在叶端群集成团，滚落地面，被风刮走，向四周爬行扩散。朱砂叶螨发育起点温度为7.7~8.8℃，最适温度29~31℃，最适相对湿度为35%~55%。因此，高温低湿的6~8月份危害重，尤其干旱年份易于大发生。但温度达30℃以上和相对湿度超过70%时，不利于其繁殖，暴雨有抑制作用（彩图7-75、7-76）。

3. 防治方法

（1）农业防治

铲除田边杂草，清除残株败叶，可消灭部分虫源和早春寄虫。天气干旱时，注意灌溉，增加菜田湿度，不利于其发育繁殖。

(2) 生物防治

首先提倡利用胡瓜钝绥螨防治甜瓜上的朱砂叶螨和二斑叶螨，把这种捕食螨装在含有适量食物的包装袋中，每袋2000只，只要把包装袋粘在或挂在甜瓜植株上，就可释放出捕食螨，消灭害螨。要求在害螨低密度时开始使用，且释放后禁止使用杀虫剂。其次用拟长毛钝绥螨(Amblyseius pseudolongispinosus)防治朱砂叶螨、二斑叶螨等害螨。释放后在6~8天内能有效控制叶螨危害。该天敌分布在江苏、浙江、山东、辽宁、福建、云南等地，具广阔前景。提倡喷洒植物性杀虫剂，如0.5%藜芦碱醇溶液800倍、0.3%印楝素乳油1000倍液、1%苦参碱6号可溶性液剂1200倍液。

(3) 药剂防治

目前对朱砂叶螨有效的农药有240g/L螺螨酯悬浮剂4000~6000倍液、20%四螨嗪可湿性粉剂1800倍液、20%阿维·毒死蜱乳油1500~2000倍液、25%丁醚脲乳油500~800倍液。其中5%唑螨酯悬乳剂和240g/L螺螨酯悬浮剂对二斑叶螨卵毒力较高，可用于杀卵。以上药物交替轮换使用，提高防效。

八、茶黄螨

1. 病原

属于螨目跗线螨科。别名：茶黄螨、茶嫩叶螨、白蜘蛛、阔体螨等。分布在全国各地。长江以南和华北受害重。

寄主为甜瓜、西葫芦、冬瓜、瓠子、茄子、辣椒、番茄、菜豆、豇豆、苦瓜、丝瓜、苋菜、芹菜、萝卜、蕹菜、落葵等多种蔬菜。

2. 发病规律

各地发生代数不一，北京5月下旬开始发生，6月下旬至9月中旬进入危害盛期，温暖多湿利于发病。以成螨或幼螨聚集在甜瓜幼嫩部位及生长点周围，刺吸汁液，轻者叶片缓慢伸开，变厚，皱缩，叶色浓绿，重者瓜蔓顶端叶片变小、变硬，叶背呈灰褐色。叶具油质状光泽，叶缘下卷，致生长点枯死，不长新叶，其余叶色浓绿，幼茎变为黄褐色，果实受害变为黄褐色至灰褐色。植株扭曲变形或枯死。该虫危害状与病毒病相似，生产上要注意诊断(彩图7-77)。

3. 防治方法

保护地要合理安排茬口，及时铲除棚室四周及棚内杂草，避免人为带入虫源。前茬作物收获后要及时清除枯枝落叶并深埋或沤肥。

加强虫情检查，在发生初期进行防治。甜瓜首次用药时间北京、河北为5月底6

月初；一般应掌握在初花期第一片叶子受害时开始用药，对其有效的杀虫剂有15%唑虫酰胺乳油1000~1500倍液、10%虫螨腈悬浮剂600~800倍液、240g/L螺螨酯悬浮剂5000倍液。

九、瓜绢螟

鳞翅目螟蛾科。别名瓜螟、瓜野螟。分布：北起辽宁、内蒙古，南至国境线，长江以南密度较大。近年山东常常发生，危害也很重。种群呈明显上升趋势（彩图7-78、7-79）。

寄主：丝瓜、苦瓜、节瓜、黄瓜、甜瓜、冬瓜、西瓜、哈密瓜、番茄、茄子等。

1. 危害特点

幼龄幼虫在叶背啃食叶肉，呈灰白斑。3龄后吐丝将叶或嫩梢缀合，匿居其中取食，致使叶片穿孔或缺刻，严重时仅留叶脉。幼虫常驻入瓜内，影响产量和质量。

2. 生活习性

在广东年发生6代，以老熟幼虫或蛹在枯叶或表土越冬，翌年4月底羽化，5月幼虫危害。7~9月发生数量多，世代重叠，危害严重。11月后进入越冬期。成虫夜间活动，稍有趋光性，雌蛾产卵于叶背，散产或几粒在一起，每雌螟可产卵300~400粒。幼虫3龄后卷叶取食，蛹化于卷叶或落叶中。卵期5~7天，幼虫期9~16天共4龄，蛹期6~9天，成虫寿命6~14天。浙江第1代为6月中旬，第2代7月中旬，第3代在8月上旬至中旬，第4代9月初前后，第5代10月初前后。

3. 防治方法

第一，提倡采用防虫网，防治瓜绢螟兼治黄守瓜。

第二，及时清理瓜地，消灭藏匿于枯藤落叶中的虫蛹。

第三，提倡用螟黄赤眼蜂防治瓜绢螟。此外，在幼虫发生初期，及时摘除卷叶，置于天敌保护器中，使寄生蜂等天敌飞回大自然或瓜田中，但害虫留在保护器中，以集中消灭部分幼虫。

第四，注意近年瓜绢螟在南方周而复始地不断发生，用药不当，致瓜绢螟对常用农药产生了严重抗药性，应引起注意。

第五，加强瓜绢螟预测预报，采用性诱剂或黑光灯预测预报发生期和发生量。

第六，药剂防治掌握在种群主体处在1~3龄时，喷洒30%杀铃辛乳油1200倍液或5%氯虫苯甲酰胺悬浮剂1200倍液或20%氟虫双酰胺水分散粒剂3000倍液。害虫接触该药后，即停止取食，但作用慢。也可喷洒1.8%阿维菌素乳油1500倍液、240g/L甲氧虫酰肼乳油1500~2000倍液。

第七，提倡架设频振式或微电脑自控灭虫灯，对瓜绢螟有效，还可减少蓟马、白粉虱的危害。

十、葫芦夜蛾

属于鳞翅目夜蛾科。

分布：北起黑龙江，南抵台湾、广东、广西、云南。寄主为葫芦科蔬菜、桑。

1. 危害特点

幼虫食叶，在近叶基 1/4 处啃食成一弧圈，致使整片叶枯萎，影响作物生长发育（彩图 7-80、7-81）。

2. 发病规律

在广东年发生 5~7 代，以老熟幼虫在草丛中越冬。全年以 8 月发生较多，危害甜瓜、节瓜和葫芦瓜等。成虫有趋光性，卵散产于叶背。初龄幼虫食叶呈小孔，3 龄后在近叶基 1/4 处将叶片咬成一弧圈，使叶片干枯。老熟幼虫在叶背吐丝结薄茧化蛹。

3. 防治方法

零星发生，不单独采取防治措施。

十一、瓜实蝇

双翅目实蝇科。分布于广东、广西、海南、云南等。

寄主：葫芦科蔬菜

1. 危害特点

成虫以产卵管刺入幼瓜表皮内产卵，幼虫孵化后钻进瓜内取食，受害瓜局部流胶、凹陷变黄褐硬斑，造成落果或腐烂（彩图 7-82、7-83）。

2. 发病规律

在广州一年发生 8 代，世代重叠，以成虫在杂草上越冬。春季 4 月开始活动，5~6 月危害严重。

3. 防治方法

毒饵诱杀成虫；在成虫盛发期，中午或傍晚喷洒 5% 天然除虫菊素乳油 1000 倍液或 60% 灭蝇胺水分散剂 2500 倍液或 80% 敌敌畏乳油 900 倍液。

十二、烟粉虱

寄主为葫芦科、十字花科、豆科、茄科等 10 多科 50 多种植物。从南到北的保护地均有发生。目前烟粉虱又出现了 B 型(彩图 7-84)及 Q 型(彩图 7-85)烟粉虱,目前北京、河北地区为 Q 型。

1. 危害特点

若虫、成虫刺吸植物汁液,受害叶片退绿黄化或萎蔫枯死。此外,B 型烟粉虱若虫分泌的唾液能造成瓜类作物生理功能紊乱,产生银叶病或白茎;B 型烟粉虱可引起煤污病。

2. 发病规律

亚热带地区年生 10~12 代,世代重叠,几乎月月出现一次种群高峰,每代 15~40 天。夏季卵期 3 天,冬季 33 天。若虫 3 龄,9~84 天,伪蛹 2~8 天。成虫产卵期 2~18 天,每雌产卵 120 粒左右,卵多产在植株中部的嫩叶上。成虫喜温暖无风天气,有趋黄性。产卵适温 21~33℃。气温高于 40℃、相对湿度低于 60%时停止产卵或死亡。

3. 防治方法

在温室内设置黄板(1m×0.17m 纤维板或硬纸板,涂成橙黄色,再涂上一层黏油,每亩 32~34 块)诱杀成虫效果显著。黄板设置于行间与植株高度相平,黏油(一般使用 10 号机油加少许黄油调匀)7~10 天重涂一次,要防止油滴在作物上造成烧伤。本方法作为综防措施之一,可与释放丽蚜小蜂等协调运用。

在烟粉虱发生较重的保护地,可用下列杀虫剂进行防治:65%噻嗪酮可湿性粉剂 2500~3000 倍液,1.8%阿维菌素乳油 2000 倍液,70%吡虫啉水分散剂 5000 倍液[14]。

第四节 甜瓜主要生理性病害

一、发病因素

1. 环境条件

保护地内一天的温度随季节性变化而变化,中午容易发生高温障碍,特别是阴天后的晴天。冬季夜间更容易发生低温障碍,特别是持续阴雪天气,棚内的相度湿度可达到 100%饱和状态,尤其保温性差、土壤排水不良地块,土壤透气性差、气温、地温偏低,病害发生尤为严重。在 6~8℃低温下,植株根系弱、生长延迟,促使花芽分化质量下降、化瓜、畸形瓜增加,产量、质量受影响,经济效益大大降低。春茬大棚温度容易掌握,大肥大水极易引起旺长,引发各种生理障碍。夏秋茬昼夜温度高,呼吸旺盛,光合产物积累少,茎叶徒长,容易出现无效瓜胎及化瓜,坐瓜率下降,高温障碍严重发生,加上高温高湿,更容易诱发各种病害发生。因此保护地适宜的温湿条件，既有利于作物正常生长发育，又减轻了各种病害的发生，最终达到高产优质目的。

2. 土壤条件

保护地土壤和大田土壤不同，没有雨水淋溶，施肥多、盐分积累多，肥料、养分除被土粒吸附外，还随浇水向深层移动，以后随土壤水分蒸发顺毛细管上升并积聚在表土。常见地表发白、发绿、发红，就是盐分累积、作物生长发育受到阻碍的表现，造成根系不发达、生长发育不良现象。发生土壤盐分积累严重时，出现养分的拮抗现象，磷、钙、镁、铁等元素被土壤固定，造成土壤盐碱化加重，造成土壤板结，尽管土壤中含有某种养分，也出现该种养分的缺素症。

3. 连作障碍

同作物或近缘作物连作以后，生长发育、产品质量、产量受到明显影响。造成连作障碍的主要原因是：病菌积累，土壤环境恶化，土传病害严重；某些元素积累与拮抗，使作物抗病能力降低；自毒物质的增多，多年连作，根系分泌物破坏了土壤的团粒结构，从而影响了土壤的容重、含水量和保水能力。同时，根系分泌物中的酸性物质和胶黏物质与铁、锰、钼等金属离子形成络合物和配位化合物，严重影响了根系对矿质离子的吸收，对根系活力、土壤的酶系活性发生影响，造成根系活力下降，产品质量显著降低。上茬作物的根残体分解所产生的毒素，主要为酚酸类化合物，这些化合物根际积累过多，对作物产生自毒作用，抑制根系生长和根系对养分的吸收，长期连作造成根系活力下降、生长细弱，叶色暗绿无光泽，叶面积小，干物质积累降低，造成前期产量低，后期早衰，产量品质急剧下降。因此必须在保护地种植结束后，增施有机肥、大水漫灌、高温闷棚相结合的方法，即能有效提高土壤肥力，减轻盐害的发生，又能杀菌灭线虫。定植前结合整地增施有益微生物菌剂、矿化腐殖酸，提高土壤有益菌落，中和有害物质，改善土壤理化性质，为丰产优质打好基础。

二、生理障碍

1. 急性凋萎

（1）症状

甜瓜果实快速发育期，若遇连阴聚阴天气，或突降暴雨过后。（农民称为毒雨），会大面积爆发急性凋萎，叶片萎焉下垂，新叶和茎尖生长点变黑死亡，仅仅留少部分老叶，老叶上形成穿孔性病斑。

防治方法：下雨过后及时浇一遍清水。也可用碧护、芸苔素等生长调节剂喷叶片。

(2) 防治措施

在甜瓜果实快速膨大期，若遇连阴天骤晴时，一些根系弱、浅的品种因叶面蒸发大于根系吸水而发生急性凋萎，严重时造成死秧绝产。防治办法可选择抗逆品种；栽培中注意生长势弱的品种留果节位适当靠上；另外，整枝不能过狠，单蔓整枝的厚光皮甜瓜最好留1.5个枝条生长，以增加叶面积；还可以随水增施生根剂，增加新根系。

2. 化瓜

(1) 症状

症状为结实花中途停止生长发育，黄化或枯萎。从开花前到核桃大的幼瓜均能发生化瓜 (彩图7-86)。

发生全部化瓜的情况极少 (除发生药害)，一般只在一部分花及果实上发生。有时花期侵染花腐病，也容易引起化瓜。化瓜的直接原因是光合产物不足，坐瓜节位低，功能叶面积小，同化养分供应不足，由于结实花的发育阶段不同，中节位坐瓜后，上位的瓜妞也容易化瓜。一般较幼小的瓜妞易化瓜，这是由于同化养分优先供给那些已经开始膨大的果实而造成的。发生原因是土壤盐渍化，有机质含量低，土壤板结，使用未腐熟有机肥，过量使用化肥，土壤理化性能下降。冬春茬光照弱，日照短，又受覆盖物及密植的影响，常常光照不足，往往坐瓜率极低。春大棚夜间温度高，呼吸消耗过强，如遇连阴天，二氧化碳浓度低，发生化瓜会更严重。因此必须保持适宜的环境条件，提高二氧化碳浓度。

(2) 防治措施

增施有机肥及微生物菌肥，提高土壤有机质，增加土壤有益菌落。配方施肥，合理使用化肥，根据土壤酸碱度合理选择冲施肥料，中和土壤pH值，改善土壤环境条件。乙烯类调节剂，建议在子蔓2~3叶期使用，注意使用浓度及喷药量，以免引起化瓜。根据土壤EC值情况，合理选择腐殖酸、氨基酸、海藻酸等有机冲施肥。定植后随缓苗水冲施康地保2kg/亩，土壤活化剂5kg/亩，调理土壤次生盐，改善土壤理化性能。根据情况10节左右不要留瓜，开花早的单瓜也不留，选择10节以上，大小基本一致的瓜妞，使用"瓜宝""瓜果保"在开花前2~3天同时授粉，及时打顶，控制徒长，必要时可以喷健壮素控制徒长，坐瓜后看瓜妞颜色嫩绿、直径4~5cm时，及时浇水施肥，叶面喷施300倍磷酸二氢钾加300倍葡萄糖液，注意上午10：00以前下午3：00以后喷施。

3. 葫芦形瓜、尖头瓜

(1) 症状

症状为果柄周围组织少，看形似小葫芦形，或果实脐部发育不完全变成尖头瓜，果实发育不完全，糖度降低，商品性状差。发生机理膨大期碳水化合物供应不足，果实膨大困难而产生葫芦形、尖头形瓜（彩图 7-87，7-88）。

(2) 发生原因

土壤盐渍化，有机质含量低，土壤板结，使用未腐熟有机肥，过量使用化肥；定植后棚温过低，根系少，生长势弱；留瓜节位低、单花坐瓜、生长过旺、一次授粉过多、水肥供应不及时、坐瓜后连阴天光照不足等因素，同化机能下降均不利于果实肥大，甚至会出现小瓜或扁瓜。

(3) 预防措施

增施有机肥及微生物菌肥，提高土壤有机质，改善土壤有益菌落。配方施肥，合理使用化学肥料，及微量元素，根据土壤酸碱度合理选择冲施肥料，中和土壤 pH 值。根据土壤 EC 值情况，合理选择腐殖酸、氨基酸、海藻酸等有机冲施肥。定植后随缓苗水冲施康地宝 2kg/亩，土壤活化剂 5kg/亩，调理土壤次生盐，改善土壤理化性能。根据情况 10 节左右不要留瓜，开花早的单瓜也不用留，选择 10 节以上，大小基本一致的瓜妞，使用"瓜宝"或"瓜果保"一起授粉。及时打顶，控制徒长，必要时可以喷健壮素控制徒长。坐瓜后看瓜妞颜色嫩绿明显见长时，及时浇水施肥，叶面喷施 300 倍磷酸二氢钾+300 倍葡萄糖液+6000 倍复硝酚钠，100mg/kg 亚硫酸氢钠及高硼、钙添力叶面肥，减少呼气消耗，提高营养转化，注意上午 10：00 以前下午 3：00 以后喷施。

4. 大肚脐瓜

甜瓜坐果后变成大肚脐瓜，严重的肚脐占瓜体重的 2/3。发生严重地块，前期好瓜率不足 50%，对甜瓜早熟高产受到明显影响（彩图 7-89）。

(1) 发生原因

甜瓜正常管理的情况下，苗期夜温偏高，生长发育过旺，土壤盐渍化、生长发育不良、棚温过低等，是引起花芽分化变差，产生大肚脐的主要原因。此外苗期施用乙烯类、增瓜类等产品，浓度过高、次数过多。通过乙烯的刺激，花芽分化趋向雄花的花芽变成了小瓜胎、半瓜胎的花芽，等不完全花芽。苗期施用咪唑类、三唑类杀菌剂，浓度过高也容易分化大肚脐瓜。此外，有些品种本身脐就大，选择品种时应注意。

(2) 防治措施

增施有机肥及微生物菌肥，提高土壤有机质，改善土壤有益菌落。配方施肥，合理使用化学肥料，根据土壤酸碱度合理选择冲施肥料，中和土壤 pH 值。增加保温措施，苗期及定植后，喷施 0.01mg/kg 天然芸苔素、20mg/kg 水杨酸，提高甜瓜抗低温能力，改善优质花芽数量。根据土壤 EC 值情况，合理选择腐殖酸、氨基酸、海藻酸等有机冲施肥。定植后随缓苗水冲施康地保 2kg/亩，土壤活化剂 5kg/亩，调理土壤次生盐，改善土壤理化性能。乙烯类调节剂，建议在子蔓2~3叶期使用，注意使用浓度及喷药量。苗期定植后，咪唑类、三唑类杀菌剂注意使用浓度，以免引起副作用，造成不必要损失。

5. 裂果

(1)症状

裂果由于气候、土壤环境、缺素、激素、农药、水肥等多种原因造成。品质下降、价值效益大跌。一般在幼果直径5~6cm时，脐裂或横裂。接近收获的果实，在花蒂附近呈放射状或环状开裂。严重裂果达到60%（彩图7-90、7-91、7-92）。

(2)发生原因

由于土壤盐渍化的加重，偏施氮磷造成钙、硼吸收障碍，降低了果皮的厚度及韧性，引起裂瓜。幼果期裂瓜，多由植物生长调节剂使用浓度不当造成。授粉2~3天后遇到阴雨天，由于湿度过大，晴天后，瓜体内外温差太大，造成内外细胞分裂不一致，引起脐裂或横裂。坐瓜后膨大期水分控制过度，土壤过于干旱，果皮随着果实的膨大提前老化，成熟期浇水过多，特别遇到阴雨天，裂瓜加重，分环裂、脐裂、纵裂。冲施含有膨大激素的肥料，果实内部急剧生长，也导致裂瓜。

(3)防治措施

增施有机肥及微生物菌肥，配方施肥，合理使用化学肥料及微量元素，根据土壤酸碱度合理选择冲施肥料，中和土壤pH值。根据土壤EC值情况，合理选择腐殖酸、氨基酸、海藻酸等有机冲施肥。定植后浇缓苗水，随水冲施康地宝2kg/亩，土壤活化剂5kg/亩，调理土壤次生盐，改善土壤理化性能。坐瓜后看瓜妞颜色嫩绿、膨大明显时，及时浇水施肥。选择合适厂家的冲施肥，叶面喷施300倍磷酸二氢钾+300倍葡萄糖液，及硼、钙叶面肥，提高果皮硬度及韧性。注意上午10：00以前下午3：00以后喷施。果实开始膨大后，避免土壤水分剧烈变化，尤其注意后期不要过湿。

6. 绿条瓜

(1)症状

甜瓜坐瓜后，果实随瓜的纹路，出现深绿色条纹，果实上这种绿色条纹发生程度与颜色深浅多种多样，有的在瓜柄附近，也有出现在脐部周围。出现绿条，症状轻的对单瓜质量及商品性没影响，严重时，直接影响果实的品质及外观，降低果实商品价值（彩图7-93、7-94）。

(2)发生原因

苗期夜温过低，土壤盐渍化、生长发育不良、定植后棚温过低等，是引起花芽分化变差，花青素积累严重。苗期及定植后施用咪唑类、三唑类杀菌剂，浓度过高也容易分化异常，叶、叶柄及果实、变形、变色，一般被误认为病毒病，但它与病毒病不同之处，叶柄、叶缘变没了，瓜脐变大，瓜色变异。同样温度品种间有差异，说明某些品种对温度反应敏感，因此环境与栽培管理不同，可能条纹表现的程度也不同。

(3) 防治措施

增施有机肥及微生物菌肥，提高土壤有机质，改善土壤有益菌落，增强根系活力。配方施肥，合理使用化学肥料，根据土壤酸碱度合理选择冲施肥料，中和土壤pH值。增加保温措施。苗期及定植后，喷施0.01mg/kg天然芸苔素、20mg/kg水杨酸、6000倍复硝酚钠，提高甜瓜抗低温能力，改善花芽质量。根据土壤EC值情况，合理选择腐殖酸、氨基酸、海藻酸等有机冲施肥。定植后法缓苗水，随水冲施康地保2kg/亩，土壤活化剂5kg/亩，调理土壤次生盐，改善土壤理化性能。苗期及定植后，咪唑类、三唑类杀菌剂注意注意使用浓度，以免引起副作用，造成不必要损失。

7. 污点果

(1) 症状

污点病不仅在薄皮瓜上出现，其他厚皮甜瓜也发生污点果，是一种发生范围较广原因复杂的生理障碍(彩图7-95、7-96、7-97、7-98)。

(2) 发生原因

甜瓜在中果期后，出现污点，即果皮上形成少量或大量渗出均匀绿色污点，一般在早春阴雨天后出现。由于空气湿度大，土壤水分足，把外表皮毛孔下细胞胀裂，呈绿色渗出状污点。乳油类农药对甜瓜果面伤害很大，使用后形成密密麻麻凸起小点，随着果实的膨大，隆起处成为木栓化白色疤痕，轻者成不均匀绿点斑块。叶枯唑、福美双等使用后形成不均匀的暗黄色污点，有的呈混合状表现。生产中污点果，已成为最棘手的生理障碍。发生严重时显著降低果实的商品价值。

(3) 防治措施

增施有机肥及微生物菌肥，提高土壤有机质，改善土壤有益菌落。配方施肥，合理使用化学肥料，改善甜瓜生长的土壤环境。合理放风，降低棚内湿度，关注天气，阴天前不要浇水，阴天后的晴天，不要升温过急过快。开花后避开乳油类农药，杀菌剂尽量选择水剂、悬浮剂、水分散粒剂等安全形杀菌剂。

8. 发酵果

(1) 症状

一类在开花后10天即开始发生，脐部暗绿色水浸状，发酵果的果肉从脐内部轴心线，变黄褐色，严重时水浸状，发出腥臭味。二类是果实表皮暗绿无光泽，停止生长,靠近果皮内部,果肉组织失水,呈褐色,果皮变黄后,内部呈水浸状,并伴腐生气味。三类是正常果实过熟,引起的发酵果,果实阳面呈鲜黄色,没有其他症状,切开后有异味,严重的变成水瓤不可食用(彩图7-99、7-100、7-101)。

(2)发生原因

目前已经发现,由于土壤有机质少,土壤酸化、次生盐积累、高温高湿等因素,逆境下供给果实的钙、硼不足时,果肉的细胞与细胞间组织失水坏死。经过果皮吸收热量,从受害的组织内部,开始有氧或无氧发酵。成熟期如果棚温持续32℃以上时,特别是阴天后的晴天,由于叶片蒸腾作用,植株水分蒸腾大于吸收,引起萎蔫脱水,内细胞受高温的影响,释放大量乙烯,加速果肉发酵。

(3)预防措施

增施有机肥及微生物菌肥,提高土壤有机质,改善土壤有益菌落,增强根系活力。配方施肥,合理使用化学肥料,根据土壤酸碱度合理选择冲施肥料,中和土壤pH值。根据土壤EC值情况,合理选择腐殖酸、氨基酸、海藻酸等有机冲施肥。定植后浇缓苗水,随水冲施康地保2kg/亩,土壤活化剂5kg/亩,调理土壤次盐,改善土壤理化性能。调节适宜的温、湿度,坐瓜后喷施0.2%钙添力,1000倍的高硼,配合0.01mg/kg天然芸苔素、6000倍复硝酚钠、100mg/kg亚硫酸氢钠,提高甜瓜抗高温能力。阴天后的晴天,避免高温,利用喷施0.3%葡萄糖粉的方法,缓解植株萎蔫。

9. 棱角瓜

(1)症状

症状为果实表面突起筋棱状,棱角瓜个头大的植株,瓜肉特厚,中心空洞,成熟晚、品质差,坐瓜少。严重地影响了商品价值(彩图7-102)。

(2)发生原因

一般是生长势过旺、蔓粗叶大,坐瓜后瓜把粗,瓜形长梨形。后期坐的果,容易变成棱角瓜。当营养过剩、开出的花硕大时,从幼果期就决定了它会长成棱角果。第1~2个果充分膨大,如果植株生长势强,大部分果实都将发生这种生理障碍。经试验,坐瓜后果实迅速增长期,喷施2~3次膨大剂,使细胞过分分裂,棱瓜的比例翻倍产生。

(3)防治措施

合理施肥,不要偏施氮肥,调节适宜的温、湿度,根据植株生长情况,合理浇水、施肥。对于有旺长倾向的植株,喷施300mg/kg植物健壮素,配合0.3%磷酸二氢钾,控制旺长。坐瓜后不要喷施不明成分的膨大叶面肥。

10. 花脸瓜

(1) 症状

甜瓜坐瓜 15~20 天开始表现症状，甜瓜叶、蔓均正常，无退绿、花叶现象，瓜表面出现深浅不一的均匀花脸色斑，无凸凹现象。一个大棚不定区域，有的地方发生，有的地方不发生，有的大棚严重发生。近几年呈严重发生趋势（彩图 7-103、7-104）。

(2) 发生原因

青岛地区种植甜瓜已有 20 多年历史，10 年以前没有发现这种情况，近年随着冲施肥大量涌入市场，这种情况陆续出现。查找原因、分析判断，甜瓜成熟，是甜瓜内达到有效积温后，产生内源乙烯，慢慢降解叶绿素，生成茄红素和胡萝卜素，达到成熟标准。当果实生长期，根系吸收过多的延缓衰老生长调节剂，叶绿素降解受到抑制，内源乙烯释放受到影响，引起花脸瓜。

(3) 防治措施

甜瓜坐瓜后，避免使用化学生根剂类冲施肥，叶面肥使用也应该避开这类产品，冲施腐殖酸、海藻酸类冲施肥，吸附降解这类物质，另外坐瓜后喷施 2~3 次甜瓜早熟灵，对花脸瓜有明显的防止或减轻作用。

11. 低温弱光障碍

(1) 发生原因

由于甜瓜属高温作物，对低温反应特别敏感，早春育苗期，正值严冬，如果遇到连阴天，保温被或草苫揭不开，由于不见光，瓜苗仅有呼吸消耗，没有光合积累，叶绿素流失，引起鲜黄色苗（彩图 7-105、7-106）。

(2) 防治措施

苗床安装植物补光灯，苗床温度白天控制 18~22℃，夜间 14~16℃，减少呼吸消耗，提高光合效率，晴天后喷施 3000 倍植物动力素+6000 倍复硝酚钠+300 倍葡萄糖液，促进恢复生长。

12. 甜瓜次生盐障碍

(1) 症状

植株生长缓慢，矮化，叶片深绿色，叶缘开始有失水性枯边至浅褐色枯边现象或整棚甜瓜植株脱水萎蔫或枯萎，几天内全棚甜瓜枯死（彩图 7-107、7-108、7-109）。

(2) 发生原因

主要是由于棚室内长期超量使用化肥，导致土壤盐分浓度过高，影响甜瓜根系吸收。保护地内的土壤和大田土壤不同，没有雨水淋溶，施肥多时盐分积累多，肥料、养分除被土壤颗粒吸附外，还随浇水向深层移动，以后随土壤水分蒸发顺毛细管上升并积聚在表土。常见地表发白、发绿、发红，就是盐分累积、作物生长发育受到阻碍的表现。根系不发达、生长发育不良现象，导致产量降低。发生土壤盐分积累严重时，出现养分的拮抗现象，磷、钙、镁、铁等元素被土壤固定，造成土壤盐碱化加重造成土壤板结。

(3) 防治措施

多施用腐熟有机肥及微生物菌肥，增施腐熟好的秸秆等松软性物质，增强土壤通透性和吸肥性，提高土壤有机质，改善土壤有益菌落，增强根系活力。配方施肥，合理使用化学肥料，根据土壤酸碱度合理选择冲施肥料，中和土壤 pH 值。根据土壤 EC 值情况，合理选择腐殖酸、氨基酸、海藻酸等有机冲施肥。定植后缓苗水，随水冲施康地保 2kg/亩，土壤活化剂 5kg/亩，调理土壤次生盐含量。增施秸秆肥料，改善土壤理化性能，提高甜瓜产量。重症地块灌水洗盐，泡田淋失盐分，及时补充钙、镁、硼等微量元素和 EM 菌肥。

13. 甜瓜叶烧病

(1) 症状

一般发生在甜瓜中期，中位出现叶枯斑，发生当天叶片出现水浸状受叶脉限制坏死斑，第二天形成白色角斑，交界分明，干斑叶肉完整，无腐蚀分解，斑周围无晕圈，与细菌性角斑明显不同(彩图 7-110、7-111)。

(2) 发生原因

该症状一般发生在阴天后的晴天。阴雨天时棚内空气湿度一般达到 100%，生长旺盛的中位叶部分细胞胀裂，叶背面引起生理充水现象。晴天后叶片蒸腾量大于吸收量，受损细胞得不到水分补充，引起灼伤。土壤板结，盐渍化严重，也是加重病害发生的原因。

(3) 防治措施

增施有机肥及微生物菌肥，提高土壤有机质，改善土壤有益菌落，增强根系活力。配方施肥，合理使用化学肥料，根据土壤酸碱度合理选择冲施肥料，中和土壤 pH 值。根据土壤 EC 值情况，合理选择腐殖酸、氨基酸、海藻酸等有机冲施肥。生定植后缓苗水，随水冲施康地保 2kg/亩，土壤活化剂 5kg/亩，调理土壤次盐，改善土壤条件。生长期 10~12 天 0.2%钙添力+100mg/kg 亚硫酸氢钠，减少蒸腾，增加细胞壁厚度，晴天后叶片露水干后，马上喷施 300 倍葡萄糖水，可有效防止此症状发生。

14. 甜瓜冻害

(1) 发生原因

甜瓜冻害一般发生在早春大棚，或早春露地，青岛地区基本每年 3 月底至 4 月次有一次倒春寒，冷空气到来时，气温降到0℃以下，当棚内气温降到3℃以下时，就容易发生冻害，由于大棚地温高原因，往往危害生长点及叶缘，引起失水干枯(彩图7-112、7-113)。

(2)防治措施

遇到冷空气，增加保温措施，下半夜浇井水，燃烧煤气、酒精等措施，提高棚内温度，喷施20mg/kg水杨酸，提高抗冻能力。

15. 棚膜滴水灼伤

(1)发生原因

当冬季棚内中午气温30℃左右时，因为棚架结构或薄膜流滴问题，所以有的地方滴水严重，当棚膜水滴流到瓜叶时，由于棚膜水滴温度太低，叶片温度太高，引起叶片灼伤(彩图7-114、7-115)。

(2)防治措施

选择质量好的薄膜，减少棚膜流滴，如果大棚角度问题，可把棚膜下拉到地膜，把水排出苗外，防止灼伤。

16. 放风闪苗

(1)症状

甜瓜栽培过程中，当棚内温差骤然降低5℃，叶面出现不同程度油渍状黄褐色斑，叶片受害后韧性差，有一握即碎的情况。一般危害下位叶，受害后症状不明显，慢慢变黄，严重影响产量。另一种症状：棚温太高后，采用放底风的方法，冷风直吹叶片，叶缘周围出现灼伤斑(彩图7-116、7-117、7-118、7-119)。

(2)防治措施

由于甜瓜对低温反应敏感，放风后千万不能过急过大，采用慢慢放风的方法放风，放底风时，在风口内侧设挡风膜，不能直吹瓜苗，生长期10～12天0.2%钙添力+100mg/kg亚硫酸氢钠，减少蒸腾，增加细胞壁厚度，晴天后叶片露水干后，马上喷施300倍葡萄糖水，可有效防止此症状发生。

17. 幼苗低温障碍

(1)症状

在生产栽培过程中，由于大棚保温性能差、定植过早、温度计离地太高、准确率低、土壤含水量、透气性等问题引起，叶下垂、叶柄夹角大，中上位叶如勺子状上卷，严重时茎叶靠近地面生长，叶片提前发黄老化等低温障碍，由于农户本身不会观察，管理不当，造成严重减产(彩图7-120、7-121、7-122)。

(2) 防治措施

改善土壤栽培条件，增施有机肥及生物菌剂。提高大棚保温性能，根据昼夜温差、植株生长量，合理调节大棚温湿度，提高棚内温度，喷施 20mg/kg 水杨酸，复硝酚钠 6000 倍液，0.01mg/kg 天然芸苔素，提高抗寒能力，喷施 3000 倍植物动力素，促进植株生长。

18. 幼苗徒长

(1) 症状

甜瓜苗期徒长表现为下胚轴长，子叶夹角小。生长期徒长分为：第一，叶柄长、节间长、叶片上扬，此为高夜温徒长形；第二，叶柄长、节间长、茎蔓粗，叶片大并上扬此为昼温徒长形；第三，叶片大、茎蔓粗、节间均匀，此为肥旺长形（彩图 7-123、7-124、7-125）。

(2) 防治措施

生育期管理中，当发现叶片上倾时，说明有徒长倾向，适当降低环境温度，减少灌水量。

19. 正常苗株

在甜瓜栽培管理中，由于栽培方式不同，特别是保护地，受环境影响甚大，采光面、多层覆盖，悬挂温度计的高低，直接影响甜瓜的生长势，既要掌握温度，又要观察苗株长相，灵活掌握（彩图 7-126、7-127、7-128、7-129、7-130）。

第五节　甜瓜主要营养元素障碍

甜瓜植物生长过程中，需要充足的营养供应，不但需要氮、磷、钾大量元素，而且需要充足的钙、镁、锌、铁、铜、硼、钼、锰等微量元素，营养过多过少都会影响甜瓜根、茎、叶、果的正常生长发育，进而影响甜瓜的品质与产量。以下按氮、磷、钾、钙、镁、锌、铁、铜、硼、钼、锰元素顺序介绍元素匮乏与过量时甜瓜植株表现症状与防治对策。

一、氮

1. 缺氮

(1) 症状

植株浅绿，基部叶片变黄，干燥时呈褐色。茎短而细，分枝少，出现早衰现象。

轻微缺氮时，植株呈浅绿色。严重缺氮时，下部老叶显著黄化呈老黄色。进而导致植物生长发育缓慢，植株矮小细弱。严重缺氮时甚至出现生长停滞不结瓜(彩图7-131、7-132)。

(2) 原因

高温多湿促进了土壤有机氮肥矿化快，使土壤有机氮贫乏，速效氮及全氮含量低，氮肥施用过多或不足也会造成失调。低温、多肥、积水、土壤板结、盐渍化，严重干旱等因素，未腐熟有机肥，都容易引起缺氮。

(3) 防治措施

增施腐熟有机肥及微生物菌肥，提高土壤有机质，改善土壤有益菌落。配方施肥，合理使用化学肥料，根据土壤酸碱度合理选择冲施肥料，中和土壤pH值，根据EC值，选择墨金调理，改善土壤环境条件，调节适宜的水、肥、温、光条件，查找原因，对症调理。

2. 氮过剩

(1) 症状

氮肥过多，枝繁叶茂，容易徒长，果实酸度增高。

甜瓜受害多发生在叶片。首先叶片出现水浸状斑，而后叶肉组织白化、变褐，最终枯死。受到过量氨气危害的甜瓜，突然揭去覆盖物时，会出现大片或全部植株如同遭受酷霜或强寒流侵袭，植株最终变为黄白色(彩图7-133、7-134)。

(2) 原因

通常是由施肥不当直接造成的。有些肥料可以直接产生氨气，如碳酸氢铵、未腐熟鸡粪，会陆续释放出氨气。当氨气积累到一定程度时，就会对甜瓜产生危害。如果不能及时排除，就可能造成氨气毒害。

(3) 防治措施

要避免偏施氮肥，有机肥、鸡粪、饼肥等一定要充分腐熟后施用。

发生有害气体危害后，要立即通风换气。全棚喷洒200倍米醋，冲施康地保2kg，叶面喷施植物动力素3000倍液+天然0.01mg/kg芸苔素，逐渐恢复生长。

二、磷

1. 缺磷

(1) 症状

幼叶生长停滞，茎、根纤细，植株矮小，花果脱落，成熟延迟。缺磷时，蛋白质合成下降，糖的运输受阻，从而使营养器官中糖的含量相对提高，这有利于花青素的形成，故缺磷时叶子呈现不正常的暗绿色或紫红色（彩图7-135、7-136）。

(2) 原因

引起缺磷的因素很多，主要是土壤供磷能力与水平。其他营养元素也有影响，因为有效磷极易被钙、铁、铝固定。酸性土壤磷会被固定，土壤干旱，也可抑制磷的吸收。

(3) 防治措施

可将与腐熟有机肥混合后施用，以增加有效磷含量，减少土壤固定。增施微生物菌剂，改善土壤微生物菌落，活化磷的有效性，防止干旱。叶面喷施3000倍植物动力素+300倍磷酸二氢钾，千万避开中午前后使用。

2. 磷过剩

(1) 症状

磷肥过多时，叶上会出现小焦斑，叶脉间叶肉上出现白色小斑点，病界明显，斑点逐渐扩散，导致甜瓜植株早衰，生长受到明显的障碍。

(2) 原因

磷素过多能增强作物的呼吸作用，消耗大量碳水化合物，叶肥厚而密集，组织器官过早发育，茎叶生长受到抑制，引起植株早衰。由于水溶性磷酸盐可与土壤中锌、铁、镁等结合生成难溶于水磷酸盐，因而会出现缺锌、缺铁、缺镁等失绿症（彩图7-137）。

(3) 防治措施

减少磷肥施用量，注意科学施用磷肥。在减少磷肥施入量的同时，提高肥效。酸性土壤，增施钙镁磷肥，改良土壤酸度，可提高肥效。施用腐熟有机肥，与磷肥结合在一起使用，可减少被铁或铝的结合，对根的正常发育及磷的吸收很有帮助。

三、钾

1. 缺钾

(1) 症状

缺钾时，植株茎秆柔弱，易倒伏，抗旱、抗寒性降低，叶片失水，叶绿素破坏，叶色变黄而逐渐坏死。缺钾有时也会出现叶缘焦枯，生长缓慢，出现下位叶提前老化现象。钾是植物生长不可缺少的重要养分之一，植物体内进行的一切生物化学反应几乎都有它参与。钾能活化六十多种酶，这些酶直接或间接参与蛋白质的合成和低分子量碳水化合物的缩合；钾能促进光合作用，还能增进同化物的迁移；钾还能提高根压，增强作物的吸水能力等等（彩图7-138）。

(2）原因

土壤有机质、钾含量低、盐渍化、板结等导致土壤里钾吸收障碍，特别是沙质性土容易缺钾。在需钾量较高的盛果期不注意补钾肥，会导致钾元素供应不足。石灰肥料太多，影响作物对钾的吸收。不良环境引起缺钾，如温度低、光照弱，干旱都会影响到甜瓜对钾的吸收。

（3）防治措施

增施腐熟有机肥、钾肥及微生物菌肥，提高土壤有机质，改善土壤有益菌落，改善土壤环境，防止土壤板结。配方施肥，合理使用化学肥料。针对次生盐严重的地块，冲施康地保 2kg/亩+5kg 土壤活化剂。叶面喷施 300 倍磷酸二氢钾。

2. 钾过剩

（1）症状

老叶叶缘内，显现水渍状干枯病斑，严重时中下位叶，叶脉间出现，黄白色退绿斑（彩图 7-139、7-140）。

（2）原因

由于土壤对钾素有一定吸持力，所以土壤中很少存在高浓度钾。在露底田间条件下不会出现钾过剩症，在保护地基质培或水培条件下钾过量时，抑制了钙、镁的吸收，出现严重缺镁症。叶缘灼伤，老叶上显现水渍状病斑。

（3）防治措施

增施腐熟有机肥及微生物菌肥，提高土壤有机质，改善土壤有益菌落，改善土壤环境，防止土壤板结。配方施肥，合理使用钾肥，出现症状后及时喷施 1000 倍硫酸镁+6000 倍复硝酚钠，注意避开中午前后使用。

四、钙

1. 缺钙

（1）症状

初期顶芽、幼叶呈淡绿色，继而叶尖出现典型的钩状，随后坏死。钙是难移动，不易被重复利用的元素，故缺素症状首先表现在上部幼芽幼叶上（彩图 7-141、7-142、7-143）。

（2）原因

酸性土、沙质土或长期施用硫酸铵等酸性肥料的，均易出现缺钙。据研究营养介质中钙浓度 40~50mg/kg 时轻度缺钙，10~20mg/kg 时严重缺钙。

(3) 防治措施

冬季深翻时，撒施石灰，每亩施用 100~200kg 不等，视缺钙情况而定。
出现缺钙时，用 0.3%~0.5% 硝酸钙或 1% 过磷酸钙喷淋植株。

2. 钙过剩

钙过量常使土壤变成碱性，造成锰、锌、铁、硼等缺乏。

五．镁

1. 缺镁

(1) 症状

缺镁叶脉间失绿，叶缘保持绿色不卷叶，叶片变黄，有时呈现杂色，叶脉绿色。而叶脉间变黄，有时呈紫色，出现坏死斑点，叶片失绿，其特点是首先从下部叶片开始，往往叶肉变黄而叶脉仍保持绿色，这是与缺氮病症的主要区别。严重缺镁时可引起叶片早衰与脱落(彩图 7-144、7-145)。

(2) 原因

缺镁主要发生在轻砂土或酸性土的果园，轻砂土壤的镁易被淋溶。红壤由于酸性强，淋融特别快速，极易出现缺镁症。钾、钙对镁有拮抗作用，增施钾、钙肥常促进缺镁症的发生。

(3) 防治措施

用 0.5%~1.0% 硫酸镁液或 1% 硝酸镁液，在 6 月喷施，隔 20~30 天连喷 2~3 次，效果良好，硝酸镁效果尤佳。
酸性土每亩施含含镁石灰 50~60kg，或钙镁磷肥 50~60kg，也有一定防效。

2. 镁过剩

镁过多，会严重减弱根系生长，并使地上部叶片黄化，叶片边缘呈灼烧状。

六、锌

1. 缺锌

(1) 症状

缺锌往往向背面卷曲，叶小簇生，叶面两侧出现斑点，植株矮小，节间缩短，生育期推迟。

在新叶叶脉间出现黄色斑点,并逐渐形成肋骨状鲜明黄色斑块。严重缺乏时,新生叶变小,细胞生长分化受到抑制,上部枝梢节间缩短,叶呈丛生状,果实也变小(彩图7-146、7-147)。

(2)原因

土壤中磷酸含量高时也会因生成难溶性磷酸锌沉淀而造成植物缺锌;土壤中有机质与锌形成络合物,减低土壤中有效锌含量;酸性砂质土中由于淋溶,锌损失较多也容易发生缺锌。

(3)防治措施

叶面喷布硫酸锌溶液,以萌芽前喷施0.1%硫酸锌液为宜。严重缺锌时,可喷布0.1%~0.3%硫酸锌液。

土壤施用硫酸锌,但要观察后效,避免锌在土壤中的累积。一旦锌过量发生毒害,可施用石灰和过磷酸钙进行矫治。

2. 锌过剩

当锌肥施用过多时,会出现叶片灼伤,落叶,枯梢等症状。叶成分分析表明,当叶片中锌含量达到200mg/kg或100mg/kg以上时,特别是伴有缺铁失绿黄化病并发时,有可能是锌过剩。

七、铁

1. 缺铁

(1)症状

缺铁时,一般表现为新叶发黄,但叶脉仍然保持绿色,脉纹清晰可见。脉间失绿,呈清晰的网状纹,严重时整个叶片呈淡黄色,甚至发白。随着缺铁的程度的加剧,叶片除主脉绿色外,其他部位均褪成黄色或白色。严重时仅主脉基部保持绿色,其余全部发黄,叶面失去光泽,叶片皱缩,边缘变褐并破裂,提前脱落,但同一植株上的老叶仍保持绿色(彩图7-148、7-149)。

(2)原因

在重碳酸盐含量高的土壤或盐碱土中,铁的溶解度很低。冬季土温低时吸收能力低,缺铁黄化尤为严重,而到春夏季症状可减轻。

(3)防治措施

将柠檬酸铁和硫酸亚铁注入主干。每亩平均施硫黄粉15~20kg,另施硫酸铵、硫酸钾等酸性肥料酸化土壤。

2. 铁过剩

当喷施硫酸亚铁或 Fe-EDTA 过多或使用浓度过高时,叶片和果实因铁过剩而受害,叶片上出现红褐色锈斑,严重时出现小孔,果实脱落,落叶严重。

八、铜

缺铜新生叶失绿,叶尖发白卷曲呈纸捻状,叶片出现坏死斑点,进而枯萎死亡。

植物缺铜时,叶片生长缓慢,呈现蓝绿色,幼叶缺绿,随之出现枯斑,最后死亡脱落。

九、硼

1. 缺硼

（1）症状

首先表现在顶端,如顶端出现停止生长现象,向下弯曲。幼叶畸形,叶脉皱缩,叶缘出现褐色枯斑(彩图 7-150、7-151、7-152)。

（2）原因

在酸性土壤中硼一般不会缺乏,其次是土壤水分,它是使硼变化为无效状态的主要因素,过多会造成淋失,过少又会使硼固定。

（3）防治措施

喷施 0.1%~0.2% 硼砂或硼酸。

施用含磷肥料,在轻度缺乏时,每亩可施用 0.3~0.6kg 硼砂,严重缺乏时,每亩施 13kg 硼砂,土壤施硼后,要注意观察后效。

土壤含硼过量时,可采取大量灌水的方法淋洗土壤中的硼,若用酸性水灌溉,可以加速硼的淋失。

2. 硼过剩

特征是叶片前端出现斑驳,随着中毒程度的加剧和叶龄的增长,斑驳由前端叶缘向下扩大并出现叶前缘灼伤坏死的病症。但这种斑驳病症,很容易与硫酸盐过多产生的斑驳病症以及缩二脲和过氯酸盐过多引起的类似花叶症状相似(彩图 7-153、7-154)。

十、钼

缺钼时新梢基部或中部叶片上出现圆形和椭圆形黄色斑点,叶背斑点呈棕褐色,流胶、叶向内侧变曲形成杯状,严重时叶片变薄,斑点变成黑褐色,叶缘焦枯(彩图 7-155)。

土壤 pH 值对钼的有效性影响很大，其有效性随着土壤 pH 值升高而增加，在酸性土壤中，铁、铝气化物会将大部分钼固定，铁、铜、锰等与钼还存在着比较复杂的拮抗关系，磷有助于钼的吸收，过量施用硫酸盐或氯元素肥料也会影响对钼的吸收。

植株体内含钼量超过 5mg/kg 时，往往会发生中毒现象，其症状是叶片上出现灰白色的不规则斑点，并凋萎脱落。

十一、锰

1. 缺锰

脉间出现坏死斑点，叶脉出现深绿色条纹呈肋骨状。

典型的缺锰症状是，叶脉保持绿色，叶肉变成淡绿色，即在淡绿色的叶片上显现出绿色的网状叶脉，但并不像缺锌和缺铁那样明显，症状从新叶开始发生，但不论老叶新叶都能显现症状。缺锰症常出现在碱性土壤。酸性土壤想一次矫正酸度，过量使用石灰质肥料时也会导致锰元素缺乏（彩图 7-156、7-157）。

对于石灰性土壤缺锰，可增施有机肥料，同时每亩掺施 70~100kg 硫黄粉，以降低土壤 pH 值。

2. 锰过剩

全株生长停止；叶片沿着叶脉的周围变为褐色；在叶柄上仔细观察可见到细微的黑褐点；发病是从下位叶到依次向上位叶发展。

如果土壤呈酸性则可以考虑锰过剩，呈碱性时一般不发生锰过剩的情况；观察叶柄、茎部茸毛，如果变成黑褐色，进一步发展则褐变沿着叶脉逐渐扩大，发病是从下位叶开始向上位叶发展。锰过剩症状与抗病品种上的霜霉病、低温多肥和某些病毒病症状相似，需要仔细判断（彩图 7-158、7-159）。

预防方法。施用钙镁磷肥提高土壤的 pH，以降低锰在土壤当中的溶解度；采用高温或药物进行土壤消毒时会增加锰的溶解度，消毒前施用石灰可以抑制锰的过量溶解；防止土壤湿度过大，避免土壤长时间处于还原状态；不要过量使用含锰药剂。

十二、有机肥激素超标

1. 症状

受害后造成生长缓慢，叶、柄、茎弯曲畸形，叶节肿大，生长点幼叶向上抱卷、僵硬，根系成倍生长，引起只长根不长苗的现象。

2. 原因

由于有机肥生产以某些加工企业的副产品或化工厂污物为主，内部含有某种化学成分作为原料。也可能在加工过程中添加生长调节剂过量引起。

3. 防治措施

选择正规厂家产品，定植沟或穴尽量不要集中使用有机肥或化学肥料，受害后发现症状严重，把苗尽快移出定植沟以外，重新定植，或把定植沟深翻后，重新把苗栽回。叶面喷施植物动力素3000倍液+皇嘉天然芸苔素0.01mg/kg，逐渐恢复生长（彩图7-160、7-161）。

十三、有机肥重金属超标症状

1. 症状

受害后表现生长缓慢，下位叶退绿，生长点及以下叶片变成白色，严重时从下位叶叶缘慢慢干枯，引起烂根死苗（彩图7-162、7-163）。

2. 原因

由于有机肥生产以某些加工企业的副产品或化工厂污物为主，内部含有某种铝、镉等化学成分，使用加工厂废弃料生产的有机肥，都容易引起重金属中毒。

3. 防治措施

选择正规厂家产品，定植沟或穴尽量不要集中使用，有机肥或化学肥料，受害后发现症状严重，把苗尽快移出定植沟以外，重新定植，或把定植沟深翻后，重新把苗栽回。冲施腐殖酸类肥料，减轻毒害。叶面喷施植物动力素3000倍液+天然芸苔素0.01mg/kg，逐渐恢复生长。

第六节　甜瓜药害

一、除草剂药害

1. 苯磺隆（小麦除草剂）

症状：生长点抑制状、新叶色淡黄、皱缩变小，叶向背面卷，植株生长势受到抑制（彩图7-164）。

防治方法：首先要做到喷雾器专用，避免喷除草剂后清洗不彻底。甜瓜受害后，先喷一次200~300倍小苏打，再喷施6000倍1.8%复硝酚钠，0.01mg/kg皇嘉天然芸苔素，3000倍植物动力素，缓解药害促进生长。

2. 乙草胺药害

叶片变小变黄、皱缩，生长点受抑制不长新叶，叶缘缺损，严重时生长点枯死

(彩图7-165、7-166、7-167)。

防治方法：首先要做到喷雾器专用，避免喷除草剂后清洗不彻底。甜瓜受害后，先喷一次200~300倍小苏打，再喷施6000倍1.8%复硝酚钠，0.01mg/kg皇嘉天然芸苔素，3000倍植物动力素，缓解药害促进生长。

3. 百草枯

典型症状为：叶片细小叶脉退绿变黄白色。主要原因为喷雾器不专用，喷除草剂后没彻底清洗(彩图7-168、7-169)。

防治方法：首先要做到喷雾器专用，避免喷除草剂后清洗不彻底。甜瓜受害后，先喷一次清水，再喷施6000倍1.8%复硝酚钠，0.01mg/kg皇嘉天然芸苔素，3000倍植物动力素，缓解药害促进生长。

二、杀虫剂药害

1. 敌敌畏

烟雾剂药害，受害后快速干枯，叶缘往上卷。

防治方法：由于瓜类对敌敌畏敏感，所以发现虫害后，可选择其他杀虫烟剂。喷施6000倍1.8%复硝酚钠，0.01mg/kg皇嘉天然芸苔素，3000倍植物动力素，缓解药害促进生长(彩图7-170)。

2. 辛硫磷药害

典型症状为叶片延叶脉出现变白、枯焦状坏死斑。

防治方法：由于瓜类对辛硫磷敏感，所以发现虫害后，可选择其他杀虫剂。受害后喷施6000倍1.8%复硝酚钠，0.01mg/kg皇嘉天然芸苔素，3000倍植物动力素，缓解药害促进生长(彩图7-171)。

3. 噻枯唑

症状为：轻微药害时，叶片基部背面变干，叶片灰褐色，叶缘干枯。果实表面生细小突起龟裂；严重时整个植株焦枯死亡。

防治方法：由于噻枯唑刺激性强，可选择其他类安全性强的杀菌剂。受害后喷施6000倍1.8%复硝酚钠，0.01mg/kg皇嘉天然芸苔素，3000倍植物动力素，缓解药害促进生长(彩图7-172、7-173)。

4. 杀扑磷药害

幼果表面似风疹样小凸起，严重时果面风疹干裂(彩图7-174、7-175)。

防治方法：由于杀扑磷乳油渗透性强，可选择其他类安全性强的杀虫剂。受害后喷施6000倍1.8%复硝酚钠，0.01mg/kg皇嘉天然芸苔素，3000倍植物动力素，缓解药害促进生长。

5. 毒死蜱颗粒剂

在防治地下害虫时，毒死蜱颗粒剂未埋入土壤中而洒落地表，使幼苗熏死，尤其是嫁接苗首先从接穗茎基部溢缩萎蔫，进而倒苗枯死（彩图7-176、7-177）。

防治方法：毒死蜱对瓜类特别敏感，各生产厂家产品良莠不齐，不建议使用，使用其他安全性强的如5%阿维菌素颗粒剂等产品。

三、杀菌剂药害

1. 三唑类药害

叶柄退化成银杏叶状，生长点抑制或生长点多发，叶片退化、结实花打顶。节间缩短，叶片簇生。薄皮甜瓜危害严重叶片枯焦致死（彩图7-178、7-179、7-180）。

防治方法。注意特别是苗期，尽量避开使用三唑类药剂，成株后也不要加大浓度使用，受害后喷施5mg/kg赤霉素+6000倍1.8%复硝酚钠，0.01mg/kg皇嘉天然芸苔素，3000倍植物动力素，缓解药害促进生长。

2. 多福（苗菌敌）药害

幼苗根系不发育、子叶下垂、新叶不长、叶色黄，严重时呈僵苗枯死。

防治方法。严格按照说明书用药，浇足底水。受害后晴天浇水稀释药剂，喷施6000倍1.8%复硝酚钠，0.01mg/kg皇嘉天然芸苔素，3000倍植物动力素，缓解药害促进生长（彩图7-181）。

3. 代森锌药害

低温寡照期，由于叶片黄嫩，代森锌用药量大的情况下，顺叶脉引起灼伤（彩图7-182）。

防治方法。避免阴天后的晴天喷药，选择第二天用药。喷施6000倍1.8%复硝酚钠，0.01mg/kg皇嘉天然芸苔素，3000倍植物动力素，缓解药害促进生长。

4. 硫黄类药

典型症状为甜瓜受害后，叶面出现不均匀退绿斑点，叶片无韧性，一握即碎，严重时中下位叶，快速干枯（彩图7-183、7-184）。

防治方法。因为甜瓜对硫黄特别敏感，所以生育期禁止使用含硫黄类杀菌剂。受害后喷施600倍氨基酸+0.01mg/kg皇嘉天然芸苔素，3000倍植物动力素，缓解药害促进生长。

5. 咪唑类(咪鲜胺、多菌灵等)药害

典型症状为叶柄退化叶片呈银杏叶状,叶缘下卷,叶脉间上凸,深绿色,严重时叶片缺损,植株僵苗不长。果实受害出现大肚脐瓜,瓜面上容易出现花青素沉淀等副作用(彩图7-185、7-186)。

防治方法。苗期及生育前期,禁止使用咪鲜胺类杀菌剂,咪唑类要掌握适宜浓度。受害后喷施5mg/kg赤霉素+6000倍1.8%复硝酚钠,0.01mg/kg皇嘉天然芸苔素,3000倍植物动力素,缓解药害促进生长。

6. 霜霉威盐酸盐(普力克)药害

叶缘上卷呈勺状,生长点多发、幼苗生长抑制(彩图7-187、7-188)。

防治方法。苗期选择其他杀菌剂,如果使用轻轻飘过即可,避免喷药过多。受害后喷施6000倍1.8%复硝酚钠,0.01mg/kg皇嘉天然芸苔素,3000倍植物动力素,缓解药害促进生长。

7. 大毒烟等烟雾剂药害

保护地使用烟雾剂过量或设施内温度高时多发药害,轻者叶片第二天叶肉部分变薄,第三天叶片边缘变黄、干枯(彩图7-189、7-190)。

防治方法。根据说明书施用量,避免加大施用量。受害后喷施600倍氨基酸+0.01mg/kg蒙古皇嘉天然芸苔素,3000倍植物动力素,缓解药害促进生长。

8. 农用链霉素药害

受害后出现不均匀的退绿症状,类似花叶病毒病,5~6天后慢慢转绿,不同于病毒病(彩图7-191)。

防治方法。使用时避免增加浓度及用药量。受害后喷施600倍氨基酸+0.01mg/kg皇嘉天然芸苔素,3000倍植物动力素,缓解药害促进生长。

四、生长激素类药害

1. 萘乙酸激素

受害后,叶及叶柄翻转,轻者3天后恢复正常,严重时叶节,呈开沙状胀裂(彩图7-192、7-193)。

防治方法。选择叶面肥时,一定要了解有效成分,不要随意增加浓度。受害后喷施6000倍1.8%复硝酚钠,0.01mg/kg皇嘉天然芸苔素,3000倍植物动力素,缓解药害促进生长。

2. 生根剂药害

浓度过高时长出大量气生根，腋芽变形，仅长根不长芽（彩图7-194、7-195）。

防治方法。注意喷施生根剂叶面肥，一定要根据说明书使用，一般不提倡叶面喷施，选择灌根使用。但不要提高浓度及连续使用。受害后喷施5mg/kg赤霉素+6000倍1.8%复硝酚钠，0.01mg/kg皇嘉天然芸苔素，3000倍植物动力素，缓解药害促进生长。

3. 噻苯隆药害

典型症状为叶片平展叶厚，叶脉间均匀上凸（彩图7-196、7-197）。

防治方法。由于市场叶面肥混杂，成分不明，所以使用叶面肥千万不要随便加大浓度。受害后喷施受害后喷施6000倍1.8%复硝酚钠，0.01mg/kg皇嘉天然芸苔素，3000倍植物动力素，缓解药害促进生长。

4. 胺鲜酯药害

受害叶缘缺刻深，叶脉间不均匀凸起，淡黄色或黄绿相间，生长点抑制明显似病毒病（彩图7-198、7-199）。

防治方法。由于市场叶面肥混杂，成分不明，所以使用叶面肥千万不要随便加大浓度。受害后喷施6000倍1.8%复硝酚钠，0.01mg/kg皇嘉天然芸苔素，3000倍植物动力素，缓解药害促进生长。

5. 乙烯利类增瓜灵药害

典型症状为受害后，生长点发黄叶片向背面卷曲，当连续高浓度使用后，引起大量化瓜，或偏头瓜，大肚脐瓜，造成严重减产（彩图7-200、7-201、7-202）。

防治方法。严格掌握使用浓度及使用适期，最佳使用适期为正常苗在子蔓2叶1心期根据浓度使用，硕瓜累累时使用药剂比较安全，且副作用少，可选择使用。

6. 2，4-d丁酯害

甜瓜栽培中比较容易出现的问题，主要是喷雾器不专用引起，喷过小麦除草剂后，没有彻底清洗干净。受害后叶片皱缩，仅剩叶脉，类似蕨叶病毒病（彩图7-203、7-204）。

防治方法。首先要做到喷雾器专用，避免喷除草剂后清洗不彻底。甜瓜受害后，先喷一次200~300倍小苏打，再喷施6000倍1.8%复硝酚钠，0.01mg/kg皇嘉天然芸苔素，3000倍植物动力素，缓解药害促进生长。

7. 高温下喷花果面灼伤

阴天后的晴天，中午喷坐果剂，由于阴天瓜妞幼嫩，晴天后中午光照强温度高，药水温度偏低，喷在瓜妞上引起灼伤(彩图7-205)。

防治方法。阴天后的晴天，千万不能用药，如遇到病害发生，可选择晴天的下午3点后用药。

甜瓜基因目录

甜瓜基因目录以前已有发布,最近的一次是在1998(109,17,18,93,95,96)。包括了不同类型的基因如:病害和虫害的抗性基因、同工酶、叶、茎、花、果实,以及种子的特征。2002年目录包括了162个坐位的全部数量,黄瓜花叶病毒抗性的QTLs,果实成熟期间乙烯的产量,子房和果实形状,以及一个细胞质突变体(cyt-Yt)。(见表1)。

甜瓜基因已经被克隆(mRNA或者带内含子的全部基因)。表2只列出了带有完整序列的基因。这些基因大部分与果实成熟相关。

通过利用不同类型已经发布的分子标记遗传图谱(4,12,25,26,86,92,122)。同工酶(114)之间的连锁以及表型突变体(94)已有报道。这些图谱已被构建出来,利用不同基因型甜瓜作为亲本,因为一些标记不能简单地由一个图谱转换为另一个或者在他们所有的亲本中并非多态的,至今还没有一个完整的甜瓜图谱的文献。更重要的是极少表型性状被图位出来。

等位基因测试通常不能操作,给描述基因的数量增加了困难。这在甜瓜白粉病抗性中十分明显,在其他特性中也是如此。这可能是因为之前描述这些性状的文献不存在。在此不建议将种子样品与新基因报告一同邮寄给甜瓜基因管理者。在提议一个基因名称和特征时,他们应先查阅本目录以及葫芦科基因命名规则(110,17)。

表 1　甜瓜基因目录(2011)

序号	基因符号	同义词	特性	LG^z	可利用性	照片
1	a	M	雄花两性花同株，大多数有雄蕊，较少全花；在一个植株上，有雌蕊没有雄蕊的花；对 g 表现上位效应	4, II	C	a
2	ab	–	无臂(畸形)，缺少侧枝；与 a 和 g 互作(e.g. ababaaG 植株只有雄花)	–	?	ab
3	Ac	–	抗叶枯病(在 MR-1 中)	–	C	Ac
4	Aco-1	Ac	乌头酸酶-1，含 2 个共显性等位基因的同工酶变异，在 PI218071，PI224769 中，有两个等位基因，控制同工酶变异，每个等位基因控制一条酶带。	A	C	Aco-1
5	Acp-1	APS-1^1 Ap-1^1	酸性磷酸酶-1。含两个共显性等位基因控制同工酶变异，每一个基因控制一条带。杂合子有两条带。	–	?	Acp-1
6	Acp-2	Acp-1	酸性磷酸酶-2。在 PI194057，PI224786 中有两个等位基因，控制同工酶变异，每个等位基因调节一条带。Acp-1 的调节功能未知	–	C	Acp-2
7	Acp-4	–	酸性磷酸酶-4。在 PI183256，PI224789 有两个等位基因，控制同工酶变异，每个等位基因调节一条带。Acp-1 的调节功能未知，但不同于 Acp-2.	–	C	Acp-4
8	Af	–	抗南瓜红守瓜。抗红色南瓜甲虫病	–	?	Af
9	Ag	–	对棉蚜耐受性。蚜虫感染后不患有卷叶病	–	C	Ag
10	Ak-4	–	腺苷酸激酶。在 PI169334 中带有两个等位基因，控制同工酶变异，每个等位基因调节一条带	–	C	Ak-4
11	Ala	–	叶先端锐尖。对钝先端显性，与裂叶连锁	–	?	Ala
12	alb	–	白化病。白色子叶，致死突变异	–	C	alb
13	Al-1	Al$_1$	离层-1。两个显性基因中的一个控制离层形成	–	?	Al-1
14	Al-2	Al$_{12}$	离层-2。两个显性基因中的一个控制离层形成。见 Al-1	–	?	Al-2

（续）

序号	基因符号	同义词	特性	LG^z	可利用性	照片
15	Al-3		离层-3。两个显性基因中的一个控制离层形成。（在 PI161375 上）。与 Al-1，Al-2 的关系未知	WIII	C	Al-3
16	Al-4		离层-4。两个显性基因中的一个控制离层形成（在 PI161375 上）与 Al-1，Al-2 的关系未知	IX	C	Al-4
17	bd	—	脆性矮生。丛生生长，叶粗厚。雄性可育，雌性不育（在 TAM-Perlita45 上）	—	?	bd
18	Bi	—	苦味基因。控制幼苗苦味。（普遍存在于蜜瓜或伊丽莎白瓜类型中，大多数美国甜瓜为 b 型，无苦味）	—	C	Bi
19	Bif-1	Bif	苦果-1。在野生甜瓜中为苦果。与 Bi 的关系未知	—	?	Bif-1
20	Bif-2	—	苦果-2。两个互补独立的基因中的一个控制果实苦味；Bif-2+Bif-3+ 为苦果。（与 Bi 和 Bif-1 的关系未知）	—	?	Bif-2
21	Bif-3	—	苦果-3。两个互补独立的基因中的一个控制果实苦味；Bif-2+Bif-3+ 为苦果。（与 Bi 和 Bif-1 的关系未知）	—	?	Bif-3
22	cab-1	—	瓜类蚜传黄化病毒抗性-1。两个互补独立基因中的一个控制这种病毒的抗性：cab-1、cab-1、cab-2、cab-2 植株具有抗性。（在 PI124112 上）	—	C	Cab-1
23	cab-2	—	瓜类蚜媒黄化病毒抗性-2。两个互补独立基因中的一个控制这种病毒的抗性：cab-1、cab-1、cab-2、cab-2 植株具有抗性（在 PI124112 上）	—	C	Cab-2
24	cb	Cb_1	抗黄守瓜隐性基因。与 Bi 互作，不苦种 bibicbcb 更具抗性。	—	?	cb
25	cf	—	耳蜗叶。叶为匙型，叶缘上卷（在 Galia 中自发突变）	—	C	cf

（续）

序号	基因符号	同义词	特性	LG^z	可利用性	照片
26	cl	–	卷叶。细长叶，向上或向内卷曲。通常雌性和雄性不育	–	?	cl
27	Cys	–	葫芦黄色发育不良症病毒抗性。在TGR-1551的一个显性基因控制这种形病毒抗性	–	?	Cys
28	dc-1	–	瓜实蝇-1。两个互补隐性基因中的一个控制甜瓜果蝇抗性，见dc-2	–	?	dc-1
29	dc-2	–	瓜实蝇-2。两个互补隐性基因中的一个控制甜瓜果蝇抗性，见dc-1	–	?	dc-2
30	dl		裂叶。高度内缩呈锯齿状叶	10	C	dl
31	dl^v	cl	切割叶。首次在甜瓜贝列卡尔上描述为割叶。与dl为等位基因	10	C	dl^v
32	dl-2	–	切割叶-2。首次被描述为割叶是在(hojas-hendidas)上	–	?	dl-2
33	dlet	dl	延迟致死。减慢生长，叶有坏死斑，并过早死亡	–	?	dlet
34	Ec	–	空腔。果实成熟时心皮分离，形成一个空腔。Ec位于PI414723上，Ec在Vedrantais上	III	C	Ec
35	ech	–	过度弯曲成钩状。幼苗的三重反应，在黑暗、存在乙烯的条件下发芽。ech在PI161375上，Ech在Vedrantais上	I	C	ech
36	f	–	黄色。叶绿素不足突变异。生长率降低		C	f
37	fas	–	扁化茎	–	C	fas
38	Fdp-1	–	果糖二磷酸-1。在PI218071，PI224688上有两个等位基因控制同工酶突变异，每一个基因控制一条带	–	C	Fdp-1
39	Fdp-2	–	果糖二磷酸-1。在PI204691，PI183256上有两个等位基因控制同工酶突变异，每一个基因控制一条带	–	C	Fdp-2

(续)

序号	基因符号	同义词	特性	LG^z	可利用性	照片
40	fe	-	铁低效突变异。叶萎黄病，带有绿色纹理。在营养液中加入铁后变为绿色	-	C	fe
41	Fn	-	萎蔫坏死不完全显性基因。控制枯萎和坏死，带有F致病型小西葫芦黄花叶病毒	2，V	C	Fn
42	Fom-1	Fom$_1$	尖孢镰刀菌抗性。对0和2生理小种有抗性，对1和1，2枯萎病敏感	5，IX	C	Fom-1
43	Fom-2	Fom$_{1,2}$	尖孢镰刀菌抗性基因。对0和1生理小种有抗性，对2和1，2枯萎病敏感	6，XI	C	Fom-2
44	Fom-3	-	尖孢镰刀菌抗性。与Fom-1表型相同，但与Fom-1相对独立分离	-	C	Fom-3
45	G	-	雌雄同株的单性花。大多数由雌蕊，少有全花。对a上位，a-A-G雌雄同株，A-gg全雌同株，aagg雌雄同体	-	C	G
46	gf	-	绿肉色。对浅橙色隐性	XI	C	gf
47	gl	-	光滑的隐性基因。缺少毛状体	3	C	gl
48	gp	-	绿色花瓣。花冠叶颜色和脉络相似	-	?	gp
49	Gpi	-	葡萄糖磷酸异构酶。在PI179680上有两队等位基因控制同工酶变异，每一个基因调节一条带	-	C	Gpi
50	Gs	-	种子有凝胶外壳。对种子无凝胶外壳显性	-	?	Gs
51	gyc	-	绿黄色花冠	-	C	gyc
52	gy	n，M	纯雌植株。与a和g互作产生纯雌植株（A-gggygy）(inWI998)	-	C	gy
53	h	-	光环子叶。在子叶上有黄色光环，后来变为绿色	4，II	C	h
54	Idh	-	异柠檬酸脱氢酶。在PI218070，PI224688上有两个等位基因控制同工酶变异，每一个基因控制一条带	A	C	Idh
55	Imy	-	中毒斑点和黄化抗性。在PI378062上对病毒复合体有抗性	-	?	Imy
56	if	-	多汁果肉。在分离世代中，单基因比率分别分离	-	?	if

（续）

序号	基因符号	同义词	特性	LG^z	可利用性	照片
57	L	—	裂叶。对非裂叶呈显性，与尖叶端连锁	—	?	L
58	lmi	—	长主茎节间。影响主茎间长度，但不影响侧生节间	8	C	lmi
59	Liy	—	莴苣传染性黄化病毒抗性。在PI313970上有一个显性基因控制对这种病毒的抗性	—	C	Liy
60	Lt	—	三叶斑潜蝇(潜叶虫)抗性	—	C	Lt
61	M-Pc-5	—	Pc-5修饰基因。Pc-5基因具有霜霉病抗性，在M-Pc-5存在时为显性，M-Pc-5不存在时为隐性	—	?	M-Pc-5
62	Mc	—	瓜类球腔菌抗性。对粘性主干枯萎病具有高度抗性	—	C	Mc
63	Mc-2	Mc	瓜类球腔菌抗性-2。对粘性主干枯萎病具有中度抗性(在C-1和C-8上)	—	?	Mc-2
64	Mc-3	—	瓜类球腔菌抗性-3。在PI157082上对粘性主干枯萎病具有高度抗性。与Mc相对独立	—	?	Mc-3
65	Mc-4	—	瓜类球腔菌抗性-4。在PI511890上对粘性主干枯萎病具有高度抗性。与Mc和Mc-3的关系未知	—	?	Mc-4
66	Mca	—	大萼。在雄蕊和雌雄同体花中，叶子与萼片结构相似	—	?	Mca
67	Mdh-2	—	苹果酸脱氧酶-2。在PI224688，PI224769有两个等位基因控制同工酶变异，每一个调节一条带	B	C	Mdh-2
68	Mdh-4	—	苹果酸脱氧酶-4。在PI218070，PI179923上有两个等位基因控制同工酶变异，每一个调节一条带	B	C	Mdh-4
69	Mdh-5	—	苹果酸脱氧酶-5。在PI179923，PI180283上有两个等位基因控制同工酶变异，每一个调节一条带	B	C	Mdh-5
70	Mdh-6	—	苹果酸脱氧酶-6。在PI179923，PI180283上有两个等位基因控制同工酶变异，每一个基因调节一条带	B	C	Mdh-6

（续）

序号	基因符号	同义词	特性	LG^z	可利用性	照片
71	Me	—	果肉粉质。对脆果肉显性	—	?	Me
72	Me-2	—	粉果肉纹理-2。(inPI414723)	—	C	Me-2
73	Mpi-1	—	甘露糖二磷酸异构酶-1。在 PI183257, PI204691 上有两个等位基因控制同工酶变异，每一个基因调节一条带	A	C	Mpi-1
74	Mpi-2	—	甘露糖二磷酸异构酶-2。在 PI183257, PI204691 上有两个等位基因控制同工酶变异，每一个基因调节一条带	A	C	Mpi-2
75	ms-1	ms^1	雄性不育-1。花药不裂，在四分体阶段为空花粉壁	3	C	ms-1
76	ms-2	ms^2	雄性不育-2。花药不裂，包含大多数空花粉壁，生长率降低	6, XI	C	ms-2
77	ms-3	ms-L	雄性不育-3。光亮半透明花药不裂，包含两种类型空花粉囊	12	C	ms-3
78	ms-4	—	雄性不育-4。小型花药不裂。第一雄花在孕蕾期发育不全(inBulgaria7)	9	C	ms-4
79	ms-5	—	雄性不育-5。小型花药不裂。空花粉	13	C	ms-5
80	Mt	—	果皮有杂色斑，对均一颜色显性。对 Y (在 Y 中不表达) 和 st(Mt_ stst 和 Mt_ St 为花斑型；mtmtstst 为条纹型；mtmtSt_ 为颜色均一型) 上位	—	?	Mt
81	Mt-2	—	花斑外皮型。(在 PI161375 上) 与 Mt 关系未知	II	C	Mt-2
82	Mu	—	麝香味道(嗅觉上的)对野生味道显性。	—	?	Mu
83	Mvd	—	甜瓜藤蔓衰落抗性。半显性基因对葫芦支顶孢霉和黑点根腐病具有部分抗性	—	?	Mvd
84	My	—	甜瓜黄化病毒抗性。半显性基因对这种病毒具有部分抗性	—	?	My
85	n	—	无蜜腺。在所有花中缺乏蜜腺	—	C	n
86	Nm	—	西瓜花叶病毒的摩洛哥菌株坏死。马铃薯 Y 病毒属	—	C	Nm

(续)

序号	基因符号	同义词	特性	LG^z	可利用性	照片
87	nsv	—	甜瓜坏死斑点病毒抗性。一个隐性基因对这种病毒具有抗性，在湾流大规模种植	7，XII	C	nsv
88	O	—	椭圆形果实。对圆形显性，与 a 有联系	—	C	O
89	Org-1	—	试管苗再生有机反应。部分显性。与一个带有 Org-2 相加模型互作	—	?	Org-1
90	Org-2	—	试管苗再生有机反应。部分显性。与一个带有 Org-1 相加模型互作	—	?	Org-2
91	P	—	五基数。五个心皮和雄蕊，对三基数隐性	XII	C	P
92	Pa	—	浅绿色植株。PaPa 植株为白色（致死）；PaPa 为黄色	3	C	Pa
93	Pc-1	—	黄瓜霜霉病抗性。两个互补不完全显性基因中的一个对白粉病有抗性（在基因 PI124111 上）。见 Pc-2	—	C	Pc-1
94	Pc-2	—	黄瓜霜霉病抗性。两个互补不完全显性基因中的一个对白粉病有抗性（在基因 PI124111 上）。见 Pc-1	—	C	Pc-2
95	Pc-3	—	黄瓜霜霉病抗性。对白粉病有部分抗性	—	C	Pc-3
96	Pc-4	—	黄瓜霜霉病抗性。在基因 PI124111 上，两个互补不完全显性基因中的一个对白粉病有抗性。与 Pc-1 或 Pc-2 互作	—	C	Pc-4
97	Pc-5	—	黄瓜霜霉病抗性。在 5-4-2-1 上的一个基因，与 M-Pc-5 互作，易受 K15-6 影响（Pc-5 在 M-Pc-5 存在时呈显性，在 M-Pc-5 不存在时呈显性）	—	?	Pc-5
98	Pep-gl	—	带有氨基乙酰基亮氨酸的肽酶。在 PI218070 上有两个等位基因控制同工酶变异，每一个基因调节一条带	B	C	Pep-gl
99	Pep-la	—	带有亮氨酸-丙氨酸的肽酶。在 PI183256 上有两个等位基因控制同工酶变异，每一个基因调节一条带	—	C	Pep-la
100	Pep-pap	—	带有苯丙胺酰-脯氨酸的肽酶。在 PI183256 上有两个等位基因控制同工酶变异，每一个基因调节一条带	—	C	Pep-pap

(续)

序号	基因符号	同义词	特性	LG^z	可利用性	照片
110	Pgd-1	PGDH-2^1 Pgd-2^1	6-磷酸葡萄糖脱氢酶-1。两个等位基因控制同工酶变异，每个基因调节一条带。杂合体有一个中间带	—	?	Pgd-1
111	6-Pgd-2	—	6-磷酸葡萄糖酸脱氢酶2。在PI161375上两个等位基因控制同工酶变异，每个调节一条带。与Pgd-1的关系未知	IX	C	6-Pgd-2
112	Pgd-3	pgd	6-磷酸葡萄糖酸脱氢酶3。在PI218070上两个等位基因控制同工酶变异，每个调节一条带。与Pgd-1和6-Pgd-2的关系未知	A	C	Pgd-3
113	Pgi-1	PGI-1^1	磷酸葡萄糖异构酶-1。两个等位基因控制同工酶变异，每个调节一条带，杂合子有三条带	—	?	Pgi-1
114	Pgi-2	PGI-2^1	磷酸葡萄糖异构酶-2。两个等位基因控制同工酶变异，每个调节一条带，杂合子有三条带	—	?	Pgi-2
115	Pgm-1	PGM-2^1 Pgm-2^1	葡萄糖磷酸变位酶-1。两个等位基因控制同工酶变异，每个调节一条带，杂合子有三条带	—	?	Pgm-1
116	Pgm-2	Pgm	葡萄糖磷酸变位酶-2。在PI218070，PI179923上的两个等位基因控制同工酶变异，每个调节一条带。其与Pgm-1的关系未知	A	C	Pgm-2
117	pH	—	成熟果实果肉的pH（酸性）。在PI14723中低pH值相对于高pH值为显性	VIII	C	PH
118	pin	—	松子形状（在PI161375中）	III	C	pin
119	Pm-1	Pm^1 Pm-A?	白粉病抗性-1。抗种族1白粉菌（在PMR45中）	—	C	Pm-1
120	Pm-2	Pm^2 Pm-C?	白粉病抗性-2。与Pm-1互作，抗种族2白粉菌（在带有Pm-1的PMR5中）	—	C	Pm-2
121	Pm-3	Pm^3	白粉病抗性-3。抗种族1白粉菌（在PI124111中）	7	C	Pm-3

(续)

序号	基因符号	同义词	特性	LG^z	可利用性	照片
122	Pm-4	Pm^4	白粉病抗性-4。抗白粉菌(在 PI124112 中)	—	C	Pm-4
123	Pm-5	Pm^5	白粉病抗性-5。抗白粉菌(在 PI124112 中)	—	C	Pm-5
124	Pm-6	—	白粉病抗性-6。抗白粉菌(在 PI124111 中)	—	C	Pm-6
125	Pm-7	—	白粉病抗性-7。抗白粉菌(在 PI414723 中)	—	C	Pm-7
126	Pm-E	—	白粉病抗性-E。在 PMR5 中的白粉病抗性基因与 Pm-C 互作	—	C	Pm-E
127	Pm-F	—	白粉病抗性-F。在 PI124112 中的白粉病抗性基因与 Pm-G 互作	—	C	Pm-F
128	Pm-G	—	白粉病抗性-G。在 PI124112 中的白粉病抗性基因与 Pm-F 互作	—	C	Pm-G
129	Pm-H	—	白粉病抗性基因-H. 抗白粉属白粉病和单丝壳属白粉病	—	C	Pm-H
130	Pm-w	Pm-B?	在 WMR29 中的抗白粉病基因。抗种族 2 白粉病	2, V	C	Pm-W
131	Pm-x	—	在 PI414723 中的抗白粉病基因。抗白粉病	4, II	C	Pm-X
132	Pm-y	—	在 VA435 中抗白粉病基因。抗白粉病	7, XII	C	Pm-Y
133	Prv^1	Wmv	番木瓜环斑病毒抗性,该病毒抗 W 株(以前的西瓜花叶病毒1)(B66-5, WMR29, 来自 PI180280)。对 prv2 显性	5, IX	C	Prv^1
134	Prv^2	—	番木瓜环斑病毒抗性。与 prv1 等位基因在相同位点,但是不同病毒有不同反应(在 72-025 位点,来自 PI180283)。对 prv1 是隐性	5, IX	C	Prv^2
135	Prv-2	—	番木瓜环斑病毒抗性-2。在 PI124112 中。与 prv 的关系未知	—	C	Prv-2

(续)

序号	基因符号	同义词	特性	LG^z	可利用性	照片
136	Px-1	PRX-1^1	过氧化物酶-1。两个共显性基因控制同工酶变异，每个调节一组四个相邻的条带，杂合体有五条带	—	?	Px-1
137	Px-2	Px^{2A} Prx2	过氧化物酶-2。两个共显性基因控制同工酶变异，每个调节一组四个相邻的条带，杂合体有四条带	—	?	Px-2
138	r	—	红茎。茎表皮下红色色素，尤其是在节点；棕褐色种子(PI157083)	3	C	r
139	ri	—	脊。果实脊状表面，隐性没有脊状。(ri 在 C68 中，RI 在 Peari 中)	—	?	ri
140	s	—	缝合。静脉束在水果中存在(缝合)；隐性没有	—	?	s
141	S-2	—	在果实(PI161375)外壳的缝合-2。与 s 的关系未知	XI	C	S-2
142	Sfl	S	向内花叶。花叶轴承的两性花是无柄，花小、封闭。(SFL 在薄皮甜瓜，SFL 在 annamalai)	—	?	Sfl
143	Si-1	b	短节间-1。极其紧凑的植物习性(丛生类型)	1	C	Si-1
144	Si-2	—	短节间-2。"鸟巢"甜瓜节间短(波斯 202)	—	C	Si-2
145	Si-3	—	Si-3 在 maindwarf 短节间	—	C	Si-3
146	Skdh-1	—	莽草酸脱氢酶-1。2 个共显性等位基因控制同工酶变异，每一个基因调节一条带。杂合子有三条带	—	?	Skdh-1
147	slb	sb	短侧枝。减少侧枝伸长率	—	?	slb
148	So	—	酸味。对甜味显性	—	?	So
149	So-2	—	酸味 2(在 PI414723 中)和酸味 1 的关系未知	—	C	So-2
150	sp	—	球形果形。对钝圆形隐性；对不正圆形呈不完全显性	—	?	sp

（续）

序号	基因符号	同义词	特性	LG^z	可利用性	照片
151	spk	–	外果皮有斑点（SPK 在 PI161375 和 PI414723，SPK 在 Vedrantais）	VII	C	spk
152	st	–	果皮有条带的。对没有条带呈隐性	–	?	st
153	St-2	st	果皮有条带 2 中，对非条带隐性，在 PI414723 上。与 st 关系未知	XI	C	St-2
154	v	–	浅绿色叶。子叶和下胚轴是淡奶油色；黄绿色的叶子(主要是嫩叶)	11	C	v
155	V-2	–	淡绿色叶 2	–	C	V-2
156	V-3	–	淡绿色叶 3，白色的子叶变绿，幼叶为浅绿色，老叶为正常色	–	C	V-3
157	Vat	–	蚜虫病毒感染抗性。Aphisgossypii 对蚜虫病毒感染有抗性(PI161375)	2, V	C	Vat
158	W	–	白色成熟果实。对深绿色的果皮隐性	–	C	W
159	wf	–	白色果肉。隐性为浅橙色，wf 对 Gf 上位	–	C	wf
160	wi	–	未成熟果实为白色，对绿色显性	–	?	wi
161	Wmr	–	西瓜花叶病毒 2。（马铃薯病毒）抗性(inPI414723)	II	C	Wmr
162	Wt	–	白色种皮。对黄色和褐色种皮颜色为显性	–	C	Wt
163	Wt-2	–	白色种皮 2。（在 PI414723 中）与 Wt 关系未知	IV	C	Wt-2
164	Y	–	黄色果皮。对白色果皮为显性	–	C	Y
165	yg	–	黄绿色叶子。减少叶绿素含量	6. XI	C	yg
166	yg^w	lg	黄绿色 Weslaco。在十字花科 DulcexTAM-Uvalde 中首先描述了的淡绿色。与 YG 为等位基因	–	C	yg^w
167	yv	–	黄绿色。苍白的子叶。黄绿色嫩叶和卷须的；明亮的黄色花瓣和黄色柱头；黄化；老叶变绿	1	C	yv
168	Yv-2	Yv-x	黄绿色 2。幼叶为黄绿，老叶为正常绿色	5, IX	C	Yv-2

(续)

序号	基因符号	同义词	特性	LG^z	可利用性	照片
169	Zym	Zym-1	西葫芦花叶病毒1。抗性。抗致病型0的马铃薯Y病毒（PI414723）	4，Ⅱ	C	zym
170	Zym-2	–	西葫芦花叶病毒2抗性。三个互补基因（见酶和Zym-3）抵抗这种病毒（PI414723）	–	C	Zym-2
171	Zym-3	–	西葫芦花叶病毒3抗性。三个互补基因（见酶和Zym-2）抵抗这种病毒（PI414723）		C	Zym-3
			数量性状座位			
172	cmv	–	黄瓜镶嵌病毒抗性。三个隐性基因已经在十字花科Freeman的黄瓜xNoy中描述过。七种QTLs涉及抗三种不同南瓜花叶病毒的the cross Vedrantais xPI161375基因	–	?	cmv
173	eth	–	水果成熟期的乙烯产量。在thecross Vedrantais xPI161375中有四种QTL已被描述	–	?	eth
174	fl	–	果实长度。在thecross Vedrantais xPI161375中有四种QTL已被描述。在thecross Vedrantais xPI414723中有四种QTL也被描述，有一种和这里两种杂交相同	–	?	fl
175	fs	–	果实形状（果实长度比例）。六种QTL在thecross Vedrantais xPI161375和两种QTL在thecross Vedrantais xPI414723中已被描述，这里两种杂交的相同	–	?	fs
176	fw	–	果实宽度。五种QTL在杂交thecross Vedrantais xPI161375和一种QTL在杂交thecross Vedrantais xPI414723中已被描述	–	?	fw
177	ovl	–	卵长。六种QTL在杂交thecross Vedrantais xPI161375中已被描述	–	?	ovl
178	ovs	–	卵的形状（卵的长度比例）。六种QTL在杂交thecross Vedrantais xPI161375中已被描述	–	?	ovs
179	ovw	–	卵的宽度。八种QTL在杂交thecross Vedrantais xPI161375中已被描述	–	?	ovw

（续）

序号	基因符号	同义词	特性	LG^z	可利用性	照片
细胞质因素							
180	–		叶绿素 II 缺陷突变为黄色幼叶，长大时变绿，母系遗传	–	?	Cyt-yt

注：黑体字是管理者保存收集的基因(如雄花两性花同株或白皮)鉴于这些基因有些是明显的丢失了，有些是没有被管理者保存好的，或者是不确定的描述。在表的第二部分是 QTL，第三部分是细胞质因子。连锁群的基因属于：(114)对应的字母，阿拉伯数字(94)和罗马数字(92)。

表2 克隆的基因在甜瓜和其假定的功能列表

克隆基因序号	特征	登记	推定功能
1	Cm-AAT	AB075227	乙醇乙酰转移酶 GeAAT
2	Cm-AAT2	AF468022	推定乙醇酰基转移酶(AT2)
3	Cm-ACO1	X95551	1-氨基环丙烷-1-羧化物氧化酶1
4	Cm-ACO2	X95552	1-氨基环丙烷-1-羧化物氧化酶2
5	Cm-ACO3	X95553	1-氨基环丙烷-1-羧化物氧化酶3
6	Cm-ACS1	AB025906	1-氨基环丙烷-1-羧化物合成酶1
7	Cm-ACS1	AB032935	1-氨基环丙烷-1-羧化物合成酶
8	Cm-ACS2	D86242	1-氨基环丙烷-1-羧化物合成酶2
9	Cm-ACS2	AB032936	1-氨基环丙烷-1-羧化物合成酶2
10	Cm-AGPP-mLf2	AF030383 AF030384	ADP 腺苷二磷酸葡萄糖焦磷酸化酶大亚基(mLf2)
11	Cm-AGPP-mLf1	AF030382	ADP 腺苷二磷酸葡萄糖焦磷酸化酶小亚基(mLf1)
12	Cm-AmT1	AY066012	氨基转移酶1
13	Cm-AmT2	AF461048	氨基转移酶2
14	Cm-AO1	AF233593	抗坏血酸氧化酶1
15	Cm-AO3	Y10226	抗坏血酸氧化酶3
16	Cm-AO4	AF233594	抗坏血酸氧化酶4
17	Cm-AOS	AF081954	丙二烯氧化合酶
18	Cm-ASR1	AF426403 AF426404	脱落酸响应蛋白
19	Cm-CCM	D32206	黄瓜素(丝氨酸蛋白酶)
20	Cm-CH11	AF241266	几丁质酶1
21	Cm-CH12	AF241267 AF241538	几丁质酶2
22	Cm-E8	AB071820	乙烯合成调节器,类似于 le-E8
23	Cm-EIL1	AB063191	乙烯转录因子1对象蛋白的 At-EIN3 不敏感
24	Cm-EIL2	AB063192	乙烯转录因子2对象蛋白的 At-EIN3 不敏感
25	Cm-ERS1	AF037368	推定乙烯受体 ERS1
26	Cm-ERS1	AB049128	乙烯受体 ERS1
27	Cm-ETR1	AF054806	推定乙烯受体(ETR1)

(续)

克隆基因序号	特征	登记	推定功能
28	Cm-ETR1	AB052228	乙烯受体(ETR1)
29	Cm-GAS1	AY077642	肌醇半乳糖苷合酶 1
30	Cm-GAS2	AY077641	肌醇半乳糖苷合酶 2
31	Cm-GLD	AF252339	半乳糖-1,4-内酯脱氢酶
32	Cm-HMG-CoA	AB021862	羟甲基戊二酰辅酶 A 还原酶
33	Cm-HPL	AF081955	脂肪酸 9-氢过氧化裂解酶(HOL)
34	Cm-ITS1	AF006802	内部转录间隔区 1
35	Cm-ITS2	AF013333	内部转录间隔区 2
36	Cm-Lec17	AF520577	17kDa 韧皮部植物凝集素
37	Cm-Lec17-1	AF517156	17kDa 韧皮部植物凝集素 1
38	Cm-Lec17-3	AF517157	17kDa 韧皮部植物凝集素 3mRNA
39	Cm-Lec26	AF517154	26kDa 韧皮部植物凝集素
40	Cm-MPP	AF297643	线粒体加工肽酶 β 亚单位
41	Cm-PG1	AF062465	多聚半乳糖醛酸酶前体(MPG1)
42	Cm-PG2	AF062466	多聚半乳糖醛酸酶前体(MPG2)
43	Cm-PG3	AF062467	多聚半乳糖醛酸酶前体(MPG3)
44	Cm-ProETP1	E51774	甜瓜乙烯受体基因启动子
45	Cm-PSY1	Z37543	八氢番茄红素合成酶
46	Cm-TCTP	AF230211	翻译控制肿瘤蛋白相关蛋白

主要参考文献

[1] 林德佩，吴明珠，王坚，等．甜瓜优质高产栽培[M]．北京：金盾出版社，1995：2-3.
[2] 林德佩，吴明珠，王坚，等．甜瓜优质高产栽培[M]．北京：金盾出版社，1995：112.
[3] 濑古龙雄，市村尚，冈野刚健，等．《怎样种好网纹和无网纹甜瓜》[M]．北京：中国科学技术出版社，1998.
[4] 王坚．中国西瓜甜瓜[M]．北京：农业出版社，2001：373-375.
[5] 王坚．中国西瓜甜瓜[M]．北京：农业出版社，2001：378.
[6] 马克奇，陈年来，王鸣．甜瓜优质栽培理论与实践[M]．北京：农业出版社，2001：35-36.
[7] 齐三奎，吴大康、林德佩．[M]．北京：农业出版社，1994：47-49.
[8] 王坚．中国西瓜甜瓜[M]．北京：农业出版社，2001：397-398.
[9] 马克奇，陈年来，王鸣．甜瓜优质栽培理论与实践[M]．北京：农业出版社，2001：45.
[10] 王坚《中国西瓜甜瓜》北京：中国农业出版社，2001：364-368.
[11] 王坚《中国西瓜甜瓜》北京：中国农业出版社，2001：512.
[12] 齐三奎，吴大康、林德佩．中国甜瓜[M]．北京：中国农业出版社，1994：48.
[13] 齐三奎，吴大康、林德佩．中国甜瓜[M]．北京：中国农业出版社，1994：49.
[14] 吕佩珂，苏慧兰，高振江．西瓜甜瓜病虫害诊治原色图鉴[M]．北京：化学工业出版社，2013：163.
[15] 郑建秋．现代蔬菜病虫鉴别与防治手册：全彩版[M]．北京：农业出版社，2004：780.
[16] 吕佩珂，苏慧兰，高振江．西瓜甜瓜病虫害诊治原色图鉴[M]．北京：化学工业出版社，2013：144，155.
[17] 徐茂，张万清，王小征，等．安徽农学通报[J]．2016(13)：66-68.
[18] 张万清，李大勇．中国瓜菜[J]．2017(12)：52-53.
[19] 耿丽华，白庆荣，王建设，等．中国农学通报[J]．2010，26(7)：229-232.
[20] 安徽省农业科学院情报研究所．农业病虫草害图文数据库．[R/OL]．[2018]．http://bcch.ahnw.gov.cn/

第四章 | 图版

图4-1　西州密1号　　图4-2　西州密1号　　图4-3　西州密3号　　图4-4　西州密17号

图4-5　西州密17号　　图4-6　西州密21号　　图4-7　西州密21号　　图4-8　西州密24号

图4-9　西州密24号　　图4-10　西州密25号　　图4-11　西州密25号　　图4-12　京玉1号

图4-13　京玉月亮　　图4-14　京玉月亮　　图4-15　京玉2号

图4-16　京玉3号　　图4-17　京玉太阳　　图4-18　京玉菇1号

247

第四章 | 图版

图4-19　京玉菇2号　　图4-20　京玉菇2号　　图4-21　京玉4号　　图4-22　京玉4号

图4-23　京玉5号　　图4-24　京玉5号　　图4-25　京玉6号　　图4-26　京玉6号

图4-27　京玉黄流星　图4-28　京玉白流星　　图4-29　京玉绿流星　图4-30　京玉绿流星

图4-31　京玉绿流星　　图4-32　鲁厚甜1号　　图4-33　白红玉

图4-34　玉贵人　　图4-35　元首　　图4-36　博洋8

第四章 | 图版

图4-37　博洋9　　　图4-38　吉蔗黄盛　　　图4-39　璇瑞1号　　　图4-40　璇顺白瓜

图4-41　吉嫩翠宝　　　图4-42　璇甜花姑娘　　　图4-43　璇甜黄花瓜　　　图4-44　璇点黄八里香

图4-45　璇甜美人　　　图4-46　豹点黄八里香999　　　图4-47　璇甜脆宝1号　　　图4-48　花蕾

图4-49　京玉81　　图4-50　京玉82　　图4-51　京玉91　　图4-52　京玉92　　图4-53　京玉61

图4-54　京玉352　图4-55　京玉101　图4-56　京玉绿宝2号　图4-57　京玉墨宝　图4-58　京玉357　图4-59　京玉30

249

第四章 | 图版

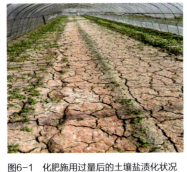  

图6-1　化肥施用过量后的土壤盐渍化状况　　图6-2　化肥施用过量后的土壤盐 渍化状况　　图6-3　菌剂下根系

图6-4　ck（未使用菌剂）　　图6-5　使用菌剂1周后根系状况　　图6-6　使用菌剂1周后根系状况

图6-9　秧苗

图6-7　左：ck（未施用）、右：使用菌肥

图6-10　嫁接方法

图6-8　左：ck（未施用）、右：使用菌肥

第四章 | 图版

图7-1 甜瓜猝倒病　　图7-2 甜瓜立枯病　　图7-3 甜瓜灰霉病　　图7-4 甜瓜灰霉病

图7-5 甜瓜菌核病　　图7-6 甜瓜菌核病　　图7-7 甜瓜炭疽病　　图7-8 甜瓜炭疽病

图7-9 甜瓜炭疽病　　图7-10 甜瓜炭疽病　　图7-11 甜瓜霜霉病　　图7-12 甜瓜霜霉病

图7-13 甜瓜壳格茎枯病　　图7-14 甜瓜壳格茎枯病　　图7-15 甜瓜壳格茎枯病　　图7-16 甜瓜红粉病

第四章 | 图版

图7-17 甜瓜红粉病　　图7-18 甜瓜丝核菌果腐病　　图7-19 甜瓜丝核菌果腐病　　图7-20 甜瓜枯萎病

图7-21 甜瓜枯萎病　　图7-22 甜瓜白粉病　　图7-23 甜瓜白粉病　　图7-24 根腐病

图7-25 根腐病　　图7-26 甜瓜黑斑病　　图7-27 甜瓜黑斑病　　图7-28 甜瓜黑根霉病

图7-29 甜瓜蔓枯病　　图7-30 甜瓜蔓枯病　　图7-31 甜瓜蔓枯病　　图7-32 甜瓜黑星病

第四章 | 图版

图7-33 甜瓜黑星病　　图7-34 镰刀菌果腐病　　图7-35 镰刀菌果腐病　　图7-36 甜瓜叶斑病

图7-37 甜瓜叶斑病　　图7-38 甜瓜疫病　　图7-39 甜瓜疫病　　图7-40 甜瓜疫病

图7-41 甜瓜绵腐病　　图7-42 甜瓜绵腐病　　图7-43 甜瓜大斑病　　图7-44 甜瓜大斑病

图7-45 甜瓜细菌性叶斑病　　图7-46 甜瓜细菌性叶斑病　　图7-47 甜瓜细菌性叶斑病　　图7-48 甜瓜细菌性叶枯病

第四章 | 图版

图7-49 甜瓜细菌性叶枯病　图7-50 甜瓜细菌性叶枯病　图7-51 细菌性软腐病　图7-52 细菌性软腐病

图7-53 细菌性软腐病　图7-54 甜瓜细菌性缘枯病　图7-55 甜瓜细菌性缘枯病　图7-56 甜瓜细菌性角斑病

图7-57 甜瓜细菌性角斑病　图7-58 甜瓜细菌性角斑病　图7-59 甜瓜细菌性果斑病　图7-60 甜瓜细菌性果斑病

图7-61 甜瓜细菌性果斑病　图7-62 甜瓜病毒病　图7-63 甜瓜病毒病　图7-64 甜瓜病毒病

第四章 | 图版

图7-65 甜瓜根结线虫　图7-66 甜瓜蓟马虫　图7-67 甜瓜蓟马虫　图7-68 甜瓜白粉虱
图7-69 斑潜蝇　图7-70 斑潜蝇　图7-71 蚜虫　图7-72 蔬菜跳虫
图7-73 蔬菜跳虫　图7-74 根螨　图7-75 二斑叶螨　图7-76 二斑叶螨
图7-77 茶黄螨　图7-78 瓜绢螟　图7-79 瓜绢螟　图7-80 葫芦夜蛾
图7-81 葫芦夜蛾　图7-82 瓜实蝇　图7-83 瓜实蝇　图7-84 B型烟粉虱

第四章 | 图版

图7-85 Q型烟粉虱　　图7-86 化瓜　　图7-87 葫芦形瓜、尖头瓜　　图7-88 葫芦形瓜、尖头瓜

图7-89 大肚脐瓜　　图7-90 裂果　　图7-91 裂果　　图7-92 裂果

图7-93 绿条瓜　　图7-94 绿条瓜　　图7-95 污点果　　图7-96 污点果

图7-97 污点果　　图7-98 污点果　　图7-99 发酵果　　图7-100 发酵果

第四章 | 图版

图7-101 发酵果　　图7-102 菱角瓜　　图7-103 花脸瓜　　图7-104 花脸瓜

图7-105 低温弱光障碍　　图7-106 低温弱光障碍　　图7-107 甜瓜次生盐障碍　　图7-108 甜瓜次生盐障碍

图7-109 甜瓜次生盐障碍　　图7-110 甜瓜叶烧病　　图7-111 甜瓜叶烧病　　图7-112 甜瓜冻害

图7-113 甜瓜冻害　　图7-114 棚膜滴水灼伤　　图7-115 棚膜滴水灼伤　　图7-116 放风闪苗

第四章 | 图版

图7-117 放风闪苗　　图7-118 放风闪苗　　图7-119 放风闪苗　　图7-120 低温障碍

图7-121 低温障碍　　图7-122 低温障碍　　图7-123 徒长　　图7-124 徒长

图7-125 徒长　　图7-126 正常苗株　　图7-127 正常苗株　　图7-128 正常苗株

图7-129 正常苗株　　图7-130 正常苗株　　图7-131 缺氮　　图7-132 缺氮

图7-133 氨气害　　图7-134 氨气害　　图7-135 缺磷　　图7-136 缺磷

图7-137 磷过剩　　图7-138 缺钾　　图7-139 钾过剩　　图7-140 钾过剩

图7-141 缺钙　　图7-142 缺钙　　图7-143 缺钙　　图7-144 缺镁

图7-145 缺镁　　图7-146 缺锌　　图7-147 缺锌　　图7-148 缺铁

第四章 | 图版

图7-149 缺铁　　图7-150 缺硼　　图7-151 缺硼　　图7-152 缺硼

图7-153 硼过剩　图7-154 硼过剩　图7-155 缺钼　　图7-156 缺锰

图7-157 缺锰　　图7-158 锰过剩　图7-159 锰过剩　图7-160 有机肥激素超标

图7-161 有机肥激素超标　图7-162 有机肥重金属超标　图7-163 有机肥重金属超标　图7-164 苯磺隆药害

第四章 | 图版

图7-165 乙草胺药害　　图7-166 乙草胺药害　　图7-167 乙草胺药害　　图7-168 百草枯药害

图7-169 百草枯药害　　图7-170 敌敌畏药害　　图7-171 辛硫磷药害　　图7-172 噻枯唑药害

图7-173 噻枯唑药害　　图7-174 杀扑磷药害　　图7-175 杀扑磷药害　　图7-176 毒死蜱颗粒剂药害

图7-177 毒死蜱颗粒剂药害　　图7-178 三唑类药害　　图7-179 三唑类药害　　图7-180 三唑类药害

261

第四章 | 图版

图7-181 多福（苗菌敌）药害　　图7-182 代森锌药害　　图7-183 硫黄类药害　　图7-184 硫黄类药害

图7-185 咪唑类（咪鲜胺、多菌灵）药害　　图7-186 咪唑类（咪鲜胺、多菌灵）药害　　图7-187 霜霉威盐酸盐（普力克）药害　　图7-188 霜霉威盐酸盐（普力克）药害

图7-189 大毒烟等烟雾剂药害　　图7-190 大毒烟等烟雾剂药害　　图7-191 农用链霉素药害　　图7-192 萘乙酸激素药害

图7-193 萘乙酸激素药害　　图7-194 生根剂药害　　图7-195 生根剂药害　　图7-196 噻苯隆药害

图7-197　噻苯隆药害

图7-198　胺鲜酯药害

图7-199　胺鲜酯药害

图7-200　乙烯利类增瓜灵药害

图7-201　乙烯利类增瓜灵药害

图7-202　乙烯利类增瓜灵药害

图7-203　2,4-D丁酯药害

图7-204　2,4-D丁酯药害

图7-205　高温下喷花果面灼伤